中国心理学会心理学质性研究专业委员会推荐

／叙事心理学译丛／

主编◎郑剑虹

THE SCIENCE OF
STORIES
AN INTRODUCTION TO NARRATIVE PSYCHOLOGY

故事的科学
叙事心理学导论

〔匈〕雅诺什·拉斯洛（János László）◎著

郑剑虹　陈建文　何吴明　等◎译

北京师范大学出版集团
BEIJING NORMAL UNIVERSITY PUBLISHING GROUP
北京师范大学出版社

北京市版权局著作权合同登记图字 01—2015—6249 号

本书中文简体翻译版授权由北京师范大学出版社独家出版并限在中国大陆地区销售。未经出版者书面许可，不得以任何方式复制或发行本书的任何部分。

本书封面贴有 Taylor & Francis 公司防伪标签，无标签者不得销售。

图书在版编目(CIP)数据

故事的科学：叙事心理学导论/(匈)雅诺什·拉斯洛著；郑剑虹，陈建文，何吴明等译. —北京：北京师范大学出版社，2018.1(2019.11 重印)

　ISBN 978-7-303-22773-0

Ⅰ. ①故… Ⅱ. ①雅… ②郑… ③陈… ④何… Ⅲ. ①叙述—文艺心理学—教材 Ⅳ. ①I044—05②B84—05

中国版本图书馆 CIP 数据核字(2017)第 219822 号

营　销　中　心　电　话　010-58805072　58807651
北师大出版社高等教育与学术著作分社　http://xueda.bnup.com

GUSHI DE KEXUE：XUSHI XINLIXUE DAOLUN

出版发行：北京师范大学出版社　www.bnup.com
　　　　　北京市海淀区新街口外大街 19 号
　　　　　邮政编码：100875

印　　　刷：鸿博昊天科技有限公司
经　　　销：全国新华书店
开　　　本：730 mm×980 mm　1/16
印　　　张：19.5
字　　　数：266 千字
版　　　次：2018 年 1 月第 1 版
印　　　次：2019 年 11 月第 2 次印刷
定　　　价：59.00 元

策划编辑：何　琳　　　　责任编辑：王星星　　邸玉玲
美术编辑：李向昕　　　　装帧设计：尚世视觉
责任校对：陈　民　　　　责任印制：马　洁

迈向人文取向的心理学

——"叙事心理学译丛"总序

郑剑虹

叙事是验证和解释人类行为的一种效果好的隐喻。

——萨宾，T.（Sabin，T.，1986）

在"如果 x 比 y"的逻辑命题上和在"国王死了，然后王后也死了"的叙事情节上，两者的功能是不同的。前者导致去寻求普遍真理，后者则更可能是寻求两人死亡事件之间的某种特定联系。

——布鲁纳，J.（Bruner，J.，1986，2009）

一、为何要编译这样一套丛书

编译这套丛书的缘起要追溯到 5 年前在我国台湾桃园举行的首届海峡两岸"生命叙事与心理传记学"学术研讨会。在会中和会后的交流讨论中，大家深感心理学人文取向研究的弱势，因此，海峡两岸相关学者都有一个共识，要一起来推动这个领域在我国的发展。大家认为制度化建设是一个重要的方面，包括创办刊物、定期举办会议、成立学术组织等。先是在会议结束后的 2012 年下半年，我们以繁体字出版了集刊《生命叙事与心理传记学》，第二年在大陆出版了简体字版。2014 年《生命叙事与心理传记学》在我国台湾转为正式期刊出版，并于当年成立了中国台湾生命叙事与心理传记学会，来主办这个刊物，简体字版仍以集刊的形式在大陆出版发行。会议也从 2012 年开始在海峡两岸轮流主办，至今已主办了四届学术会议。

制度化的建设告一段落后，对国外相关著作的译介就成了我们重点思考的问题。在此之前和此期间，海峡两岸已翻译了若干西方心理传记学的著作，包括台湾辅仁大学丁兴祥教授等人翻译的《生命史与心理传记学》(远流出版公司，2002 年)、岭南师范学院郑剑虹教授等人翻译的《心理传记学手册》(暨南大学出版社，2011 年)，以及中国社会科学院罗凤礼研究员和华东师范大学萧延中教授共同主编的"心理传记学译丛"(中央编译出版社出版，共 9 本，包括心理传记学的经典著作——埃里克森(Erickson)所著的《甘地的真理》等)。心理传记学的开山之作，弗洛伊德(Freud)著的《达·芬奇的童年回忆》也以单行本的形式被翻译成中文(金城出版社，2014)。由于有了这样一些心理传记学著作，包括经典著作已被翻译成中文出版，因此，我们原来翻译心理传记学著作的想法就转到了翻译叙事心理学著作上来。

叙事作为一种思维模式或方法取向已经影响了众多的人文社会学科，20 世纪 80 年代开始的心理学的叙事转向，让心理学回归人性，回归个体，回归本土，凸显了心理学研究的人文取向。国外从 1993 年开始，乔塞尔森(Josselson)和利布里奇(Lieblich)共同主编出版生命叙事研究(*The Narrative Study of Lives*)系列丛书，到 1999 年，该丛书共出版了 6 辑。2001 年，人格心理学家和叙事心理学家麦克亚当斯(McAdams)加入主编的队伍，该丛书改由美国心理学协会(APA)出版，到 2007 年共出版了 5 辑。APA 出版该系列丛书，标志着主流心理学对生命叙事或叙事心理学的认可和接纳，也反映了当今心理学研究的多元化趋势。自 1986 年萨宾(Sarbin)出版《叙事心理学：人类行为的故事本质》一书以来，30 年间，叙事心理学逐渐成为心理学一个新的学科领域或一种研究取向，并得到较快发展，成果颇丰。

在北美洲、欧洲和大洋洲形成了叙事心理学的三大主流方向。美国的麦克亚当斯及其追随者发展了一种独特的方法来研究作为生命故事核心内容的自我和认同，提出了救赎自我（Redemptive self）的概念和认同的生命故事理论；荷兰的赫曼斯（Hermans，H.）采用自我对质方法（Self-confrontation method）来收集个体的生命故事资料，提出对话自我（Dialogical self）理论；澳大利亚的怀特（White）和新西兰的艾普斯顿（Epston）共同合作发起了心理治疗领域的叙事运动。以生命故事为主要研究内容的叙事心理学，转变了人们对心理学本质的认识，促进了人们对人性的理解，成为人文取向心理学的一支重要力量。

目前，国内叙事心理学的著作凤毛麟角，译介国外该领域的教材和专著对推进叙事心理学在我国的发展，壮大人文取向心理学的研究队伍，更好地开展叙事心理治疗实践活动都有重要意义。

二、这是一套什么样的丛书

除了上述一些考虑之外，基于人才培养和学科建设的需要，以及心理学质性研究发展的需要，我们经过仔细斟酌，精心选择了这套"叙事心理学译丛"，首期先翻译三本国外该领域的优秀著作。第一本是欧洲人拉斯洛（László）著的《故事的科学：叙事心理学导论》（*The Science of Stories：An Introduction to Narrative Psychology*）。该书作者雅诺什·拉斯洛为匈牙利科学院心理学研究所的社会心理学教授，也是匈牙利佩奇大学心理学研究所的负责人。该书包括绪论在内共有12章，探索了人们如何通过讲述故事来建构自己的生命世界和自身的认同。该书的最大特点是首次在叙事的诠释学研究与科学研究之间建立了一座桥梁，提出了科学叙事心理学的概念，并基于语言分析与计算机技术，提出了一种揭示叙事文本中心理学意义的新方法学。该书在某种程度上代表了当今欧洲叙事心理学的研究趋势和研究水平。

第二本是萨宾主编的《叙事心理学：人类行为的故事本质》（*Narrative Psychology：The Storied Nature of Human Conduct*）。该书是一本论文集，由 16 位作者撰写的 14 个章节构成。在该书中，萨宾首次提出了叙事心理学的概念，并将叙事作为心理学的根隐喻。他认为叙事心理学是对心理学实证主义范式的替代，故事生成、故事讲述和故事理解是心理学的基本概念。该书被视作叙事心理学的开山之作，也是叙事心理学的经典著作。

第三本是安格斯（Augus，L.）主编的《叙事与心理治疗手册：实践、理论与研究》（*The Handbook of Narrative and Psychotherapy：Practice，Theory，and Research*）。该书共 21 章，是第一本将叙事理论（家）与叙事心理治疗（实践者）结合起来的著作，该书旨在汇集多种方法，促进不同叙事传统之间的对话，并在心理治疗中，形成一种对来访者故事讲述过程的更具整合性的理解。该书在叙事和心理治疗方面的原创性贡献，对心理治疗从业者、社会工作者、心理咨询师、护理工作者等实践人员以及精神病学、心理学的研究人员、教师及其研究生都有重要的参考价值。

本套译丛的出版，需要感谢许多人。首先要感谢北京师范大学出版社责任编辑何琳女士对译丛的遴选建议以及在信息提供和版权联系方面所做的关键性工作。要感谢华中科技大学的陈建文教授欣然接受参与该丛书第一本书的翻译任务。特别是在遇到困难的时候，要感谢中国心理学会心理学质性研究专业委员会（筹）给予的支持，感谢我国著名心理学家黄希庭教授对心理学质性研究的鼎力支持，感谢苏州大学刘电芝教授积极联络和推荐翻译者，也要感谢台湾辅仁大学的丁兴祥教授、圣约翰科技大学的陈祥美副教授和龙华科技大学的李文玫博士的关注和支持。最后，还得感谢诸位积极参与翻译的译者，其中包括吴继霞教授、凌辉教授、陈弈君教授、程素萍教授、张爱莲教授、李继波副教授、舒跃育副教授、何吴明博士、何承林硕士等，他们的认真、细致和坚持，为保证译丛的质量和顺利出版奠定了基础。当然，由于国内叙事心理学的研究刚起步以及本套丛书涉及许多学科的知识，在相关术语的翻译和相关内容的理解上肯定存在不准确甚至谬误之处，因此，我们真诚欢迎和期待读者的批评指正。

参考文献

1. Bruner，Jerome（1986/2009）. *Actual Minds，Possible Worlds*. Harvard University Press.

2. McAdams，Dan P.（1993）. *The Stories We Live By：Personal Myths and the Making of the Self*. Guilford Press.

3. Sarbin，Theodore R.（1986）. *Narrative Psychology：The Storied Nature of Human Conduct*. Praeger.

4. McAdams，Dan P.（2013）. *The Redemptive Self：Stories Americans Live By*. Oxford University Press.

5. *Vassilieva*，*Julia*（2016）. *Narrative Psychology：Identity，Transformation and Ethics*. Springer.

6. 马一波，钟华. 叙事心理学. 上海：上海教育出版社，2006.

7. 郑剑虹，李文玫，丁兴祥. 生命叙事与心理传记学（第一辑）. 北京：中央编译出版社，2014.

序　言

　　一条古老的拉丁谚语说"书各有命"，即每本书都有它自己的命运。本书的故事要回到 1996 年，在欧洲实验社会心理学协会的支持下，我们和温迪·斯坦顿-罗杰斯（Wendy Stainton-Rogers）教授在布达佩斯组织了一个小型的会议。这次会议的目的是将叙事取向引入社会心理学实证模式。当我们准备出版一本会议论文集时，我们发现没有哪个国际出版商对此感兴趣。最后，该书在一个匈牙利小出版公司的帮助下得以出版（László & Stainton-Rogers，2002）。这次有限的成功没有使我们气馁，我们继续寻找研究叙事语言和人类心理过程之间的相互关系的新方式。叙事心理的内容分析的首个研究于 1997 年发表（Stephenson et al.，1997），这种方法学的一个综合性轮廓出现在 2002 年。从 2001 年开始，有两个主要的研究基金资助我们的研究工作（NKFP 2001/5/26 和 NKFP 2005/6/74）。最初的团队成员有来自匈牙利科学院心理学研究所的贝亚·埃曼（Bea Ehmann）和蒂博尔·波利亚（Tibor Pólya）。之后，来自佩奇大学（University of Pécs）的伯纳黛德·佩利（Bernadette Péley）和他所在大学的年轻同事们一起继续此项工作的研究。计算机语言学家巴拉兹·克义斯（Balázs Kis）、引领匈牙利语言技术发展的 Morphologic 公司的马加什·纳斯佐蒂（Mátyás Naszódi）和贾伯尔·普罗塞基（Gábor Prószéky）、匈牙利科学院语言学研究所的塔马什·瓦拉蒂(Tamás Váradi)，以及来自赛格德大学(University of Szeged)信息学(情报学)研究所的佐尔坦·亚历克辛(Zoltán Alexin)和雅诺什·赛里克(János Csirik)，后来也参与了这个研究项目。没有这个热情团队的努力和贡献，本书将无法完成。

这个领域研究的范围和强度在过去的十年中得到了扩展和加强，围绕着叙事心理学研究中定量技术的应用的理性氛围也变得更为有利。劳特利奇出版社的编辑露西·肯尼迪(Lucy Kennedy)敦促我写这本书的时候，不仅是在欣赏领会这种变化，而且也促进了这种变化。她花费了相当多的精力使本书变得尽可能更好。因此，我特别感激她。

这里无法一一列出应该给予感谢的所有人的名字。虽然我上面已经提到了每个参与该项目研究的人，但是这里我还应该特别感谢那些对本书手稿进行审阅和提出评价意见的人，他们的宝贵意见帮助我弥补了该书的一些缺陷。我应该特别感谢阅读本书手稿的三个人：乔·福加斯(Joe Forgas)、沙巴·普莱(Csaba Pléh)和杰米·尼贝克(Jamie Pennebaker)，我与他们三个人已经交往了几十年，他们对本书的评价意见给了我许多灵感和鼓舞。

英语不是我的母语，甚至也不是我的第二语言或第三语言。我开始学习英语时，已经过了 20 岁且已经开始了我的学术生涯。重要的是，我将不会以是讲母语的人还是讲双语的人做得好来评价该语言。开放大学(Open University)的特丽萨·M. 利利斯(Theresa M. Lillis)已经为我这种类型学者的学术写作开展了一个多年的项目。她不仅为我的论文和书籍进行了润色，而且在上述项目多年的课程中成了我的学术(智力)伙伴。她一直告诫我要清晰而明确地表达自己的思想，甚至提供了编辑式的评价意见和指导。我不是说书中任何晦涩的句子是她的错误，而是想表达我对她所做出的重要贡献的感激。书中有部分内容先是用匈牙利语写的，佩奇大学的语言学家安德拉什·博克兹(András Bocz)教授帮我翻译成英语。他的帮助令我放心，不仅是因为他的翻译流畅，而且他能够发现甚至纠正这种职业工作中的错误。我希望最终的结果是我们的合作努力能够使该教材清晰且具可读性。

任何写过书的人都知道撰写书稿的过程是单调沉闷的，是一项耗时的任务。我要感谢伊利兹科·坎特(Ildikó Kántor)和伊洛娜·莫纳(Ilona Molnár)帮助我完成了它。克里斯廷·弗斯(Christine Firth)(特约编辑)对我提交的手稿进行了审核，我不得不承认她对书稿做了大量的工作。

我还要表达我对作为同事、合作者和评论员的妻子伯纳黛德·佩利的感谢，感谢她在我生命中所有事情上所给予的帮助和陪伴，由此使得该书得以诞生。

雅诺什·拉斯洛
于布达佩斯和佩奇
2007 年 2 月

目　录

绪　论

　　叙事心理学发展于 20 世纪末。从其发端至今，至少存在 5 个不同的分支或范式。萨宾（Sarbin，1986b）在其一本很有影响力的书中对"叙事心理学"这个术语作了介绍，在该书中，萨宾将叙事视作心理学的"根隐喻"（root metaphor），并认为质性研究能够开采这个隐喻的价值。同年，另外一本书，即布鲁纳（Bruner，1986）的《真正的心灵，可能的世界》（*Actual Minds，Possible Words*）以一种更为经验主义的方式探究了"知识的叙事本质"。麦克亚当斯（McAdams，1985）在人格学的传统上发展了一种理论框架和编码系统来解释生命叙事。那时，故事及其产品以及对故事的理解成了主流科学心理学的中心目标之一（例如，Bobrow ＆ Collins，1975；Mandl et al.，1984；Rumelhart，1975；Thorndyke，1977），而非像其早期那样，只是零星的研究［经典例子是 1932 年英国心理学家西尔·弗雷德里克·巴特利特（Sir Frederick Bartlett）关于回忆的研究］。最后一点，也是非常重要的一点是，在詹姆斯·彭尼贝克（James Pennebaker）的论著中，叙事的语言质量，诸如结构和字词的选择成了人格心理学和社会心理学研究的对象（Pennebaker，1993；Pennebaker et al.，1997a）。我将在本书中详细阐述上述范式或取向。然而，本书的主要目标是从心理学研究的科学传统中勾画出叙事心理学这样一个学科，通过追求心理学意义建构的实证研究来丰富现有的各种理论。我们的观点是，科学叙事心理学（scientific narrative psychology）可为研究复杂现象（诸如文化和人格、个人或社会认同以及群体生命的演变方面）打开一个新的视角。

叙事的本质

叙事通常被设想为对各种事件的记述，涉及某些时间方面或因果关系的连接（Hoshmand，2005）。叙事不只是人类交际的形式，即使我们考虑了个人独白的叙述风格，但交际表现出的特点是语言行为的多样性，除了叙事之外，我们还有论证、描述和解释，就像我们除了情境和故事图式之外，还有某种宽广范围的心理结构，这种心理结构用来分析某个观察和体验到的组织。法国符号学家巴尔特斯（Barthes）写道：

> 叙事出现在神话、传说、寓言、童话、小说、史诗、历史、悲剧文学、戏剧文学、喜剧文学、哑剧、绘画……彩色玻璃窗、电影、连环画、新闻、交谈等。此外，在这种形式上的多样性下，叙事出现在每个时代、每个地方和每个社会；叙事与人类历史一起产生，没有哪个地方，也没有哪个人没有叙事……不考虑文学作品好坏的划分，叙事是国际性的、超越历史和文化的；它就在那里，就像生命本身一样。
>
> （Barthes，1977）

哈迪（Hardy，1968）更为中肯地写道："我们在叙事中做梦，做白日梦，我们的记忆、预感、希望、渴望、信任、怀疑、痛苦、改变、批评、建造、谣言、学习、憎恨和爱都要通过叙事。"

叙事的这种无所不在，有这样一个事实的解释：叙事根植于社会行为中。事件要成为可觉察到的东西要通过叙事，朝向未来事件的期待也大多被叙事所证实。由于叙事渗入日常生活的各个事件，事件本身也成了类故事(story-like)。它们呈现了"开始""高峰""低谷"和"结束"这样一种事实。这就是人们如何能够通过这种方式体验到事件，以及能够通过这种方式回忆起事件的原因。因此，在这种非常重要的感觉中，我们的生命以故事的方式延续着，不管我们是简单叙说自己，还是用一种积极的方式去创造它。

过去几十年，人们在社会科学和人文科学中越来越强烈地认识到，社会知识与社会思维是通过某些**叙事**类型而显现其特点的。心理学叙事取向的主要代表人物之一的布鲁纳(Bruner，1986，1990，1996)区分了人类思维的两种自然形式，这两种认知模式以不同的方式组织我们的经验，解释我们的现实世界。一种称为**范式或逻辑—科学模式**(paradigmatic or logical-scientific mode)，它以抽象概念进行运作，借助实证和逻辑方法来解释真相，寻求因果关系以产生普遍真理。另一种是更为世俗的思维模式，称为**叙事模式**(narrative mode)，它探索人类的意义、行为、故事及其相关结果，将这种模式视为类人生(life-likeness)而非事实更为合理，它追求去创造一种人生的现实表征(representation)。布鲁纳(Bruner，1986)对这两种类型进行了如下说明：

> 在"如果 x 比 y"的逻辑命题上和在"国王死了，然后王后死了"的叙事情节上，两者的术语功能是不同的。前者导致去寻求普遍真理，后者则更可能是寻求两人死亡事件之间的特定联系——终有一死的悲伤、自杀、谋杀。

换句话说，叙事思维追求意义生成或建立一致性。

叙事思维最明显的表现形式是那些街头职业说书人。伴随一种微妙的意识(consciousness)，布鲁纳(Bruner，1986)注意到那里存在两种心理领域，或者像他曾提到的，有两种风景同时呈现在故事中。行为的风景(landscape of action)由行为的主题组成：参与者、意图或目标、情境、意义等。另一个领域，即**意识的风景**（landscape of consciousness）表达了行为参与者的所知、所想和所感，或者他们所不知、所不想和感觉不到的。然而，这两个叙事风景的同时呈现说明了成熟的故事不仅仅是叙述发生了什么，而是涉及比这更多的东西，即它们也概述了事件的心理取向。精巧复杂的行动能力、不可避免的时间存在（Cupchik & László，1994）、心理取向（László & Larsen，1991）以及被操控的心理取向和时间方式，使叙事成了一种能够将行为、情感（feeling）和思想区别开来的"自然工具"，从而使这些成分被重新整合为一体（Bruner & Lucariello，1989）。

同样，布鲁纳和卢卡列洛强调了叙事的创造性本质：

> 那么，一种发展的叙事，不是简单地叙述发生了什么，而是隐含着更多的朝向那些发生之事的心理取向。相应地，一个更深层的原因是，我们对自己叙述自身的故事（或者向我们的神父、心理分析师、密友叙述我们自己的故事）都是通过对行为的自然主题的详尽叙述，来对我们生命历程中所遇到的东西进行精确的意义生成。
>
> （Bruner & Lucariello，1989）

其实，我们通过叙述故事来生成我们生命的意义，是因为"在心理上没有'生命本身'……最后，它只是一种叙事的实现"（Bruner，1987）。像利科（Ricoeur，1984—1989）和弗利克（Flick，1995）一样，布鲁纳解释了生命的相互关系，将建构和解释作为一种循环的模仿过程，即"叙事模仿生命，生命模仿叙事"（Bruner，1987）。

叙事分析

传统上，在社会科学中，叙事分析有三种不同方式。**形式结构分析**（formal-structural analysis）起源于俄罗斯形式主义者对语言和语篇结构在表达意义上所起作用的关注。在心理学中，这种分析取向盛行于对故事产品和内涵的认知研究。**内容分析**（content analysis）针对语义内容并试图去确定其数量，当然，在心理学上，是对其心理内容进行分类和测量。两种分析工具的主要局限，首先是来自其本身结构的外在效度的不确定性，其次是对结构或语义内容产生背景的视而不见，从而阻止了形式结构分析和内容分析去重构文本的指示意义和心理意义。然而，叙事分析的第三种类型——**诠释学分析**（hermeneutic analysis）包含叙事的社会、文化和文本背景，以及在此背景下来解释意义。在心理学上，这意味着对个人叙事的解释涉及认同。不过，其解释的效度则经不起实证检验。

实证论对诠释学或科学对人文的争议清晰地反映在上述叙事分析取向上。内容分析自下而上地试图从叙事的元素部分去建构意义，诠释学取向则采用一种自上而下的策略，其解释的范围具有绝对优势。兼顾或调和这两种分析取向的努力已经取得了一定的成功。例如，马丁代尔（Martindale）的实证辅助性的"量化诠释学"（Martindale & West，2002）使用计算机技术去阐明文本资料中的主题线索，不过，这种方法因太软而被实证主义者拒绝，而在诠释学取向的学者看来则又太过还原主义。尽管如此，心理学是一门能够且应该将科学和人文这"两种文化"（Snow，1993）结合在一起的学科。当然，我们无法预见这两种认识论立场之间的融合。我们期望人格（personality）、社会和文化中呈现的心理学问题，因其现象的复杂性而能够允许和要求"自上而下"和"自下而上"这两种方法学的和谐应用。叙事，通过其无可置疑的结构组织，它的素材和经验性以及它与广泛的认同问题的密切联系，似乎能够成为这些复杂的心理过程的媒介。科学叙事心理学的一个目标就是，试图去概述这些领域以及去促进科学和诠释学方法的连接。

科学叙事心理学的开端

科学叙事心理学重视语言（language）和人类心理过程以及叙事与认同之间的相互联系。这种联系将科学叙事心理取向与建立在语言使用和心理状态之间的早期心理测量研究区别开来（Pennebaker & King，1999；Pennebaker et al.，2003）。科学叙事心理学认为，研究作为复杂心理内容媒介的叙事会产生有关人类社会适应的实证性基础知识。生命故事中的个体，就像群体历史中的群体一样，对他们重要的生命片段进行建构，这种建构也是他自身的意义建构，他们表达了一种方式，在这种方式中他们组织了自己与社会的关系，或者建构了他们的认同。如果我们接受人们通过故事在许多重要方面建构他们自己和他们的心理现实，那么，我们就有正当的理由认为这些故事的组织特点和经验品质将告诉我们有关故事讲述者潜在的行为适应性和处理能力。为了研究这些经验性的组织和品质，我们需要一种实证性的方法学，这种方法学有能力从叙事交谈中可靠地揭示相关的心理意义。为了发展这样一种方法学，科学叙事心理学要转向叙事学。

在叙事组成元素中，叙事学描述了一定数量的元素以及一定数量的元素变量。这些组成元素能够在叙述中被可靠地识别。我们认为，每一个叙事成分都对应某个过程或经验性组织状态或心理意义建构。当讲述一个创伤性生命事件时，采用一种回顾式叙事方法而非采用体验或再体验式方法更能够稳定情绪，即故事讲述者努力去详尽地讲述负面经历并修复他或她认同的完整性。在一个实验中，波利亚等人（Pólya，László & Forgas，2005）提供了支持上述假设的证据。采用不同的叙事取向来报道诸如试管授精（试管婴儿）治疗失败的创伤性生命事件，摘录如下："我正等在医生的办公室……医生进来……他告诉我没有成功……"（回顾式取向）。"在医生的办公室……我看见医生进来……我不记得这件事是怎么发生的"（再体验式取向）。当实验被试阅读回顾式故事而非再体验式故事时，会一致评价故事中的目标人物有更好的情绪控制力、更高的社会地位和更稳定的认同。

除了上述叙事取向外，叙事还包括其他组成要件，诸如时间结构和时间体验（后者存在于自我叙事中）、角色力量（characters' agen-cy）、角色心理卷入、一致性、评价、角色空间和角色的人际关系等。这种构成"插槽"的有限数量与心理建构的有限数量一致，然而文本在表面水平上能够有无限的变量（即语言学方面）。基于叙事的构成元素，建立的运算法则能够自动地探测和量化地加工每个元素的语言特征（Ehmann et al.，2007；Hargitai et al.，2007；László et al.，2007；Pohárnok et al.，2007；Pólya et al.，2007），识别潜在心理建构的这些运算法则的信度（credibility）和效度会被持续地检验。我们将在第九章讨论叙事心理内容分析的程序和原理，关注社会（国家）认同的某些研究结果会在第十章展示。不过，在获得这些研究结果前，这里将对本书各章节作一个简短介绍。

在本书第一章中，叙事性被广泛地讨论。除了探讨叙事的认知研究外，该章还聚焦叙事结构或叙事准则，分析探讨了叙事的许多方面以及重新思考叙事心理学的潜在整合取向。第二章刻画了一种明显区别于分析哲学和叙事哲学的叙事心理学认识论背景。在该章中，我们认为，心理现象的复杂水平要求其研究对象和研究方法要和这种复杂性相对应。我们主张代表一种复杂水平的叙事，允许进行有意义的实证研究。我们还讨论了叙事心理学在个人发展和文化演变（cultural e-volution）研究中的潜力。第三章建立在对比的基础上，从叙事认同的诠释学研究，也从文化人类学取向研究以及精神分析取向研究等方面，界定了科学叙事心理学的意义探索。这里有一个主要领域，也许是心理学中的最大领域，在处理解决叙事现象上有一个很长的历史，这就是认知心理学（cognitive psychology）。第四章也是以对比的方式探讨了科学叙事心理学与目前的认知研究的关系。在第五章中，我们围绕表征的概念，将先前所探讨的各个对立的取向连接在一起。该章清晰地展示了我们为何和如何将叙事视作一种表征形式。第六章探讨莫斯科维奇（Moscovici）的社会表征理论。首先是因为这种理论在许多方面类似于叙事心理学。不仅仅是因为它致力于研究意义建构，而且因为它还通过实证方法研究社会意义建构的过程。这个理论对表征和认同之间的关系有深刻的洞察力，而认同也是叙事心理学的主要研究内容。该章还探讨了叙事心理学对社会表征研究的实际和潜在的贡献。第七章处理了有关各种生命叙事形式与各种自我和认同形式之间关系的早期心理学取向。为了从叙事中推论认同的不同品质，或者通过细节中展示的认同去探索认同建构的过程，这些理论发展了许多实证方法。该章指出，早期的概念和方法学几乎关注叙事内容而忽视了叙事形式（narrative forms）和叙事的组成成分。该章还探讨了生命叙事的社会约束以及叙事在心理治疗（psychotherapy），特别是在创伤痊愈方面的作用。

从第八章开始，我们转向深入探讨方法学的问题。先探讨语言形式与心理过程的相互关系这种更为一般的问题。该章将引导读者通过心理内容分析的错综复杂性，进入内容分析方法的自动化历史。第九章概述了叙事心理内容分析的原则和范围，以及发展一种方法用于科学叙事心理学研究。考虑到一些读者可能对方法学的细节感兴趣，因此，这种分析方法的自动化过程以及程序的效度研究将展示在附录中。

鉴于先前这些章节均围绕着个体生命叙事中的个人认同的建构和表达，第十章通过将社会心理现象与历史表征联系起来，将科学叙事心理学的边界扩展到社会认同的研究。该章展示了国家认同的实证研究，反映了社会心理研究中一种新的方法的应用。总结性的第十一章概述了主要的争议问题、本书对叙事心理学的贡献，并思考了未来的发展趋势。

第一章　叙事心理学的基础

人类知识的叙事本质

在构建认知和记忆加工模型的时候，虽然尚克和艾贝尔森（Schank & Abelson，1995）并不是基于一些社会建构主义者的立场，但是他们也赞同所有人类知识的叙事性质。他们认为，实质上，人类所有的知识都是基于过去经历所建构起来的故事，并且新的经验是根据老故事来解释的。凭着直觉，尚克和艾贝尔森从故事讲述和故事理解中推导出从事实到信念的几乎所有知识。在这样的框架结构中，背景故事里的词汇、单词、数据，甚至故事本身的语法都能被研究。人类意识的传统认知模型（Newel & Simon，1972）将人看作信息加工的机器，人类大脑的任务是检验原理和解决问题，而尚克和艾贝尔森对此提出了质疑。他们指出，日常生活的现象是相当不规则的，很少有人花时间试图去证明原理……并且当他们那么做了，他们也不仅仅是在谈原理（Schank & Abelson，1995）。然而，这种想法再次反映了抽象的理论论证和日常思维之间的语义区别。这也恰恰反映了莫斯科维奇所提到的**自然和交际逻辑**（natural and communicative logic）之间的区别，以及绪论中提到的布鲁纳的**范式和叙事思维**（paradigmatic versus narrative thinking）之间的区别。毫无疑问，尚克和艾贝尔森明显偏爱后一种思维类型，至少就人们日常生活相关的事物而言是这样的。他们的新理论被看作对基于情节和脚本形式的人类早期的记忆和理解模型的进一步完善（Schank，1975；Schank & Abelson，1977），这个新的理论在本质上也意味着对当时相当有影响力的塔尔文（Tulving，1972）的双记忆系统理论（一个情节的、类似故事的模型，或者语义、概念的模型）提出了质疑。虽然这两位作者原本是对故事的认知建构和故事讲述的记忆效果感兴趣，但是他们有关**故事讲述的社会背景**（social context of story telling）以及**叙事框架**（narrative framework）的概念观点有着深远的社会影响。当他们主张理解意味着"把你的故事映射到我的故事"时，实际上，他们是在提及一种认知束缚（cognitive constraint），即"我们只能理解与自己经历相关的事情"（Schank & Abelson，1995）。不过，这种认知主义者的观点也暗示，人们只能讲一些与别人经历有关的故事，当然从狭义上说，这种观点并不重要。这种观点不只是认为故事应该**在社会上分享**，而且它也讨论这样的问题，即在既定的社会或文化环境中故事是如何变化和设置的，故事与现实之间的关系是什么。在伍迪·艾伦（Woody Allen）的电影《安妮·霍尔》（*Annie Hall*）中有一幕非常著名的场景：男女主角向他们的精神分析师讲述他们性生活如何尽力、频繁或如何遗憾、稀少的故事，尚克和艾贝尔森不仅认为，通过我们所讲述的故事，我们和我们的听众塑造我们的记忆，而且他们也坚持认为，故事解释着世界，我们所看到的世界只是我们的故事允许我们看到的（Schank & Abelson，1995）。

然而，我们的故事，不只是我们自己的口头上的或者内心的个人叙事。一种文化或一个社会中人们的共同经历在共同的故事或者故事框架中成形。每个社会都有它自己的"**历史故事结晶**"。尽管个体可以从不同的方面来观察它们，并从同一经历中创造不同的故事，但是文化会把一套故事框架交给它所有的成员，供他们选择使用。这个事实已经被几个决策实验证实。这几个实验表明，在各种可能的选项中进行选择与从一套可能的故事中做出选择是密切相关的，而这套故事可以根据一个事件或一个行为来编造（Abelson，1976；Pennington & Hastie，1992；Wagenaar et al.，1993）。甚至自传也是一种社会建构（Gergen & Gergen，1988；Nelson，1993），并且它们也是根据当时的具体情况在几种不同叙事可能性（故事框架集）中选择一种而创建的。这个故事框架集可以被看作有文化根据的朴素心理学（naïve psychology）、日常思考，或者如同巴特利特（Bartlett，1932）所说的**理性的社会框架**（social framework of rationality）。20世纪的一些杰出学者提升了叙事在心理学中作为意义建构（meaning configuration）的角色，超越了作为一种联想组织（associative organization）的角色，这具有一定的意义。对巴特利特、比奈（Binet）、珍妮特（Janet）或布朗斯基（Blonsky）来说，叙事代表了人们心理世界基本的和非联想的组织原则。尽管他们的视角不尽相同，但是都将这些故事的逻辑看作一种社会逻辑，把故事记忆看作一种社会记忆。对于他们来说，叙事是一种对心理世界进行理论假设的元理论，更是一种研究记忆过程的主题和方法。

海德（Heider，1958）的朴素心理学赋予移动的物体以目标，并说明了知觉中意向性（intentionality）的作用。海德在他的认知平衡理论中，从《狐狸和乌鸦》这个故事引申出意向类型和其他感知类型（例如，乌鸦有肉，狐狸不能得到肉，等等），并用他的归因理论解释行为。同时，在某种程度上他也试图用这种方式去找到用来创造"概念化的好形式"（conceptually good forms）的规则，或找到当时所述的创造连贯故事的规则。十年后，当艾贝尔森撰写有关海德的还原论和平衡论的评论文章时，艾贝尔森建议，我们应该返回到海德的朴素心理学和他勾勒的基本的独立**心理逻辑**。尚克和艾贝尔森提出的叙事知识理论，可以说是这种心理逻辑的近似产物（Harvey & Martin，1995），它包含早期一连串思想的所有优点，但它也表现了它的一些缺点。尽管它承认故事产生概念，但它否认故事本身具有解释的性质，这也是它的缺点之一。

尚克和艾贝尔森所提出的模型中的另一个还原主义要素是，他们把叙事简化为故事。结果是，虽然他们确实认为人类意识不应该被看作一种问题解决的机器，但他们还是引入了**信息生成的机器**（information-generating machine）这个隐喻。信息生成机器缺乏像经验那样的特性，然而根据布鲁纳对于叙事的观点，经验特性是可能存在的，尽管他的这个观点是含蓄的。叙事研究的这种发展过程是具有讽刺意味的，因为虽然尚克和艾贝尔森是人工智能领域的科学家，但正是他们使得叙事承载的经验表征被其他人所认可。

在这里必须强调，**叙事范式**（narrative paradigm）不仅能为行为、思想和情感提供一种特殊的认知逻辑，也能够使我们处理诸如情绪、想象、时间这些迄今未被概念化的经验。当我们阅读一篇故事时，我们不仅能理解故事发生的时间、地点，也可以想象故事的场景和故事中的主人公。例如，当我们读到主人公的妻子去世时，我们既能理解他对妻子的哀悼也可以体会到他的哀痛之感（参见 Oatley，1992）。杰罗姆·布鲁纳通过从叙事人物的心理状态与读者之间联系的视角来解释读者卷入。读者卷入的能力在文学中得到了最有效的使用。就像维果茨基（Vygotsky，1971）指出的，文学能捕捉人际关系中无意识的、漂浮的、不明确的情感，因此它被看作"处理情感的社会技巧"。

然而，叙事的这种功能不只是局限于文学叙事；当社会群体共同活动，并将他们自己的行为看作经验时，叙事对这些群体的现实生活同样具有这种功能。我们可以思考一下梅瑞（Mérei，1949）引入的**集体经验**（collective experience）和**暗指**（allusion）这两个概念。文学叙事还可以在意识的维度上通过指示（reference）来建立人与集体经验之间的亲密联系。例如，基于全部机制中的一部分，消防车的模拟声会诱发幼儿园的孩子回忆起昨天玩的消防员游戏。

然而，叙事的定义不只是局限于我们当前所讨论过的，即在社会认知的基础上作为意义和现实的载体以及作为创建意义和现实的要素。在心理学中，叙事学的研究还包括两个方面：一是故事的运作方式；二是叙事的心理解释形式和功能，它源于叙事在人们现实生活中扮演的角色。

心理学家对叙事学感兴趣，强调故事能够完整地展现人类的心理（Bower，1976），更确切地说，人类所有的经历都可以用一种叙事形式来表达（Jovchelovitch，1995）。

另一些学者坚持认为，叙事是整合生活实践经验和实现生命连贯性（coherence）的最重要的工具（Stein & Policastro，1984；Sutton-Smith，1976）。在心理学著作中，布鲁诺·贝特尔海姆（Bruno Bettelheim）的《魔力的用法》（*The Uses of Enchantment*）这本书很好地阐述了这一思想。他认为，故事为个体的无意识欲望和焦虑提供了一种结构、一种形式，并因此促进自我的发展与整合。例如，《小红帽》的故事就包括了3～5岁儿童所有的典型恐惧和俄狄浦斯情结（oedipal conflict）的基本动力。在生活中无意识地具有类似的关于权力和爱的故事经历的儿童会认同小红帽，并可能经历俄狄浦斯情结的斗争。他们和小红帽一起战胜困难的结果是他们能够增强因俄狄浦斯情节而破碎的自我（Bettelheim，1976）。巴特利特的经典心理学实验表明，一个故事能够赋予原本毫无意义的细节以意义，且人们对故事的理解和记忆重构取决于他们对意义的追寻。

叙事学

心理学可以从叙事学（narratology）中借鉴一些概念和分析方法，这些概念和方法来自**叙事学**对叙事的研究项目。在20世纪60年代的结构主义文学理论中，叙事学构成了一个独立的研究流派，所以，在相当长的一段时间里，它的主题包括对各种叙事表征形式的结构分析。在过去的几十年里，叙事学已经成为几个科学分支的跨学科领域。除了结构分析，特别值得注意的是它还包括故事的解释及对认知和意识形态功能的分析。1966 年，罗兰·巴尔泰斯（Roland Barthes）在《交流》杂志特刊上对叙事的广泛性和普遍性的论证是叙事学出现的象征性标志。

要想使一个描述成为一个故事，成为一个心理或语言的符号，它就必须有两个基本的属性：某种**参照**（reference）和某种**时间结构**（temporal structure）。拉波夫和沃利茨基（Labov & Waletzky，1967，1997）认识到，人们日常生活中的简单叙事，能够被用来导出叙事的正式特征，以及建立叙事的独特成分。在一系列采访中，他们让被试说出处于生活险境中的情节。虽然作者的最初目标是寻找叙述者的社会特征（社会地位、住址、年龄、民族等）与他们所讲的故事结构之间的关系，但是分析的结果似乎产生了具有普遍性的结论。

拉波夫和沃利茨基从参照功能（referential function）的角度来研究叙事。也就是说，他们将叙事设想为一个过程或程序，这个程序将个人过去的经历转变为语言，在这个过程中叙述者根据事件发生的顺序来调整语言的顺序。因为他们是从参照功能来探究叙事的性质的，所以他们认为**时间顺序**（temporal order）是叙事最重要的属性。叙事的最低标准是它至少应该包括两个连贯的、时间相关的事件。在他们看来，与任何其他的事件编排不同，叙事这个术语只能用来描述一系列事件，它以一种与参照事件的原本时间发生顺序一致的方法来讲述故事。毋庸置疑，叙事的世界远远比上面所述的狭小的、极简主义的定义（minimalist definition）要丰富得多。理解这点，我们甚至都无须搬出像陀思妥耶夫斯基（Dostoyevsky）、卡夫卡（Kafka）或俄国形式主义者（the Russian formalists）这样的伟大故事家的叙事理论；只要做到下面的就足够了：我们回忆自己的日常生活故事，用与原来顺序不同的顺序来描述这些事件，以至于我们能激起兴趣并保持注意。显然，拉波夫和沃利茨基也意识到了这些。他们的研究使用的定义反映了他们致力于从复杂的叙事形式追溯到更简单的基本实例（basic cases）和基本成分（fundamental component），所以他们的分析目标就是基本实例。但是，这些相当有限的叙事定义仍留下了许多开放性问题。例如，它们对叙事的界限没有任何限定。在一个故事中通常有几个情节，这要求我们必须依靠我们的直觉来判断它是构成一个独立的故事还是以某种方式联系的几个故事。

　　因为把关注点放在叙事和以线性时间顺序排列的所述事件的关系上，所以拉波夫和沃利茨基把子句作为分析叙事的最小单元。与之不同的是，普洛普（Propp，1968）通过识别情节作为单位来分析俄国魔法传说的结构，而科尔比（Colby，1973）在探究爱斯基摩人民间传说时将单词作为分析单位。拉波夫和沃利茨基用他们的研究方法区别了三种子句或叙事单元。首先，**自由子句**（free clauses）能在文本中被自由移动而不影响意义或不影响所讲故事的进程。其次，**受限子句**（restricted clauses）可以在它们相邻的文本中前后移动，只要它们的换位不破坏事件原本语义上的时间顺序。最后，区分出专属**叙事子句**（narrative clauses proper），即与时间进程紧密相连的顺序，因此在不改变原始语义解释的情况下，该子句顺序是不能够被移动的。拉波夫和沃利茨基把叙事划分为五个大的结构单元，在这些结构单元中，每种顺序类型在叙事中具有不同频率的分布情况。**定向**（orientation），即对故事背景境况的介绍，包含大量的自由子句。**复杂化**（complication）和**清晰度**（resolution）则包括完全受限或部分受限的可移位子句序列。通过这种移位性（displaceability）的标准，拉波夫和沃利茨基识别了一种叙事成分，即**评价**（evaluation）。与其他传统故事结构成分不同，它被证明可以使我们对叙事的研究更加富有成效。

叙事的指称性

根据斯科尔斯（Scholes，1980）的观点，叙事是一种谈及（refer to）或者看上去是谈及其本身之外的一系列事件的文本。例如，在文学中，叙事指的是一种想象的现实。叙事的指称性没有问题，因为想象中的事实不是凭空捏造的，想象的、可能的世界总是与外部事件相关的。然而，叙事的指称不只是虚构故事这么简单的问题。

布鲁纳将哲学与叙事进行对比，发现前者的指称性更清楚，而后者的指称性总是模棱两可，不是引用（即指称）事实就是虚构事实。叙事总是创造它们自己的"事实"，即那些它所引用的事情，因为叙事在普洛普的意义上总是功能性的。这就好比一个词的意义是由它在句子中所处的位置和作用决定的。比如，当我们使用"bank"这个词时，它的位置和作用决定了我们将其理解为银行还是河岸。叙事不只是存在于虚构故事中，我们在理解公众事件，如复杂的社会丑闻时，叙事的功能就起到了极其重要的作用。

布鲁纳用爱尔兰前总理艾伯特·雷诺兹（Albert Reynolds）的丑闻来说明，通常模棱两可的事件是如何形成它们的典型叙事形式的。丑闻爆发时，雷诺兹是工商部长，代表政府担任牛肉运输的担保人，这些牛肉通过一个富有的承包商运往伊拉克。该承包商因曾经进行过相当多的可疑交易而出名。后来，人们都知道已被装运至伊拉克的那些牛肉不是来自爱尔兰而是来自欧盟不同国家。那么，在这次交易中，雷诺兹把公款花到哪里去了呢？在接下来的几年里，这个丑闻越传越大，记者对其一些方面进行了深入调查，甚至一个专门调查此事的委员会也无法为这个事件找到一个合理的叙事形式。该委员会的报告发表后，雷诺兹感到很满意，并发表了一个声明，表示该委员会已经洗清他的罪名。不过，最终一锤定音的还是叙事的事实。该委员会的报告发表几天后，一家报社透露，被该委员会邀请来参加这次丑闻调查的专家得到了一笔数量相当可观的钱。至此，该事件已经形成了一个故事：一个"高层腐败"的故事。

最终，雷诺兹辞职，但是他的辞职是因为无法辩驳的腐败叙事，而非既定的事实。究竟雷诺兹是腐败的政治家还是一个被愚弄的傀儡，这就留给史学家们去探讨了。在匈牙利，人们可能经历过所谓与托奇克（Tocsik）丑闻相关的事件。一个在国家私有化机构工作的律师将巨款转入一个神秘的银行账户。即使在这个案件中法官做出了一些矛盾的判决，甚至史学家也无法发现那时真正发生了什么，但是，把匈牙利社会主义内阁的严重衰落归咎于选举前几个月发生的托奇克丑闻（Tocsik-Scandal），是合理的。

叙事既创建自己所指称的事情并使其成为事实，又以某种方式与现实相联系。公开的虚构文学作品或者电影故事往往会产生太过现实的后果；至少我们都知道，歌德（Goethe）在 1774 年出版了《少年维特之烦恼》之后，"自杀潮"席卷大批年轻人。更典型的例子是，在看过斯蒂芬·斯皮尔伯格（Steven Spielberg）导演的《大白鲨》之后，许多度假者都远离海边（Gerrig，1993），或者恐怖电影《它》[1990 年，改编自史蒂芬·金（Stephen King）的小说]放映后，玩具店里的小丑玩偶的营业额急剧下降（Cantor，2004）。2004 年，《今日诗学》（*Poetics Today*）特刊还讨论了现实生活与虚构叙事之间关系的类型。

治疗叙事中的指称性

叙事的指称性问题在心理治疗对话的故事中表现最为突出，如当来访者回忆童年创伤的时候。从治疗的主要目的来看，治疗是重建患者的心理健康，而在治疗中讲述的故事是否具有"历史真实性"是次要的；换句话说，心理治疗不是考古研究。更重要的是在治疗结束时，在治疗专家的帮助下，来访者构建一个叙事，而且毫无冲突地接受这个故事（Schafer，1980；Spence，1982）。在斯彭斯（Spence，1982）看来，这种叙事应该与叙事的真实条件相符合；也就是说，它应唤起某种经历，而这种经历的唤起通常依赖于好的故事、有说服力的解释以及未解之谜的真正解决。

作为叙事的历史学

怀特（White，1981）认为，历史编纂学为研究叙事和叙事本质提供了一个非常好的平台，因为在这个领域，人们对想象中的和不可能的事情的向往必须与真实、实际发生的事情辩白。众所周知，历史编纂学具有三种连贯的形式。**年鉴**记录了那些在一年当中值得提及的事情，并且是以时间顺序一件一件地记录的，但是各个单独事件之间并无联系。**编年史**（annals）具有叙事的一些属性，因为它具有一个中心主题（例如，有作家写的匈牙利史，是以匈牙利人为主题的）、一个地理或社会中心，但是在现代意义上，它不能被看作历史文本，因为它遵循一种严格的时间顺序；也就是说，它只是在各个事件之间创建了时间顺序，并没有在结尾做出一个结论，而是让读者自己从头到尾思考编年史事件之间的可能关系。另外，一个真正的**历史文本**（historical text）会根据事件的内在联系来叙述事件，而它们的内在联系是根据现有的规则或寓意的顺序来确定的。因此，真正的历史文本具有叙事的所有属性。怀特对此状况造成的结果进行了如下阐述：

> 普遍的观点认为，通过最后揭示事件的内在结构，叙事的情节赋予故事层面的事件以意义。我试图构建讲述真实事件的叙事的内在性。真实事件即历史话语的正统内容所提供的那些事件。这些事件的真实性不在于它们是否发生，而首先在于它们被记住，其次是它们在按时间顺序排列的系列事件中能占有一席之地。

（White，1981）

然而，要让事件记录被认为是历史记录，仅以原始事件发生的顺序来记录是不够的。事实上，他们能用其他方式记录，如按叙事的顺序记录，但这样会使事件的真实性立刻受到质疑，并且容易看作对事实的替代。一个事件要具备成为"历史的"资格，对其发生的叙事必须能以至少两种方式进行。除非人们对于同一系列事件可以联想出至少两个版本，否则历史学家不会站出来给出权威的解释，告诉人们到底发生了什么。历史叙事的权威性即现实权威本身，通过把故事具有的严谨连贯性强加于历史进程，历史解释赋予现实以形式，并因此使其受欢迎。

根据利科的观点，历史编纂学不仅从外部增加了历史知识，而且是历史知识不可分割的部分，它对历史的写作模仿了文学传统中编造情节的技巧，因此使得历史知识容易被人们接受。为了增加实际生活的现实感和真实感，历史学使用修辞手法，也非常依赖于意识。也就是说，依赖于历史人物所可能知道的、所可能思考的和所可能感受到的，甚至心照不宣地，根据人们日常生活中的心理规律，我们推测历史人物的心理活动来进行故事的重构。在历史编纂学中，经历重建的一种特殊类型是，故事角色的经历根据因果关系获得意义。近年来出版的自传中的政治故事都清晰地支持了上述观点。近年来出版的自传，其中的政治故事是对上述观点的有力支撑。作为叙述人的史料编纂者，不管他愿不愿意接受叙事性的观点，即历史叙事，他都无法逃避叙事的作用，他们都需要一个"能用的"故事。现在历史科学本身的起源也是与满足 19 世纪国家主义的国家历史密切联系的。

作为叙事的科学

美国人类学家爱德华·布鲁纳（Edward Brunner）用民族志方法研究美洲印第安人，阐明了故事模式（story model）是如何决定研究的主题和结果的，这里的故事模式是为所研究的族群而创立的。在 20 世纪三四十年代，印第安人文化的主流故事的变化是：从过去的田园风光到现在的瓦解，再到将来的同化。这个发展进程的最终结果是完全同化。一些杰出的人类学家认为，他们的主要任务是在美洲印第安文化完全且永久消失之前对它们进行描述。他们评估所研究的印第安文化距离不可避免的同化命运还有多远。然而，在 20 世纪 70 年代，一个新的故事开始蔓延，即在过去是遭受剥削，现今是抵制同化，而在将来是种族复兴。种族复兴成了主要的描述，由此，人类学的关键概念也发生了变化。于是同化或者文化渗透被殖民、自由、独立、自主、身份、种族等概念所取代。研究者从被调查者那里得到与这些概念相关的信息，然后用这些概念来解释研究中收集到的信息(Brunner，1986)。

不仅民族志学这样的"讲故事"的学科，而且像心理学、社会学这样遵循逻辑思维的社会科学，都不能摆脱社会重构和叙事的元素。科学社会学家(例如，Haraway，1984，1989；Latour，1988；Mulkay，1985)也表明，科学领域像任何其他社交领域一样对"好故事"敏感。根据哈拉维(Haraway，1984)的观点，在任何一个时期，人类社会都有一个有限的可能世界(possible worlds)集。作为公认的意义系统，这些可能的世界强烈地影响着科学学科能够以什么方式讲什么，也就是说，怎样才是一个好的故事。哈拉维使用灵长类动物(primate)的例子来阐述这一点。回顾关于猿猴的研究历史可以发现，早期的研究大多关注支配等级、竞争问题、领域保护；换句话说，这些问题是与男性价值观相关的。当女性的角色在世界上获得更多的价值和认可后，科学上也出现了新的有关女性价值的话题，如照顾后代、合作、子女对母亲的依恋等。

在心理学中，温迪·斯坦顿·罗杰斯追踪了关于人格的内控和外控的研究在叙事评价方面的改变。在早期研究中，内控的个体很明显地被视为正面的英雄。但是，新的研究倾向于避免对这两种类型做出明确的区分，或者至少努力对不同类型做出更加公正的描述(Stainton Rogers，1991，1996)。

叙事的因果关系

在叙事中，人物角色的行为并非开始就通过因果关系来进行界定。这些行为是由信念、愿望和价值观（values）推动的，换句话说，是由"意向性立场"（intentional stances）推动的。一个叙事的行为总是蕴含着意向性立场。然而，意向性立场并非完全定义事件的进程，那里没有完整的因果链（causal chain），在事件中总是有行为，而行为总是以选择为先决条件。叙事中人类选择的无处不在使得人类世界中的科学因果关系的适用性遭到质疑。意向性立场不是事情的原因，没有人能对事事相因负有道德责任，责任意味着选择。我们在叙事中寻找行为背后的意向性立场，它们是**动机**或**理由**，但不是**原因**。

诠释学成分

沿袭前文，叙事是模糊不清的。没有任何理性的程序能够用来判定一个特别的解读（particular reading）是必需的，如同逻辑真理是必需的那样，并且也没有实证的方法能够用来决定一个特别的解读是否有理。诠释学分析的主要任务是给叙事的意义提供一个令人信服且一致的解释，使得所有叙述的成分与叙事的意义相协调，这是有名的诠释学环（hermeneutic circle）。换句话说，它的观点是，对文本的一个特别解读是否合乎情理，是根据其他备择解读来评定的，而不是参照外部世界或逻辑规则。这个任务，按照下面泰勒所描述的方式，是在一个文本内完成的：

> 我们致力于解读整个文本，因而，我们求助于对其部分言辞的解读；然而，因为我们是在建构意义，是在进行理解，即部分言辞只对其他言辞有或没有意义，所以，对部分

言辞的解读依赖于对其他言辞的解读，最终取决于对整个文本的解读。

(Taylor，1979)

因为部分意义依赖于整个故事的意义，而整个故事的意义又依赖于它组成部分的意义，所以诠释学的解释是不可避免的。这甚至适用于被巴尔泰斯（Barthes，1977）称为"读者式"（readerly）的文本，如低俗小说，它们包含日常的、耳熟能详的叙事结构。与"读者式"文本相反的是"作者式"（writerly）文本要求接受者（读者）成为共同作者并创造他们自己的版本。

诠释学分析的另一个可能存在的问题是，为什么这个叙述者在这种情境下讲了这样的故事。叙事很少以被偶然"发现"的方式进入我们的视野。每个叙述者都有他们自己的观点，并且质疑别人的观点是任何读者都具有的不可剥夺的权利，尽管在日常生活中，我们通常仁慈地"睁一只眼闭一只眼"（Goffman，1959）。

叙事中时间的作用

除了指称性，叙事的另一个基本属性是**时间结构**。叙事中的事件必然是发生在某个时间点的。叙事时间与日历不同，它不是被时钟或一个节拍器的嘀嗒声分割而成的，而是由事件的发展分割而成的。叙事中的时间对人们来说总是有意义的；时间的重要性由事件的意义而定（Ricoeur，1984—1989）。利科将叙事的时间结构（它总是有开始、经过和结尾）与无边界流动的人类经验相比较，叙事的接合是通过压缩或省略来实现的。拉波夫和沃利茨基区分了故事中**叙事的节点**（narrative nodes），他们把那些在故事中具有固定时间的续发事件（对应那些可以变换位置的续发事件）归类为叙事节点（narrative nodes），这些节点构成了叙事的主干。同时，叙事体裁可以将时间顺序打散，并且能够围绕故事中人的行为发生的时间界限展开。现代艺术已经创造了很多技巧来表征时间中发生的系列事件（Goodman，1981），因此，现代艺术形式可以在时间顺序处理上游刃有余。

叙述事件的时间与叙事时间是不一致的。某些叙事可能将整个时代压缩为仅讲述最显著事件的单个片段，而其他的可能用几页纸来讲述一个简单的片段，去描述细节特点的状况或者描述作者的评论。就像俄国形式主义者所说的，增加事件的数量或者忽略其中的几个，叙事可能延迟或加速情节引导结果的进程；两者的结果都是增加紧张感。斯腾伯格（Sternberg，1978）从叙说事件的时间和叙事持续的时间之间的关系中探索文学作品的兼容性原则，并直接关注这些作品原则的心理方面。

布鲁尔和利希滕斯坦（Brewer & Lichtenstein，1981）的故事情绪理论（story-emotion theory）指出了时间管理与情感之间的亲密关系。他们的理论很好地阐述了事件偏离正常的、线性的时空发展时对情绪产生的影响，也说明了叙事产生的作用不能完全归因于语言表达。有趣的是，事件的新奇内容也起到了重要作用。故事情绪理论也区别了三种基本的情绪结构。如果事件结构中的第一个事件可能会造成重要的后果，且叙事会沿着接下来的事件展开，那么第一个事件会产生紧张感。例如，一个事件以"仆人在玻璃杯中倒入毒药"开始，这将对下毒的结果产生悬念，接下来增加更多的细节会加剧紧张感，像"仆人给伯爵倒水"和"伯爵大口喝下这杯水"，最后，紧张感随着"伯爵倒地死亡"而消失。

一种故事结构是对事件进行令人意外的重新排列，即对于即将到来的事件来说某个重要的元素在故事的一开始就被隐去了。"仆人给伯爵倒水""伯爵大口饮下""伯爵猝死"，在杯子里倒入毒药这个情节被留在最后作为令人意外的后续解释。

还有一种是引起好奇的故事结构。这种故事结构将最重要的结果放在前面，由此预示着某些重要的信息片段的缺失。在这种结构中，故事以"伯爵倒地死亡"开始，然后倒叙这件事："伯爵大口喝下这杯水""仆人给伯爵倒水""仆人在玻璃杯中倒入毒药"。

特定体裁的特征

叙事可被合成类型或**体裁**。自亚里士多德（Aristotle）以来，一直饱受争议的问题是：体裁是否生成特定故事，或者它们是否仅是由学者把各种故事无数次地归类后产生的事后结构。

支持体裁的生成性的观点认为，某些故事非常相似，但是它们可能有不同的细节。《伊利亚特》（*Iliad*）几乎在每一个细节上都不同于《吉尔伽美什》（*Gilgames*），但很容易看出，它们也在许多方面相似。认为体裁是抽象模式的观点认为，故事的成分、英雄人物以及他们的行动构成了一个更普遍的实例结构（Propp，1968）。第三种观点可能轻率地对待正式约定。例如，当正式约定被有意"违背"时，两种不同体裁的标准会并置在一起，可能创造一个新颖的意义。文学漫画和讽刺小说一般以正式技能和专业知识为前提。例如，伏尔泰（Voltaire）的《老实人》的一个语言成分是模仿巴洛克式流浪汉小说，随后是希腊式的冒险小说。这种体裁统治着 16 世纪、17 世纪，完全忽略了生物学和历史学的年表，也忽略了生活史年表。在《老实人》中，伏尔泰很长一段时间都坚持认为，去体验这类小说所正式约定的冒险的平均量是必要的。因此，当老实人甘迪德（Candide）和科尼刚达（Kunigunda）战胜种种阻碍最终结婚时，他们都老了。具有讽刺意味的是，只有有了满足激情的正式约定，激情才能被满足，不过此时已经心有余而力不足了（Bakhtin，1981）。

体裁是一个特定文本或者是一种创造文本的特定方式，即体裁不仅存在于文学中，而且存在于包括忏悔和演讲的各种日常生活的话语类型（discourse genres）中。似乎没有哪种体裁是编码在基因中，也没有哪种体裁是一种文化普遍性的。然而，正如杰罗姆·布鲁纳所言，在普遍意义上说，体裁本身是关于人类事件的思考和交流的特定文化模式。

不过，体裁一般不设定刚性界限来针对不同的故事。它们是模糊的、毫无生气的类型（László & Viehoff，1993；Prince，1990；Ryan，1981），个人叙事则或多或少是此类型中的典型事例。

体裁原型

经验类型和叙述结构甚至比文学流派的种类还要少。弗赖伊（Frye，1957）描述了 4 个典型的叙述形式，他把这些形式叫作虚构类型，与大自然进程相关。也就是说，对于一年的四个季节来说，这些形式是岁月和生命循环的一部分。**喜剧**（comedy）符合黎明和出生的类型，是关于创造、复兴和成功地反击黑暗势力的，这当然不一定是搞笑的。在典型的喜剧作品中，年轻的英雄彼此渴望拥有对方，可是他们的爱慕总会遇到各种各样的困难。最后，他们克服万难，故事有一个幸福的结局。阳光正好的夏季和精力充沛的年龄都是充满传奇色彩的。**传奇**中最重要的组成部分是冒险，是对力量的考验。在一系列危险境遇中，主角经常经历冒险的旅行但最终突破险境成为赢家。**悲剧**（tragedy）是日落和死亡的类型，在悲剧中，主角的命运是去恢复世界的"脱轨"秩序。他陷入这场斗争中，但是他的陷入同时也意味着世界秩序的恢复。第四种类型是**反语**和**讽刺**（irony），符合冬季、黑暗和分解的神秘。反语是激进分子的讽刺。在这种类型中，没有典型意义的英雄，故事情节不会向某种秩序上发展，而是向混乱和困惑中发展。

除了识别正式的原型，还有各种试图去定义原型的情节画面，这些画面在不同的时代不时地反复出现。埃尔斯布里（Elsbree，1982）坚持认为，至少可以区分 5 种这样的情节原型（plot archetypes）：建立一个家庭、竞争或对抗、旅行、持续很久的忍受和消费。埃尔斯布里的分析为建立一种传记情节画面提供了重要的基础。

叙事标准

叙事结构用于实现一个或多个目标的一系列行为动作，在本质上不能保证一个文本就是一个能被叙述的故事，并且要求其有趣味性。文学或者日常的叙事形式预先假定了一个节点，一个故事与期望之间的冲突，即使这个冲突像通常"标准的"事件经过一样常见，叙事要么把这个世界看作典型原型，要么把这个世界展示为区别于某种隐含不同标准的世界。

标准叙事的最简单形式是脚本(script)。尚克和艾贝尔森将脚本概念定义为界定某种已知情境的一系列刻板行为，或是脚本是一些知识表征，它是表述简单情境的文本，可以用计算机来进行解读。这些知识表征，更确切地说，是叙事中一些无聊的内容，但是它们能够帮助我们对脚本的内容下结论。例如，有这样一个小故事：皮特点餐，服务员将食物送过来，账单超出了皮特的预算。从这个故事中得出的结论是，它是一个餐厅脚本。因为故事中提到的标准人物角色(如一个服务员)和标准物件(如一份账单)都属于标准情境。很明显，特定文化中的成员有大量的情境知识，由于他们能补充丢失的细节，他们对故事的进一步发展也有确定的预期。

脚本可以更详细，也可以比上文的故事描述更概括或简略。餐厅的范围从小酒馆到麦当劳，每一个都有稍微不同的脚本。例如，如果皮特点的是"巨无霸"和薯条，我们就不会预期它们是由服务员递送，也不会预期碰到很长的账单。同时，餐厅脚本也可以合并为一个更加综合的脚本，即提供服务的脚本，它的范围从下订单到付款。

脚本是一成不变的因果链(Schank & Abelson，1977；Trabasso et al.，1984)。脚本不仅依据时间来组织情节，而且依据因果层次来组织情节。一般而言，一个脚本动作只有它之前的前脚本动作已完成才能被执行，并且为了下一个动作的发生也必须被执行。当然，这并不意味着每一个脚本动作都必须分别提及，只要观众或读者知道它已发生就够了。回顾之前的例子我们可以发现，读者不仅知道服务员为皮特上餐是因为皮特已经预订了，而且他们也知道皮特首先要喊服务员进行点餐。

从特殊性和因果链这两个角度来看，人际脚本（interpersonal scripts），如奉承或求偶，构成了单独一类（László，1986）。虽然这些行为与去餐馆用餐几乎一样，在文化上是老套的，因为它们与特定的情境毫无关系，但是，就实际的行为、场景及其附带的物件而言，它们表现出无穷的多样性。同样地，基于关系类型，这些脚本出现了无数版本，而且人际行为的魅力就在于，我们不可能非常精确地区分一个脚本版本与另一个版本之间的界线。因此，一个行为的发生似乎不需要前一个行为作为它发生的前提（例如，在求偶行为中，身体接触并不需要当事人双方事先彼此熟悉）。实际上，在大多数这种情况下，真正发生的不是常规的求偶脚本，而是一种"快速"的脚本。

脚本知识也是固有的叙事，即使它一般没有固定的明确形式。从经典叙事诗和口头叙事中，我们可以找到脚本如何展开的样本或事例。例如，鲁宾（Rubin，1995）表示，荷马史诗关于武器装备的描述总是出现这样一个脚本形式：首先提到长袍，然后是弓、箭、盾和头盔，最后是矛。

一个基于脚本的叙事和一个叙事或故事之间的区别完全可以用鲁宾的一个例子来说明。鲁宾的女儿和许多同龄的孩子一样，喜欢反复地说她不得不做的日常活动。有一次，她的父亲注意到这个刚刚学会写字的小女孩，在纸上记下了下列文本：当我们早上起床时，我们要整理床铺，然后吃早餐，然后刷牙，然后穿衣服。当鲁宾称赞她的女儿写了一个完美的故事时，她女儿坚定地反驳，说她不是写故事，而是简单记下她起床后必须做的一些事情。这个例子说明这个女孩不仅能明确地将一个故事与一个基于脚本的叙事区分开来，而且她通过使用第一人称复数的主语和缺乏历史维度的现在时，做出明确的区分。

故事类叙事必然包含某一种情节，一个与自然、典型事件发生过程相偏离的情节。某些作者，如普林斯（Prince，1973）坚持认为，成为故事的充分标准是结构的改变。这种观点认为，一个故事必须至少有 3 个成分：**起始状态**（starting state）、**事件**（event）和**改变后状态**（modified state）。按照普林斯的观点，下列文本也应该是故事：天热，冷风到来，天气变坏。然而，大多数作者（例如，Brockmeier & Harré，2001；Pléh et al.，1983；Stein & Policastro，1984；Wilensky，1983）认为，故事性（storiness）要求现实生活中存在的人或者饰演的演员的目标导向行为适时地发生。后一种观点与亚里士多德学派对戏剧（drama）的定义没有太大的差别。该观点是与叙事标准的另一方面有关的，该标准涉及故事的组织（story organization），亦称故事文法（story grammar）。脚本既包含有形式的信息也含有内容信息，并且仅对给定的知识领域是有效的。与此相反，原则上，故事文法只包含关于故事形式或者结构形式的信息，并且也涉及任何知识领域。他们可以被看作可生性文法（generative grammars），其中包含写作的规则——就像可生性语法（generative syntax）那样，能够描述一种语言所有可能的句子结构——从而生成所有可能的故事结构（Mandler & Johnson，1977；Rumelhart，1975；Stein & Glenn，1979；Thorndyke，1977）。

正如句子语法将句子分成名词短语和动词短语一样（句子＝名词短语＋动词短语），故事语法的基本结构是"故事＝情境＋情节"，而且，情境和情节有它们自己的改写规则。例如，情境可以用英语重写，而改写情节的一种方式是：情节＝介绍＋节点＋结局。改写规则可以通过故事结构的详细叙述来进一步明确，比如，介绍＝状态＋目标，目标＝渴望达到的状态。

研究故事语法起点的是俄国形式主义民族志学者普洛普，他对俄国民间故事的功能单位及其相互关系进行了分析，通过分析，他确定了 31 项"功能"（如"一个女巫给一个家庭成员带来伤害或损伤"或者"一个家庭成员缺少某种东西或想要某种东西"），它们出现在各种版本故事的表层结构中，但是它们完全展现了一种深层结构，这是由读者们"植入"表面文本并共享的，由此可以解释故事。

普洛普的分析也指出，故事文法是与故事体裁（genres）或特定故事集（corpus）相关联的。鲁宾指出，口头叙事（oral tradition）的体裁遵循特殊的规则。民间歌谣（folk ballads）通常是没有起点的，而且三重规则（3 个儿子，3 次考验）经常出现在西方民间故事里，所以，在这种情况下，"情节＝考验＋目标"的规则是无效的，而"情节＝考验＋考验＋考验＋目标"的规则才有效。

故事文法不受内容约束，且故事的结构和解释依赖于这些抽象的规则（即故事文法）。这种观点遭到很多研究者的怀疑，他们认为，事件图式（event schemas）更加重要。在研究故事记忆（story memory）的实验中，布莱克和鲍尔（Black & Bower，1980）以及特拉巴索等人（Trabasso et al.，1984）的研究结果表明，故事的理解和记忆依赖于因果链，这种因果链的建立是基于与社会行为有关的世界知识的逻辑结构的，而不是依赖于故事记忆所预设的认知结构（cognitive structure）。

文学既是世界知识（world knowledge）的一个特殊领域，也是对叙事标准（narrative canons）进行破坏和遵循的一个特殊领域。俄罗斯形式主义学家从谣传（被讲述的事件）和主体（以语言形式来表达的事件）之间的冲突中获得文学效果。转向（diversion）或去自动化（de-automation）是几个文学理论学派的中心概念。什克洛夫斯基（Shklovsky，1965[1917]）认为，普通人在生活中忙于日常事务，而艺术的目的是为他们反思这个世界的暗示性（suggestivity）和经验性

(experienceability)。这个目标是通过偏离图式中断自动性（automatism）来实现的。

正规（canonicity）和不规则（irregularity）之间的冲突被马丁代尔（Martindale，1975，1990）用来构建一个独创的审美理论。马丁代尔把心理学家伯莱茵（Berlyne，1971）的唤醒理论（activation theory）作为他的出发点。根据伯莱茵的观点，每一个有机体都有一个最佳的唤醒水平，比这个最佳唤醒水平更高（兴奋）或更低（无聊）都会引起不愉悦的体验。一个任务目标越复杂（不符合常规），它对人们的唤醒水平就越高。根据马丁代尔的理论，文本的复杂度，更确切地说是它对人所产生的紧张度，是由内容和形式这两个因素决定的。马丁代尔把文本内容的复杂度定义为弗洛伊德初级加工过程（梦境的、非逻辑思维）和次级加工过程（理性的、逻辑思维）之间的比率关系。他把文本形式的复杂度定义为形式创新性、文法复杂性等。通过分析几个世纪里出现的文学文本，包括诗歌和散文，一个特别的文学历史呈现在面前。内容和形式的复杂度在这个发展历程里是朝着相反的方向去的。当内容复杂度提升的时候，形式创新的数量和形式复杂性降低了。但是，当形式被违背的时候，形式复杂度会降低；也就是说，思维是遵从一种更加理性的路线的。

叙事性理解

当代认知心理学和人工智能（artificial intelligence，AI）研究的一个有趣领域是人和电脑如何理解叙事文本。这方面的研究主要集中在语义或概念加工过程。表层结构信息在文本中应该转化成概念。读者的任务是从语义角度去连接相近的句子，然后建立一个连贯的文本表征。对单个句子的理解和对连续句子之间连贯关系的建立依赖于将信息转换成概念性—命题性的微结构（micro-structure）。但是，理解不仅在局部进行，也在更加一般的层面进行，如文本的主题、话题和要点。因此，语义的宏观结构包括一般化的宏观命题（Just & Carpenter，1992；Kintsch & van Dijk，1978）。**局部**和**全体**的理解都非常依赖语义结构或者整个世界知识的机制，它们是所有不同类型推论的源泉。即使故事文法理论家假设故事语法是存在的，这些叙事的上层结构（super-structure）的效应也会在语义的层面［也就是在语义的宏观结构（macro-structure）］上尽显。因此，高阶知识结构（higher ordered knowledge structures）成了叙事理解研究的前沿。在认知心理学和人工智能的交叉领域，这种类型的研究在文本理解研究学者中非常受欢迎。像 SAM（Cullingford，1978）、PAM（Wilensky，1978）、FRUMP（DeJong，1979）和 BORIS（Lehnert et al.，1983）等故事理解机器（story-understanding machine）都应用脚本、计划、情节单元（plot units）或主题结构等，来模拟叙事理解的过程。大量实验都支持叙事理解中这样的心理实际：需要预设的知识结构的参与（Bower et al.，1979；Bransford & Johnson，1972；Graesser & Bower，1990；Graesser & Nakamura，1982；Graesser et al.，1991；Seifert et al.，1986；Zhang & Hoosain，2005）。

最一般的上层结构（super-structure）是主题。叙述主题是叙事的中心点或者灵魂。有些主题由一个陈述句来构成（Graesser et al.，2002），有些主题包含在一个概念中。例如，伊索寓言"龟兔赛跑"中的格言可能是指"胜在慢而稳"，不过"赛跑"这个概念也表达出这个故事的主题。主题知识不能武断地应用到故事中去。在这则伊索寓言里，"精神战胜力量"是有效的主题，而诸如"小洞不补，大洞吃苦""努力带来幸福"之类的陈词滥调就不适合这个文本。就像格雷泽等人所写的：

> 在理解的过程中构建一个主题的心理过程是一个有条件的满足机制，它评估任何既定的主题（T）与清晰文本（E）、对话文本（C）、读者的知识基础（K）累积条件之间是怎样产

生共鸣的。

（Graesser et al. ，2002）

简单地说，直接故事产生相对轻松的主题。更复杂的故事，特别是文学叙述性故事，也许是以不同程度的**主题相关性**或模糊性为特征的，也就是说，宽泛的主题可以应用到这些文本中。当真正的读者在处理一个故事的主题相关性问题时，为了到达可能的推理的意义境界，就需要存储许多历史事件、其他故事或个人经验。这种类型信息的调动很难在电脑上定型。这就是为什么艾贝尔森认为电脑永远不会进行文学欣赏的原因之一。

叙事性言语行为

艾舍(Iser，1978)解释了叙事为什么是不明确的，尤其是基于言语行为理论(speech act theory)的文学叙事。他的前提假设是，叙事并不是照抄已有的事物，而是创造自己的主题，即自己的"诠释"。因此，它不具有哲学写作或文学写作的**限定性**(definiteness)特点。它的**非限定性**(indefiniteness)源自叙事的双重结构。叙事结构的言语方面控制意义反应，限定了意义的可能范围。但是，对于叙事的情绪方面，文本的语言仅仅提供了一个初步的结构，给读者或听众创造意义留下了大量自由度。据艾舍所说，文学文本把意义的形成(formation of meaning)设定为活动的状态，而不是自己来塑造意义。因此，文学叙事是一种言语行为，它的目的是启动人们在可能的意义集合中寻找意义的过程。

文本会透露出特别的信号来使得意义的形成处于活动状态。依据布鲁纳的观点，这些信号可分成四组：透露将讲述一个特定的故事的信号；透露该故事是真实还是虚构的信号；故事体裁的信号(如生平事迹、丑闻、传说、寓言)和故事类型的信号。

文学文本的语言把重点从明示意义（explicit meaning）转移到暗含意义（implicit meaning），由此开辟解释的方式。在文学文本中，即使是非常明显的明示文本（explicit text）也会被人们用暗含意义的预设（presupposition）来解读。例如，伊斯特万·厄尔凯尼（István Örkény）的一分钟小故事《所有我们需要知道的事情》，它包含有轨电车车票使用指南。再如，普里莫·莱维（Primo Levi）的小故事《元素周期表》，它能通过化学元素来解释一系列的暗含意义。

除了**创建暗含意义的预设**，所呈现的事件的主观化（subjectivization）也要求意义建构（meaning formation）；也就是说，这些事件是与个人相关的，故事中所描绘的世界并非客观的、众所周知的、独立于个人知识的事实，而是经过叙述者或主角们的大脑所筛选的。这种效应进一步被从叙事中浮现出来的**多重视角**（multiple perspective）所强化。换句话说，叙事从不同故事角色的视角对同样一种现实进行表征，他们的视角是不同的，但同时也是平等的（Bruner，1986）。

叙事视角

叙事总是出自个人视角的。由于叙事视角（narrative perspective）所承载的心理状态是对叙事者和故事中角色的特征描述，所以在对故事中事件的引入进行叙事分析时，叙事视角具有重要的地位。某些作者（例如，Bakhtin，1981；Bal，1985；Friedman，1955；Genette，1980；Van Peer & Chatman，2003）把它看作文学创作的关键所在。

视角的可能效应及其对心理的影响可以用乌斯片斯基（Uspensky，1974）的理论进行分析，因为他的视角理论（theory of perspective）非常乐于接受心理效应（László & Pólya，2002）。乌斯片斯基从两个维度揭示了潜在视角的表征类型。首先，他区别开了由按主题划分的单词分层和指向视角的表达。在他的分析中，**评价的、措辞的、空间—时间的**和**心理的**层面的定义不是结合在一起的；这四个层面以及对视角表征敏感的领域是单独分开来描述的。

评价—意识形态层面意味着作者或者作品中某个角色对于所描绘的世界的评价。这个层面是最难在正式标准的基础上进行定义的，然而乌斯片斯基认为，就作品的本质而言，这个层面是最重要的。通过强调评价层面的重要性，他的观点看上去是：作品的目的是通过表征一个价值系统来教育读者。

与评价层面的抽象概念相反，在时空关系中呈现的视角相对容易识别。空间视角的定义是由视角的原始空间隐喻支持的：如果文本被看作对一个场景的描述，那么我们可以推导出叙述者的空间位置。事实上，这种推导的前提是文本转化为想象性图片。时间视角涉及连续事件序列中的事件定位。这个视角有两个不同的类型：完全同步的和可追溯的，它们都可以在不同时态（现在对过去）和不同方面（连续体对完成体）的事件表达中呈现出来。

在措辞层面上表达的视角可以通过对语言成分的分析来揭示。首先，一个句子中的已知信息和新信息可以通过功能句法观（functional sentence perspective，FSP）来分离。如果角色代表了已知信息，而角色的动作是新信息，那么这个句子是以角色的视角来构建的。类似地，如果动作是已知信息，而角色是新信息，那么作者或其他角色的视角就会占主导地位。措辞层面的视角表达也可以在词语选择的层面进行分析，这是你能捕捉视角效应最简单的方式了。同一人物角色被其他的角色和作者称呼为不同的名字，因此，命名提供了一个清晰的参照视角。措辞视角表达的第三个层面与故事角色有关，因此它是基于对那些与作者相异的文本元素的使用。与作者视角相异的文段可能是非常短的，由单个字组成，也可能由更加长的措辞组成，以反映已知角色的**话语世界**（discourse world）。当措辞把作者或已知角色的话语世界编排进文本中，任何与此相关的现象也更加紧密地与心理层面的视角联结在一起。

视角的心理层面涉及人物角色介绍的方式。当介绍人物角色时，叙述者——未必是作者，可能也是故事角色之一——可以选择不同的方法。英雄人物的特征描述可能仅限于其行为的描述。一个相反的做法是，无所不知的叙述者也可以介绍某个角色的内在世界、情绪、思想和经历。还有一个选择是，对上述两种方法进行结合。这时，叙述者也可以用这样一种方式来描述故事中英雄人物的特征：虽然人物角色的内心世界是既定的，但是既定心理状态的实际存在也只能通过展示观察者的感知行动来暗示出来。上述提到的介绍人物角色的方法是通过探索内在心理状态和推断这些状态的存在来实现的，我们可以通过语言的陈述来识别（用了哪种方法）。叙事者使用行为动词来描述人物角色的行为，使用心理动词来描述人物角色的心理状态。在第三种结合形式上，叙事者使用远观式表达（alienating expression），即观察者知觉，来连通人物角色心理状态的内容，因为其心理状态是无法从外部看见的。在心理层面有另一种主张自身视角的可能性，即叙事者没有给出任何具体的言语信号，而是把人物角色的情感和思想直接编织到他的艺术作品中。

当然，叙述者的视角也出现在非文学文本中，从而揭示了很多关于作者的精神状态以及他们与一些事件、人物的关系。叙事视角的心理学应用在面谈分析中是比较普遍的，如应用在自我功能和依恋的面谈研究中（Fonagy & Target，1997）。

心理叙事学

心理叙事学（psycho-narratology）是一种研究叙事的特殊心理学研究方法，它旨在理解叙事的心理加工过程（Bortolussi & Dixon，2003）。在理论上，这种加工取决于三个因素：读者的资质、文本的特点和阅读情境。心理叙事学将这三个因素看作实验变量，然后考察它们对心理加工的联合作用。有关文本加工的心理学研究和心理语言学研究考察了阅读的基本过程，如快速眼动的作用和大量的单词识别，并且特别关注了一些更复杂的过程，如句子结构的识别、工作记忆的作用和影响文本记忆的因素。与这些方法相比，心理叙事学研究叙事的文本特征（如叙述者在文本的立场）是怎样影响叙事表征的演变的。在这些实验中，这些被知觉为客观信息的刺激被系统地操纵，从而在读者脑中形成主观表征，以用于研究因果关系。

如同实验研究或实证研究在大多数情况下一样，关键问题是文本特征（实验中的实验变量）的识别。心理叙事学设定了五种文本特征的标准。**客观性**（objectivity）的意思是文本特征的定义必须是清晰易懂可传播的。例如，亲密感（intimacy）不能用来作为文本的特征，因为它的意义和识别很大程度上取决于文本中的人对它的定义。如果有人想研究亲密感，那么应该选择一些特别的语言模式，如对第一人称单数的使用。这种做法比较直接，并能被假定与亲密感有关。

与客观性密切相关的是文本特征的**精确性**（precision）。例如，在一个间接引语研究中，确定间接引语的数量为"很多"或"很少"是不够的，应该对间接引语的数量进行定量，确定它们占总单词量的百分比。

对文本特征的第三种要求是**稳定性**（stability），只有那些不依赖阅读情境或读者的文本特征的才可以被研究。文本引发的情绪效应或情绪与任意主观体验的关系不是稳定的文本特征。相反，与故事中叙述者所扮演的角色的情绪状态有关的表达是我们应该在文本中识别的。

我们研究的文本特征应该是与文本加工**相关的**（relevant）。研究者可以精确地计算文本中字母"e"的频率，或者计算以某个辅音字母开头的单词的数量，而这几乎跟读者对文本的表征的演化没有什么联系。

最后，被挑选的文本特性应该在实验上易于控制，可以系统干预，只有这样它的效果才可以追溯到读者表述的演变情况。

我们在第九章会看到，心理叙事学所采用的一系列标准在叙事心理学内容分析的效度检验方面发挥重要作用。我们开发内容分析程序来编码语言模式，使之与特定的心理加工过程和心理状态相对应。而这些标准可以用来检验我们的内容分析程序是否真正测量了它们所要探索的心理构想。通过实验操纵文本的语言特征，从而在读者身上诱发的主观印象和解释，可以证实或者证伪我们所假设的语言模式和心理构想之间的关系。

总　结

本章回顾了叙事心理学从叙事学到诠释学的各种来源，同时也讨论了叙事方法对各学科领域的影响，包括对历史学和科学的影响。本章也介绍了 20 世纪叙事心理学的发展，这大体上与认知心理学的兴衰一致。所以，为了维持认知心理学在方法上的严谨性以及它对叙事的敏感性，进一步拓展叙事心理学的影响，我们要从认识论的角度对叙事在心理学中的位置做一个简要的回顾。我们将在第二章讨论这个问题。

第二章 叙事在心理学中的位置

心理学：自然科学/社会科学

如果把心理学看成自然科学，那我们要处理的就是人类生物机能。我们寻找物理和社会环境之间的普遍规律，以及启迪人性的人类适应形式。环境变化和个体差异反映了支配特定普遍规律发生的条件。我们寻找外部或内部环境变化和人类行为变化之间的因果关系，把这些变化转化成实验变量，形成假设，并在实验中检验这些假设。

把心理学作为社会科学源于人类的社会性。在解释人的行为时，它依赖于集体表征或符号系统，如社会结构（social structure）、文化或语言。这种方法主要存在于人格与社会心理学中，但早在 20 世纪初的几十年里，曾有研究者试图描述思维形式和社会文化组织形式之间的关系（Levy-Brühl，1926；Vygotsky，1978）。心理学的传统是建立在标准社会科学（standard social sciences）之上的（Cosmides & Tooby，1992；Pléh，2003a），设想社会环境是一个复杂的社会事实结构。它假定来自相同社会地位的人们的心理过程和行为被这种社会结构以同样的方式影响着。因此，标准的社会科学类型的心理学试图建立外在的客观现实与内在的状态和行为之间的因果解释（causal explanation）。当然，曾经有人试图调和社会科学取向和自然科学取向。也许这些理论中最受关注的是符号互动论（symbolic interactionism；Mead，1934），它从社会互动中衍生社会系统和个体心理。

　　在科学心理学的早期，心理学的自然科学和社会科学的双重属性已经很明显。冯特（Wilhelm Wundt）是第一个心理学实验室的创始人和第一本实验心理学专著的作者，他的研究带着心理学的这种双重属性。冯特在研究个体心理过程时使用自然科学实验心理学的方法，但他在从 1900 年开始出版的十卷《民族心理学》（*Folk psychology*）中，用描述和解释的方法来研究社会生活中的心理现象。

认识现实/理解叙事

　　但是，心理学的认识论根源还存在其他二元性（双重性）。心理学不能对柏拉图式（Platonic）哲学与黑格尔式（Hegelian）哲学之间的对立无动于衷，而且也应在分析哲学（analytic philosophy）的原子论和整体论（atomist and holist）之争中表明自己的立场（Rorty，2004）。在柏拉图（Plato）看来，认识现实的能力是人类区别于动物的特殊属性。由罗素（Russell）开创的分析哲学试图遵循这一原则去理解**语言、心理和现实之间的关系**。相反，黑格尔哲学（Hegelian philosophy）把**实现**或**自我实现**放在人类生存的中心，它试图对演变中的故事赋予意义。虽然分析哲学家们认同"心理和语言是人类特有的"，也没有人对"心理和语言的解释应该建立在唯物主义基础上"的想法进行质疑，但是他们在对心理进行解释的时候还是分裂成了两个阵营。正如罗蒂（Rorty，2004）指出的，原子论认为，如果我们把心理和语言分解成微小的单位，我们可以得到一个由神经学支撑的心理学，正如采用同样的方式，化学与物理学、生物学与化学可以联系在一起。他们的目的是从诸如信仰和意义等非物质性的概念追溯到中枢神经系统（central nervous system）的加工过程，换句话说，把思维的运转与大脑的运转对应起来。他们经常用一个运算隐喻（computation metaphor）来解决笛卡儿式(Cartesian)的问题：信仰和欲望这些没有实体的东西是如何引发像行为这种实体性结果的？例如，根据平克(Pinker)的观点：

> 心理的计算理论(computational theory of mind)解决了这个矛盾问题。该理论认为，信念和欲望是**信息**(information)具化为符号的配置。符号是一些事件的物理状态，就像在计算机中的芯片或大脑中的神经元。它们象征着世间万物，因为它们通过我们的感官由世间万物所激发，也因为它们被什么所激发它们就象征什么。如果构成符号的物质被整理好以正确的方式碰上构成另一个符号的物质，对应一个信念的符号能产生逻辑上相关的对应另一个信念的符号，然后，这个符号又能产生另一个信念相对应的符号，以此类推。最终，构成符号的物质碰到与肌肉相连的物质，然后行为发生了。因此，当把符号植入物质世界时，心理的计算理论允许我们在对行为进行解释时保留信仰和欲望。它允许意义是原因也是结果。
>
> (Pinker，1997)

相反地，追随后期的维特根斯坦(Wittgenstein)和莱尔(Ryle)的整体论者相信，作为人类本质的心理和语言的主要成就物是理性，这不是一种生物性现象，而是一个社会性现象。他们声称，认识社会实践及其演变过程是认识思想和语言的前提。

> 结合神经学或进化生物学的人类行为解释只会告诉我们与黑猩猩有哪些共同点。它不会告诉我们那些画在洞穴墙上的生物，那些建造了船只航行到特洛伊城的生物与我们，而不是黑猩猩，有什么共同点。我们只有通过构建一个他们如何变成我们的故事，去了解调节那些有机体和我们本身之间的过程。
>
> (Rorty，2004)

这个故事应该告诉我们关于文化的进化，它应该启发我们文化进化是如何接受生物进化的影响的。这些故事性的解释不主张普遍有效性，相反地，他们试图通过比较当前的与过去的、未来的社会实践，来拓展理解人类生存的边界。

因此，文化的进化可能只是开始于生物进化的特定阶段。不过，自产生以来，文化进化就是独立进行的，而且叙事的方法是理解它的唯一适宜方法。叙事哲学否认哲学可以用科学的路径呈现，如果概念和意义独立于社会实践和历史，那么这也许有可能。但从维特根斯坦的《哲学研究》出版开始，我们知道这是不可能的（Wittgenstein，1961）。正如罗蒂（Rorty，2004）认为的，智力拼图隐喻——找到合适的卡片并组合到一起——可能在古生物学（palaeontology）、粒子物理学（particle physics）和语言学（philology）是有效的，在文化领域中，似乎也认为我们也许最终会得到真相，但这种隐喻对社会生活（social life）的研究是无效的。这里的"粒子"是不可预测的，由粒子构成的结构也是不可预测的。

这些问题对人类心理学都是必要的吗？被洛克（Locke）、休姆（Hume）以及经验主义认识论的其他代表人物视为理所当然的笛卡儿（Descartes）关于现实世界表征的思想，会进入死胡同吗？经验知识对我们了解黑猩猩是足够的吗？在处理人类意义时，人们应该求助于叙事及其分析吗？物理性的因果关系应该从社会生活的心理解释中淘汰掉吗？换句话说，我们应该接受叙事因果关系（如一致性、真实性和可靠性）的标准作为唯一有用的尺度吗？

在回答以上问题之前，我们应该记住的是，心理学产生于19世纪大学哲学院系，不只是作为积极的实验认识论。对于医学，对于治疗精神疾病（mental illness）或纠正发育障碍来说，认识心理现象同样被证明是必不可少的。例如，匈牙利的第一个心理学实验室就是由巴勒·兰什伯格（Pál Ranschburg）在布达佩斯大学的神经病诊所建立的，不久以后，它就成为缺陷儿童教育研究所的一部分。在美国实用主义的心理学中，个体差异的测量以及有助于塑造行为的学习理论，在19世纪末20世纪初就已经占据重要的位置。因此，心理学从一开始就被期望能生产知识去帮助人们在一定时期和社会条件下适应生活。鉴于人体机能和行为表现是不能与人的神经系统拆分开的，因此一种个体主义的、非历史的和普适性的心理学的诞生就显得合情合理了，并且其应用得十分成功。一直到现在，这个约束在心理学界都是普遍存在的，它强化了功能主义的态度、直接观察的研究、人格发展和社会心理学领域中个体现象的研究，虽然在这些领域中，自然科学方法的直接运用并不总是合理的。

在这本书中，我们呈现的叙事心理学的一种版本认为，心理和意义不能被分解成稳定的粒子。但是，我们也质疑这样的观点，即叙事分析应止步于为社会实践量身定做的"故事"上。**对我们来说，关键的问题是分析单元**（unit of analysis）。我们将努力证明叙事是一个足够稳定且同样灵活的实体，它可以成为科学的文化进化心理学的基础。

现象复杂性的问题：叙事作为一种复杂模式

普洛普（Popper，1957）宣布将自然科学和社会科学的方法合二为一，与普洛普相反的是，来自维也纳学派（vienna circle）的另一位学者、经济学家哈耶克（Hayek，1967）认为，在复杂的社会进程中，如市场经济，有少量不可直接观测的因素。这些因素不能被操作和测量，并只能借助理论来加以考量。

> 在巨大的科学发展的繁荣景象中，限制我们事实性知识的环境和强加给理论性知识适用性的相应边界已经被视而不见了，这种现象已经是很正常的事情了。但是，现在是时候让我们更认真地看待我们的无知了。……事实上在许多领

域，对于一些现象的完整解释，我们要知道我们并非无所不知。我们必须摆脱的是那种天真的迷信，认为世界必须被安排得井井有条，我们有可能通过直接观察发现所有现象之间的简单规律，而且这是应用科学方法的一个必要前提。至今我们发现了许多复杂结构的组织，足以教导我们没有理由指望这种迷信，如果我们想在这个领域取得成功，我们的目标应该是与这些简单现象领域中的目标是不同的。

（Hayek，1967）

哈耶克强调一个或几个变量的复杂性和现象本身的复杂性之间的区别：

生命、心理以及社会现象是否真的比物质世界更复杂，这个问题偶尔会被质疑。这个问题的出现很大程度上是由于两种复杂性程度之间的混淆：作为一种特殊现象的特点的复杂性程度；任意现象通过元素的组合能够达到的复杂性程度。当然，以这种方式，物理现象可能达到任何复杂程度。但是，当我们从一个公式或模型为形成不同领域典型的模式特征(或呈现出这些结构所遵循的一般规律)而必须具有的最小变量这个角度考虑问题时，当我们从非动物现象进入(更高度组织的)生物和社会现象时，复杂性的增加是显而易见的。

（Hayek，1967）

哈耶克声称，我们也许不能像了解简单现象那样了解复杂现象，但是这种界限是突破的，通过开发一种技术，我们对准有限的目标——仅解释模式或顺序出现，而不解释个体事件的发生。研究某种模式产生的一般机制不仅仅是用来进行特定的预测，它本身是重要的，可能为行为提供重要的指南。哈耶克称这种类型的预测为"类图式"预测（scheme-like prediction）或"图式"预测（prediction of schemes）。

在我们的书中，我们认为哈耶克学说（Hayekian）的认识论似乎也可应用在心理学的某些领域，而且叙事心理学试图研究心理领域的现象复杂性问题。复杂的心理现象如思维、人格和群体过程体现在文化中，并以进化的意义体现在叙事中。因此，当努力寻求文化和进化的解释时，科学的叙事心理学将拒绝原子论的和整体论的方法。相反，它强调叙事代表了一种心理现象水平，在这种现象水平下只有**模式是有意义的。心理现象以高度复杂的水平呈现在叙事中，这使得我们可以进行意义评价和预测，尽管两者因现象复杂性之故只能是类图式的**。当然，还有机会突破界限，进行更加详细的分析，向生物还原靠拢，如同我们也可以走向更加宏观的文化或社会条件、解释和理论推理（我们在讨论文化进化或历史表征的传承时遇到这些问题）。然而，叙述作为由意义构建的人类特定模式是适合于科学研究本身的，因为叙述是这样的语言游戏——在一定程度上可以自我构建。它们体现了诸如思考或人格这样的复杂过程，所以它们的复杂性承载了很多文化遗产和人类智力才能。

我们可以用一个初步的例子说明。经常使用的认同范畴（category of identity）是指一种复杂的心理现象，它在社会生活或人类机能中至关重要。在人格理论中引入这个概念时，埃里克森（Erikson，1968）将其定义为在社会互动中有意识的和无意识的经验的整合（integra-tion）。认同随人类年龄和社会环境的变化而变化，这种整合通过个体的故事来呈现给该个体。埃里克森的认同理论特别强调了一些特质，如**连续性**（continuity）、**安全感**（security）和**完整性**（integrity）。这些特质都与自我调节有关，并且从功能性的观点来看，也与社会适应有关。但是，了解这些特质并无法预测人们的实际行为，而是可以预测他们适应的方式，这可以根据社会环境和文化背景来进行评估。然而，这些认同的心理内容体现在生命故事中，可以进行科学研究。

进化论中的复杂性问题

当论证复杂现象的方法论和理论化问题时，哈耶克通常引用的是达尔文的进化论作为复杂现象理论（theory of complex phenomena）的最好说明。进化论的基本命题是，通过可以传递的多样性以及对那些具有更高生存机会的变异进行竞争性选择，这种增殖机制随着时间的推移而产生各种各样的结构，这些结构不断调整以适应环境并且相互适应。这个基本命题的有效性并不依赖于最初由它构成的特定应用领域的实际情况。事实上，结构相似的物种，**如有袋的和胎生食肉动物**，起初它们被认为是从一个相对接近的共同祖先进化而来，后来研究发现它们有不同的进化来源，这并非驳倒了达尔文的进化论，而是否认了对特殊案例的应用形式。

因此，进化论处在分析哲学的原子论取向或简单的实证主义理论与叙事哲学理论的一个中间位置。进化无疑是一个随着时间而展开的故事，但这个故事是有条件的，有类图式规则（scheme-like rules）的，而这些规则或者法则甚至是可以被篡改的。进化不会因人类而停止，正如历史不会因某一个社会形态而终结。然而，对于有自我意识的社会人来说，进化主要意味着文化的进化，也就是人类适应所需的才能，它的发展和功能与文化目标和工具、语言、社会制度和习俗有关。从这层意义来说，不是某种文化，而是整个文化在完成进化，如同布鲁纳所说的，进化的最后一个错觉（trick）。社会达尔文主义（social Darwinism）主要的错误是，它注重个体的选择（即对天生的能力的选择），而不是制度或社会习俗的选择，即那些通过文化来传承的能力。

进化和文化进化

一些主流社会科学家认为，进化论存在邪恶的一面，并因此导致了种族歧视。在他们看来，即使是一些文化进化的隐喻性使用也是可疑的。一方面，尽管心理学能够研究与文化实践有关的人类才能（文化心理学就是建立在这个基础上），但是心理学不能完全从个体中剥离开来（对于文化心理学来说亦是如此）；另一方面，心理学需要有足够的历史知识来弄清在其发展和传承的过程中社会实践与人类能力的关系。很久以前，人类才从猿类转化到人类的过程中得以进化，在这里，我们不是简单地研究这种人类才能。比如，男性比女性拥有更强的方向感，这可能是男性长期从事狩猎活动而女性长期从事家务活动的结果（Silverman & Eales，1992），也可能是集体规模扩大和语言进化之间相互关联的结果。文化系统，如写作（Olson，1977）、影声媒介（MacLuhan，1968）、现代的计算机和互联网（Winograd & Flores，1987）实质上改变了人类的交流和思考方式。在这种意义上说，文化是人类创造的工具，它被用来发展人类自身的心智，这样看来，维果茨基的观点是完全正确的。人类才能和文化实践是彼此依赖的，这是一个关于文化进化直白了当而没有任何隐喻修饰的观点。

空间和叙事

这种文化进化论观点同样适用于社会生活中的制度和机构。阿斯曼（Assmann，1992）的文化记忆理论是这种观点可以派上用场的一个极佳例子。这种理论认为，埃及的建立、以色列宗教的出现、希腊学科思维的产生，这些重大的制度变革和社会心理的变化源于读写能力的出现和集体认同的演变。

在追随法国历史学家哈布瓦赫（Halbwachs，1980）的埃及学者和考古学家阿斯曼的文化发展研究中，人类记忆和记忆机制扮演了重要的角色。组织记忆的一种方式是建立与空间的关系，建立与特定空间位置的联系。这是一种古老的记忆术，这种地点记忆术把我们想记住的事情放到印象深刻的地方，如教堂，然后，在记忆情境中，我们可以使用想象的旅程，好像就在教堂里，我们就能把那些事情回忆起来（Neisser，1976）。法国历史学家皮耶·诺哈（Pierre Nora，1989）指出，在历史记录中，记忆的场景、自然地点、环境中的标志或者遗迹起了重大的作用。哈布瓦赫则认为圣地（holy land）的传奇地形学是集体记忆（collective memory）的外在形式。

时间和叙事

另一种使记忆系统化的方式与时间有关。另一位杰出的考古学家马沙克（Marshack，1972），在他的文明历史研究工作中，他从中石器时代（mesolithic era）一些骨头碎片的线条样式（line pattern）中推断出，这是一种原始的农历（moon calendar）。这些骨头上的记号与诸如耕田、种植、收割等农业活动的季节性时间表是相符的。换句话说，远古人们在农业生产中必须考虑时间因素，因此他使用了前面提到的"类似故事的"历法。

通过提及记忆和时间组织之间的关系，我们直接卷入叙事。利科（Ricoeur，1984—1987）就这个问题写了三卷专题著作，以此说明人类对"过去""现在""未来"的时间感受与人类叙事能力息息相关。海德格尔（Heidegger，1971）的诠释哲学（hermeneutic philosophy）同样强调，我们是通过叙事才把过去的体验和未来的事件带到现在，并把它们变成当下的存在。尽管对于哲学家来说，人类怎么发展叙事能力并不是他们关心的问题，但对于文化进化的心理学研究来说，叙事本身的出现就是一个非常有趣的科学问题。对马沙克（Marshack，1972）的农业—时间—记忆—叙事模型的推理表明，人们使用叙事的认知能力是在适应特殊的生态环境压力和文化压力下进化的。而阿斯曼的"记忆—叙事—集体"概念则阐述了人们对社会环境变化和种群组织的适应过程。萨宾的如下说法是正确的：

> 成熟的叙事，并不是简单地描述发生了的事情，更多的是指正在发生的那些事情的心理视角。因此，我们给自己（或者神父、精神分析师和好友）讲故事的一个深层次原因，就是通过对过去行动细节的详细描述，精确地理解我们生活过程中正在遭遇的事情。

> （Sarbin，1986a）

普遍存在的叙事能力带来了很多人类心理学问题。一般而言，有些问题，特别是有关叙事所需的思维能力发展的问题，从系统发生学和个体发生学两方面为科学的、生物进化的观点辩护。同时，在文化进化的背景下，心理视角能解释不同文化带来的叙事多样性。

叙事目的和行为

诸如萨宾和布鲁纳这样的叙事心理学先驱清楚地认识到，叙事是基于行为和行为解释的。麦金太尔（MacIntyre）阐述了如下原则：

> 在成功识别和理解一个人正在做什么时，我们一般会把这个场景放到一个背景下，这个背景由一些叙事历史（关乎这个人的往事，以及这些事情发生的场景）构成。现在越来越清楚，我们用这种方式使得别人的行为可以理解，因为行为本身具有历史的特征。正是因为我们所有人都在生活中进行叙事实践，而且我们根据叙事来理解自己的生活，所以我们体会到叙事形式可以合理地解释其他人的行为。在讲故事之前，故事是已经发生了的，小说除外。

> （MacIntyre，1981）

米乔特（Michotte，1963）和海德认为，这样的原则可得到认可，即非纯粹物理运动的有意义的和合理的事件都是有其目的和原因的。海德和齐美尔在一个实验中给被试呈现一个简短的动画片。在片中，三个几何图形——一个大三角形、一个小三角形和一个圆形——在一个正方形内部移动，而正方形的一条边会间歇性地打开。研究者要求被试描述他们所看到的内容。被试的描述如下所述，并不是关于几何图形的运动而是一个故事里人的活动：

> 一个男人打算去见一个女孩，这个女孩和另一个男人在一起，第一个男人要求第二个男人离开，第二个男人摇头回答了他，然后这两个男人打了一架，那个女孩开始进入另一个房间，显然她不想和第一个男人在一起。第一个男人随后和她一起进入了房间，而第二个男人虚弱地靠在房间外的墙上。这个女孩变得很担心，然后从房间的一角跑到了较远的另一角。……当第二个男人打开房门，女孩一下子冲出房间，他们在房间外躲避第一个男人的追赶，最后他们躲开了他，并一起离开了。第一个男人回来并且试图打开他的房门，但是他已经被愤怒和沮丧冲昏了头脑，所以他没能打开房门。
>
> （Heider & Simmel，1944）

被试赋予了这些移动的图形以生命力，认为它们的运动都是有目的的，把整个图形运动事件变成了一个故事。

现代心理学很关注心理和元表征（metarepresentation）的朴素理论（关于心境、愿望以及对同伴信任的知识）（Leslie，1987；Wimmer & Perner，1983）。大量的实验表明，从发展心理学（development psychology）的范畴来看，意向性以及关于因果的知觉在婴儿期就已经出现了，这表明我们能够理解现实变化的因果关系，并且对客体进行目的和意图归因的能力是天生的（Gergely et al.，1995；Leslie，1991）。

在叙事的发展中，元表征能力，也就是讲述故事和理解故事，它的作用也得到广泛的研究（Astington，1990）。进化心理学（evolutionary psychology）同样强调心理化（mentalization）。托马塞罗（Tomasello）和他的同事关于猩猩和婴儿的实验（Tomasello，1999；Tomasello et al.，2005）表明，除了元表征以外，在人类创造文化的能力进化中，还有另一种能力同样重要，那就是共享目的、集体意识以及在共同的策划下合作完成共同目标的能力。

所有人都具有元表征能力。尽管自闭的症状在某些文化背景下被尊为圣人的特征，但是无论在什么文化背景下，自闭症（autism）患者的元表征能力都是受损的（Győri et al.，2004）。因此，元表征能力为叙事能力提供了坚实的基础。自然而然，它也是语言进化的基础。如同托马塞罗等人（Tomasello et al.，2005）所说的，对于语言来说，元表征能力和分享自己目的的能力是最基本的，这些能力是语言进化的先决条件。但是，叙事形式和功能的发展是叙事能力的结果，而现实的构建或意义系统如何通过叙事来创建，很大程度上取决于文化进化的法则和原理。文化人类学家告诉我们，西方的叙事经典在其他一些文化里是行不通的。比如，本·阿莫斯（Ben Amos，1976）提供了超过十二种只有在特殊的文化中才有效的叙事方式［有过心理学训练的读者读到这里应该能够想起巴特利特的研究，他在有关记忆的研究中用印度的民间故事《幽灵之战》（*The War of the Ghosts*）来研究具有欧洲血统的被试如何寻找意义，以及在回忆这个故事时如何基于意义构建的异域模式来创建图式］。除了其他区别外，这些叙事模式在处理时间关系的方式上不一样。根据语言相对论激进分子的观点，语言本身就决定了世界观（Whorf，1956）。比如，沃夫（Whorf）认为，由于霍皮（Hopi）语言在语法上缺少过去时（grammatical past），使得霍皮人在考虑问题时优先考虑当下的状况，这是一种过程思维（process-like thinking）。尽管这种理论在过去的数十年中被明显地弱化了，同时它也表明，在其他情况下，霍皮语也有过去时态，时空的处理和既定文化下故事的记录，都是文化不可分割的一部分。它们表明了这种文化下的人们对事件关注的重点，以及他们赋予事件以人为意义的尺度。索尔·沃斯(Sol Worth)和约翰·阿戴尔(John Adair)在 19 世纪 60 年代接触了纳瓦霍人(the Navajo)，并且教他们使用摄像头。纳瓦霍人拍摄的视频非常平淡。他们花了很多时间拍摄工作过程，如挖洞，而没有像典型的西方式纪录片一样去拍摄结果或者劳动的收获(Worth, 1972)。因此可以得出结论，这些纳瓦霍土著的思维模式与霍皮人类似，相比于行为的时间结构或者以结果为中心的行为结构，他们优先考虑行为的过程。

心理学的考古学范式

最后，还有另一个原因使得叙事在心理学领域格外引人注目。较早时候，我们看到是考古学家阿斯曼和马沙克在文化进化研究中重新建构了叙事的样貌，并且从关于社会生活制度化的文字叙事中得出了结论。在过去，考古学(archaeology)作为一种隐喻早已被心理学史拿来使用。弗洛伊德把精神分析学家的工作比喻为考古学家的工作。在这种比较的意义上，精神分析学家在治疗的过程中，从病人的潜意识层面找出沉没的创伤记忆，这一过程和考古学家从层层土壤中挖掘出古代留下的文物过程非常相似。弗洛伊德在解读文学方面最具里程碑意义的工作是解读由詹森(Jensen)写的中篇小说《格拉迪瓦》(*Gradi-va*)。《格拉迪瓦》的主角是一位努力想破译庞贝(Pompeii)谜团的考古学家。通过对小说主人公梦境和性幻想的研究，弗洛伊德推断出了作者的童年经历。根据传记作家的描述，弗洛伊德喜欢把庞贝的埋葬和挖掘与抑制性遗忘及其心理分析的探究进行比较。在弗洛伊德次级欲念理论(second temptation theory)中，他修改了对考古学的比喻，承认病人的主观感受比指定的创伤事件的实际发生更加重要。精神分析方面的叙事理论恰恰强调精神分析治疗法的这些方面。精神分析治疗法主张在分析师和病人对话过程中，病人讲述的故事中出现的创伤事件的现实独立性，对于病人来说，把这种创伤事件当作现实生活是可以接受的。治疗效果产生于创造故事的每一个行动细节中（Schafer，1980；Spence，1982）。

即使不从弗洛伊德学说的意义上说，随着叙事的出现，心理学与考古学的对比也引起了高度关注。一直以来，心理学，尤其是社会心理学，因为其对现实状态的长期偏好和对变化的迟钝而受到强烈的批判（例如，Gergen，1973）。我们建议把叙事当作建立意义的基本手段，换句话说，就是当作组织经验的一种模式，而不仅仅是一种知识建构的方式，由此，我们需要及时拓宽科学心理学的视野。通过叙事，我们不仅需要研究人格的发展、个人认同的稳定性和变化，同时也要考虑社会生活的意义模式，这种意义模式以传统习俗的形式在历史中逐渐成形，并且可以通过文化变迁来解释，这种意义模式也为人类构成一个决定了其社会价值观的重要社会身份。这种方法取向的一个前提条件是历史的：自从文明社会以来，有关叙事的史料可以通过图书馆档案馆查阅，而且就目前研究而言，它很容易得到，也经得起核实。从这一点来说，这里提出的心理学方法和考古学家的工作非常一致，因此，研究人员想从更早状态的叙事文本中提取信息，并在有关历史状态的其他片段知识背景中和目前知识背景下解释这些信息。其他的前提条件更加复杂。为了避免我们的这种心理学方法变成纯粹解释性的"理解"心理学，我们需要科学的方法，这种方法除了能够确保叙事的内容具有相关性以外，同时还要使我们能够掌控叙事内容的选择，并能够验证内容解释的效度。叙事心理学中的内容分析方法（László et al.，2002b）和第九章将引入的计算机化的内容分析程序（Ehmann et al.，2007；Hargitai et al.，2007；Pohárnok et al.，2007；Pólya et al.，2007）正好达到了这一目的。可以运用的，事实上也是必须运用的科学方法才能使我们区别科学叙事心理学的叙事取向跟其他版本的叙事心理学的差别，其他版本的叙事心理学只是完全依赖诠释学解释，也只是把人格和认同看作社会实践。

叙事作为历史文化心理学的媒介

托马塞罗建议从三个现象（尤其是语言）变化的视角研究人类认知：

> 从元理论角度来看，我的观点是，如果我们不详细考虑认知在三个不同时间段下的演变，我们将不能完全理解人类认知——至少不能理解人类特有的认知。
>
> ·在物种进化时期，人类逐步进化其理解同类的独特方法。
>
> ·在历史发展的时期，对社会性独特的理解导致独特的文化遗产，包括工具材料和具有象征意义的手工器物，这些都会随着时间而演变。
>
> ·在个体发展时期，儿童吸收了他们的文化所必须提供的所有东西，然后，在成长过程中逐渐发展其独特的认知表征方式。
>
> （Tomasello，1999）

托马塞罗批判文化心理学忽略了人类历史活动的不同领域的社会变化过程。

> 应该关注这个问题的文化心理学家，大多数都没有花费很大精力对历史过程进行实证调查，而就是在这个过程中，许多特殊文化机制逐步成型——比如，在特殊语言历史中的语法形成过程，或者在具有特殊文化特点的数学技能历史中

的合作发明过程。也许对这些过程最具有启发性的调查，是由关注技术史、科学史、数学史和语言史等方面博学的历史学家们发起的。

（Tomasello，1999）

人类文化世界没有和生物世界分离，因为人类文化是生物进化的最近产物，它很可能只有几十万年。文化是生物进化的产物这一事实，并不能说明文化的所有特征都有其对应的基因，因为文化并没有足够的发展时间。较为可能的是，人类文化的每个制度都是建立在生物遗传的社会认知能力基础上的，这种能力使人们能够适应社会习俗和使用符号。然而，这种能力并没有像使用魔法似的把非人类的灵长类的认知转为人类认知。人类的认知不仅仅是基因事件（发生于几十亿年的进化历程中）的产物，部分也是文化事件（发生于几千年的历史进程中）的产物，还有一部分是个体事件（发生于几千小时的个体发生过程中）的产物。探索人类基因型和表现型之间的中介过程是一件繁重的工作，因此避开这件事是一个巨大的诱惑，这经常导致基因决定论在当今社会、行为和认知科学（cognitive science）中很普遍。在人类认知的发展中，基因扮演了重要的角色，在某些方面，基因也许是最重要的因素，毕竟是基因本身引发了认知在这些方面的发展。然而，这种重要性自开始后就消失了很大一部分。换句话说，关于自然和社会、先天固有和后天习得、基因和环境的古老哲学范畴过于简单，而不适合此处，因为它们是静态的、范畴化的，不适合在进化的、历史的和个体发生学维度对人类认知发展做出动态的、达尔文主义的解释。

从这种观点来说，叙事心理学可以作为一个重新解释人类心理的历史发展维度和个体发生学发展维度的工具。我们说"**心理**"（mind）而不只是**认知**（cognition），关键在于，从文化的历史和个体发生研究的角度看，我们不可能清晰地将**认知过程**从**意义建构**的过程中剥离出来，后者是在**充满情感的与个体或集体认同有关的经历**中实现的。无论是以历史的方式（通过口语传统），还是通过个体发生进程中出现的变化以及体现在生命故事中的丰富经历，叙事都适合用来研究文化意义建构的条件系统和变化。

叙事心理学与文化进化心理学

在这种观点中，叙事心理学通过揭示人类历史的和个体发生的复杂中间过程，在人类的基因型和表现型之间建立了一座桥梁。叙事在史前时期就已经出现，叙事性思维甚至在语言演变以前就已经出现（Donald，1991）。考古学家马沙克在破译中石器时代一个骨片上的记号时，推断记号描述的是阴历，这种历法与农业活动的时间是一致的。为了成为农业能手，早期人类必须掌握时间规律，而故事标记符号系统就是一种工具，能帮助早期人类掌握时间。其他类似的考古学发现，如史前洞穴上的壁画，给研究个体发展时期复杂的中间过程提供了原始材料。

上面的例子不仅显示了时间和叙事的紧密联系（Ricoeur，1984—1989），并且阐明了叙事能力是从人类活动中产生的。从史前时期开始，叙事使得这个行动世界变得可以理解和管理。

总　　结

本章回顾了原子论和整体论哲学表面上不可调和的争论。基于哈耶克的现象复杂性理论（phenomenal complexity theory），我们反对接受这两种极端的观点。我们认为，人类的事情只能由概念性的和方法论上的工具来研究，这些工具允许我们进行"类图式化"（scheme-like）的解释。我们的主要观点是，叙事代表了一种现象水平（phenomenal level），在这种现象水平下只有模式（pattern）是有意义的。心理现象在高度复杂的水平上以叙事的形式表现出来，因而我们能够识别它的性质和原因，并进行预测。尽管由于现象复杂性（phenomenal complexity），这些识别和预测只能是"类图式化"的，我们同样主张，叙事是塑造人类基本认知能力（例如，对时间、空间和意向性的体验）的一种工具。考虑到叙事从史前时期起就使人类的活动世界变得可以理解和管理，通过揭示文化进化中复杂的历史和个体发生的中间过程，叙事能够在人类基因构成（genotypic constitution）和表型构成（phenotypic constitution）之间建立一座联系的桥梁。

第三章　叙事心理学与后现代主义

——科学叙事心理学的后现代主义渊源及独特之处

当我们从科学史的角度考察叙事心理学在本书中的地位时，就需要说说叙事心理学与后现代主义的关系。叙事概念与后现代主义的思想和虚构性有密切的联系，任何一个抱有科学态度的心理学家都倾向于将叙事心理学降低到后现代主义世界，同时带着疑问的眼光来看待它。当然，这种反感并不新奇。柏拉图（Plato）本人对故事也没有很高的评价。他认为，故事与其他的艺术形式一样，仅仅是物质世界的仿制品，而物质世界是现实世界的高仿副本。因此，故事是对模仿的模仿。就像柏拉图洞穴里的犯人，他们被链子拴住，并且被强迫看着洞穴墙上的人影经过，恰如故事的听众不得不看着现实的影子一样。在第二章，我们根据叙事哲学反驳了柏拉图的思想。学者们最近对虚构性（fictionality）的反感来自对后现代主义的普遍反对，但是通过仔细了解心理认知模式，我们质疑这种想法。叙事这个术语的意义包括这样一些元素：将行为编排到因果序列中、创建人物和隐喻、从行动者问题解决的过程进行推论等。因此，叙事中一些虚构的活动与日常生活中事物和事件的意义建构有关。从英国哲学家杰里米·边沁（Jeremy Bentham）到美国心理学家杰罗姆·布鲁纳都认为，虚构是我们生活中心理现实（psychological reality）的一部分。

还有一些顾虑是担心学术质量会受到故事讲述本身"孩子气"性质的威胁。正如帕塔基（Pataki）提到的：

> 过度使用叙事原理可能会将心理学推回早期时代——概念思维（conceptual thinking）之前的年代。这是因为，如果我们所有的知识——关于自我的——只能以叙事的方式呈现，我们可能很快就会形成**古老的神话思维**（archaic-mytho-logical thinking），在这种思维里，叙事是唯一的捕捉现实的途径——包括心理现实（psychological reality）。孩子或者未经过自我反省训练的成人还不能以概念的形式加工自己的经历。相反，他们很容易采取叙述的方式去讲故事。他们这样做是因为他们希望去**解释并创造**关于自己的**具体**而永久的知识。然而，这也许不应被视为正常成人所特有的人格特征。
>
> （Pataki，2001）

如同任何形式的排他性一样，强调叙事原理的绝对化可能也会导致我们在研究人格时误入歧途。然而，无法认识到这个原理在心理学中具有不可忽视的长远意义，或者认为它是幼稚的、低级的，这也会犯错。萨宾（Sarbin，1986a）的这种观点源于实证主义世界观（positiv-ist world view），它赋予实证主义、技术主义、现实主义独特的价值，坚持认为每一个经历都可以作概念化处理，认为想象与趣味是没有什么价值的。一旦我们认识到叙事原理特有的意义，我们就可以获得那些并非基于实证主义研究的人类心理学知识，它可与以往的心理学知识相比较；也就是说，**我们可以对经验类加工**（experience-like process）**进行概念化的思考**。

后现代思维的代表人物至少在这方面保持着同样的谨慎。叙事术语引起了他们的预期，根据这些预期，**科学叙事心理学中宣扬的科学实证主义、心理表征现象水平的观点、进化的观点、统计程序支撑的**

假设检验都被视为绊脚石，因为其质疑意义构建和解释的无限力量。在这方面，值得引用一个读者对《叙事心理学》一书评论的一段话（László & Thomka，2001）：

> 这卷书中的研究，其偶然性的预测能力（occasional pre-dictability）也许与对结构主义方法有时近乎粗暴无理的使用有关，这让我想起了以前的誓言：大约十年前，我决定再也不读任何一本包含表格、图示和数字的书了。然而，令人惊奇的是，当我阅读到像这样的一本书时，非理性的策略却相当奏效；《叙事心理学》中的两个最棒的研究［即利科（Ricoeur）和斯彭斯（Spence）的研究］没有应用任何表格。一旦数字和图表出现时，其他论文即使人失去兴趣。婴儿床上艾米丽（Emily）的喃喃自语要比通过她们产生的统计数据令人兴奋一千倍。这不足为奇，因为它们是故事。
>
> （Bényei，2002）

下面我们将试图说明科学叙事心理学的发展得益于后现代主义思维，以及它区别于后现代主义思潮的特殊特征。

现代性与后现代性

在人类和科学进步的过程中，我们对世界的统一性、可理解性和理性信念是与我们在启蒙时代（age of enlightenment）取得的智力成果有关的。这些信念或者世界观遭到后现代理论的削弱乃至动摇，因为后现代理论宣传现实的多元性质、高度固定的术语的易谬性、科学发展过程中学术社团在管理事务中的霸道地位。用利奥塔德（Lyotard，1984）那意味深长的话来说，在这些理论看来，即使是启蒙运动本身，也只是人类几个**宏伟叙事**中的一个。

后现代思潮中的叙事隐喻暗含着两个主要的推论。第一，考虑到叙事属于虚构的领域这一事实，讲述故事的人所做的是在构建意义，并且在某些情况下将其当作**现实**来对待，而不是简单地对现实做出真或假的判定。第二，因为语言使我们能够创建或者讲述故事，而原则上，故事的数量是无限的。也就是说，我们可以创造无数的"现实"，并给予这些现实以无数的解释。因此，根据后现代主义哲学的逻辑，现实是相对的并且是存在于语言中的。

同样地，后现代主义浪潮背景下出现的心理学流派，也会在语言中发现它们的研究对象。这意味着，至少从心理学的角度来看，他们会否认存在语言学之外的心理现实（psychological reality）。格根（Gergen，1985）的**建构主义心理学**（constructivist psychology）甚至宣告了主体（subject）的死亡，他认为语言创建的世界不是别的，正是心理现实本身，这就有一个推论，即个体思维或精神生活仅仅是附带的现象（epiphenomena）。**话语分析**（discourse analysis）也倡导类似的原理，继承了牛津分析流派（Oxford analytic school）、奥斯汀（Austin）和赖尔的传统（Harré & Gillett，1994；Potter & Wetherell，1987）。社会行为规范的基本结构暗含在话语和叙述的样本中——因为行为及其叙述都是社会性的，在某种意义上，它们必须是可供社会共享的、富有意义的。这些必须通过解构或质性分析来揭示（这就意味着对意义进行分析）。

虽然出发点有些不同，但实际上**修辞心理学**（rhetorical psychology；Billig，1991）或**女权主义心理学**（Wilkinson，1997）都被类似的原理所支撑。叙事认同方面激增的文献（例如，Bamberg & Andrews，2004；Brockmeier & Carbaugh，2001；De Fina，2003；De Fina et al.，2006；Freeman，1993；Ochs & Capps，2001）试图揭示叙事在创建、维持以及呈现多种认同中的作用（个体认同、互动的认同、群体认同等）。根据话语样本，它们描述了构建认同的不同叙事方式。就像有些心理学家那样，如果我们以这种方式来思考叙事心理学，如同这些心理学家所做的那样（Crossley，2000；Hoshmand，2000；Polk-inghorne，1997），那么——简单地说——通过展现叙事的意义和作用，经过质性分析，我们就可以了解叙事者的心理。但是，这种心理学避开了任何个人主义意味。它是高度情境化的、关系导向的，它优先考虑叙事交流的意向性。这种解释以广阔的文化、社会和历史背景为对照，并且扩展到权威（authority）、对话性（dialogicity）、发言权（voice）和定位（positioning）等问题（Hermans，1996）。有些作者，如波尔金霍恩（Polkinghorne，1997），强调质性的（qualitative）叙事心理学甚至不需要处理叙事文本。对于波尔金霍恩来说，重要的要求是对任意来源的数据的解释具备叙事性。换句话说，讨论应该是"故事化的解释"（storied account）。

在前言中我们讲过，这本书里的叙事心理学主张把叙事看作社会生活中的个人创造和经营社会生活的一种能力，包括个人的自控能力，或者略有不同的认同能力。我们把叙事心理学当作科学事业来追求，在很大程度上要归功于叙事哲学和语言学转向，但是叙事心理学也有其独立的、合理的题材，也有自己的方法，以及可系统地扩展的、可验证的知识。这是一个将科学思维和社会行为整合起来的尝试，是一个许多作家倡导的事业（Dickins，2004；Harré，2002）。

从这个角度接近叙事心理学，首先让我们看看哲学与科学之间的关系。在这方面，瑟尔（Searle）做了一个非常清楚的陈述：

> "哲学"和"科学"不像"经济学史""化学""罗曼语言学"（Romance philology）那样从名字上指定了明确的研究主题，因为至少在大体上，哲学和科学所研究的主题是具有普遍性的，其共同的目的是知识和理解。当知识变得可靠，能让我们相信那是知识而不仅仅是观点时，我们就更倾向于称之为"科学"，而不是"哲学"。大部分哲学关注的是那些我们不知道如何以系统的方式来回答的问题，而系统正是科学的特

点。因此，许多哲学成果就是努力修正问题，从而使它们变成科学问题。

（Searle，1998）

后现代主义与精神分析

我们在第二章中讨论了科学心理学的根源。从叙事心理学的角度来看，我们也应该谈谈后现代主义思想和精神分析（psychoanalysis）之间的关系。这同等重要，因为它可能是一些误解的来源。尽管弗洛伊德致力于自然科学，人们还是理所当然地将后现代主义与精神分析联系在一起，这不仅仅因为 19 世纪末 20 世纪初，奥匈帝国君主制（Austro-Hungarian Monarchy）是学术氛围共享的摇篮，还由于科学领域的潜意识加入了非理性世界。此外，或许更重要的是，因为精神分析是通过叙事（由治疗师的解释）解释叙事（病人的故事）。人们承认精神分析是具有讲故事或叙事性两种意义的：梦的内容和自传元素通过投射到其他情节，或者投射到潜在的本我、自我、超我之间的斗争中来获得意义。这就是为什么精神分析成了后现代思想家喜爱涉及的领域。弗洛伊德本人对实证检验的态度是无所谓的，他认为这无关紧要。另外，精神分析理论传达了好的例证，即当后现代理论的概念分析成为科学问题的对象时，就是精神分析概念得到了科学证实。

例如，当利科（Ricoeur，1991）与古老的关于人类认同（identity）的哲学问题进行斗争时，他依靠的是叙事的功能。他不接受自我的本质主义概念（essentialist conception；即主张人格具有不变成分的观点），并从认同概念在语义上的模棱两可入手。比如，借助拉丁术语"idem"和"ipse"的双重性质，"idem"是"identical"的同义词，即完全相似的、同样的，这意味着时间上的不变性。"ipse"与"selfness"概念相关，与"idem"相反，它并非依赖于任何的不变性或恒久不变。在科学心理学的分析水平上，来自社会心理学的社会认同理论（social identity theory，SIT；Tajfel，1981；Turner，1975）和根植于精神分析的个体认同理论（personal identity theory，PIT；Erikson，1968）都提出了这个哲学问题。社会认同理论及其衍生的新理论，如布雷克韦尔（Breakwell）的认同加工理论（identity process theory；Breakwell，1986）或特纳（Turner）的自我感知理论（self perception theory；Turner et al.，1987），根据类别认同（categorial identification）来分析自我的同一性和变化，而个体认同理论则从生命故事出发来分析自我。虽然这两个认同理论反映了一种二元论，从而使我们有这样一种印象：我们有一个"社会自我"和一个"个体自我"，且这两种自我分别由不同的心理过程来构建（类别认同和体验生命故事），但是两种理论都是从权力分配（disposing power）和权力运转（operating power）的角度来研究认同的（即从功能的角度，而不是从存在主义或本体论的角度）。哪些类别和群体是一个人为了维持积极的感受、连续性以及自己的价值感而不得不认同的呢？一个人要"编织"——或像格根（Gergen & Gergen，1988）所说的"演出"——什么样的生命故事，才能使之不仅提供认知的连贯性（也就是其内容能被外界所接收和接受），而且能提供一种一个人能接受的认同（使一个人能够维持内心和生活境况的平衡）呢？

利科把故事讲述者的认同（identity）建立在叙事的同一性上。自我通过讲述自己的故事、创建自己的情节以及通过认同其他人的虚构或真实故事来构建或重构自己（Ricoeur，1991）。自我的认同、认同他人的可能性，以及自我的重构和改变，都从叙事中产生。在利科学派的概念中，精神分析疗法的模式不过是通过对话来建构一个生命故事，其中治疗师和病人共同对故事进行解释，从而帮助病人恢复自己自传的连贯性（Ricoeur，1965）。这种观点得到了权威精神分析学家的认同，如谢弗（Schafer，1980）和斯彭斯（Spence，1982）。但是，无论是将叙事原理应用到自我的建构和认同中，还是将它迁移到治疗领域，都不会妨碍我们将叙事自我（narrative self）看作一种具有心理特征的存在。它无法阻止我们用心理学的语言来进行讨论。换句话说，当我们在构造自我的发展、结构、状态或功能的假设和模型时，或者当我们实证检验这些模型时，我们不必借助本质主义的自我概念（self concept）。叙事建构的原理因人而异，因情境而异，并不一定要引领我们达到解释的唯一普遍性；更不一定要让我们相信，如果任意直觉或解释足够连贯并在某些意义上是有效的（如帮助病人恢复），那么就是正确的。将叙事建构投射到心理学中是对科学进行后现代主义概念的极端强化，是对引人入胜的一般解释性社会科学的一种整合，也是费耶阿本德式学术标准（Feyerabendian criteria of scholarship）的终止（Feyerabend，1997），它给人的印象是后现代哲学声称要解决的问题是没有科学延续性的。

在治疗实践中，这就好像是病人有一个生物躯体，它可以产生症状，可以通过因果效应受到化学手段的影响。与前者无关地，病人看起来似乎是有灵魂的，它通过症状来体现，并且（考虑到这只是一种主观意义）仅能够在其自身内部进行解释。治疗的效果是通过解释，通过自己赋予其自身意义来实现的，但是，无论是病人的心理活动还是其症状，抑或是治疗效果和症状变化之间的因果关系，都是无法在这个治疗过程中得以揭露的。经验概括（empirical generalization）在这里既不是必要的，也是不可能的。所存在的只是一系列的个案，这些个案对他们的经验的重演可能是自己声称的，也可能是真实的，而这些经验只能通过神秘的途径来分享。

叙事性作为意义建构的一种约束

既然接受叙事建构的原理，那么叙事心理学就绝对不会用这个原理来消除主观的心理现象水平，也绝不会将其"包裹"在解释的语言世界中。它不仅声明世界和自我的意义是社会建构的，而且表明了建构的最重要工具和过程——利科揭示的一个基本原理——是叙事性（narrativity）的。然而，叙事不仅会产生意义，还会限定意义建构。这种限制至少在三个层次上得到了体现：第一，在结构上，它可以用最简单的方式呈现，故事具有开始、中间和结局；第二，在功能上，故事阐明了一种简练的意义整合；第三，在内容上，意味着故事必然会在社会上共享。作为一种基本的经验主义和存在主义的模式，作为人类学上的特点，叙事功能甚至在语言或者故事出现之前就已经存在了，它在人类的思维、人格和文化的发展中发挥了主要作用。在构建意义时，叙事模式不会产生虚构，它会创建现实。这个认识被叙事心理学用来解决那些能够在社会和文化中生活和工作的人类的心理现实：目的是了解这一现实是怎么被创建的，它的形成可能需要什么，以及它如何正常工作或出现问题。

叙事文学和叙事心理学

自然地，叙述（narration）也可以创建虚拟的社会生活。这些社会生活如同文学那样，对人类现实的指称是间接的。但是，叙述者（narrator）和倾听者都可以把故事作为理解自己和外部现实的工具。而且，通过把故事整合到自我传记中，人们可以由此创造自己的心理现实（即通过故事角色的社会生活，也通过利科的双重解读，通过观察和自省，即当读者同时理解故事角色的心理状态和他自己的心理状态的时候）。

文学作品的心理学分析吸引了一些著名心理学家的关注。然而，认同的声音有时穿插着科学心理学的批评。例如，杜威（Dewey）写道：

小说家和剧作家不但比注重系统化的心理学家更具有启

发性，而且在当时是更有趣的评论家。艺术家观察个体反应，然后展示在新情境下被唤起的人类本性的某个新阶段。通过使事实明显地、戏剧般地呈现，他们揭露了至关重要的现实。科学家仅仅把每个行为当作某些旧理论的样本，或者当作从现成的清单中抽取的各种元素的机械合成。

（引自 Sarbin，1986a）

但是，有必要将精神分析仅局限于文学叙事吗？科学抽象化和科学方法真的会使人的精神生活变得昏暗吗？从这段引自利科的话中至少可以找到部分答案：

戏剧或小说中的角色很好地说明了观察和内省在心灵的双重解读中是同样重要的。……如果不是从艺术作品的人物中塑造嫉妒的隐藏路径、仇恨的骗局以及各种不同的愿望，那么是从哪里塑造？这些是以第一人称还是第三人称写的并没有那么重要。我们很大一部分心灵财富要归功于叙事者和虚拟角色的创建者们所做的心理工作。

（Ricoeur，1991）

在谈到"心理分析"与文学作品的"灵魂建设"时，利科无疑暗示着一种类型学(typology)，他提到了"嫉妒的隐藏路径"或"不同的欲望"。

是什么反对我们通过科学的方法研究故事角色的心理状态？当然不是概括化的主张，不是科学的主张，也不是心理学的主张。莫斯科维奇(Moscovici，1986)认为，每个故事、小说或者戏剧都包含作者对各种类型的人物、重要的社会事件、特定思维模式等的观察。每件艺术品都可以被看作"观察报告"(observational protocol)，这意味着虽然作者没有详细地揭示其中的心理学理论和社会学理论，但是这也许是理论进一步理性发展的一个好的起点。作家的理论与科学家的理论是两种不同的类型。莫斯科维奇阐明了这种差异体现在内容和形式两个方面：

> 科学家的理论是**形式**(form)，将事实尽可能地排成一般
> 的序列。艺术家的理论是**内容**(content)，正是这个内容构成
> 了他的人物角色和情境，以便以一种独特的顺序展示他们，
> 从而使我们确定：这是司汤达(Stendhal)的或巴尔扎克(Bal-
> zac)的世界，是狄更斯(Dickens)的或者海明威(Hemingway)
> 的世界。当然，就像我们说的，你可以合理重建艺术家的理
> 论。通过这样做，我们发现了科学家以前没想过的前景、存
> 在的问题和解决方案。
>
> > (Moscovici，1986)

在努力通过理性工具尽最大限度概括作者的理论时，我们也许会遇到在科学发展的早期阶段一直未能解决的问题。我们不是发现并描述作品中存在哪些已有的心理学理论，如德莱塞(Dreiser)的内隐人格理论(Rosenberg & Jones，1972)等；相反，心理学家所做的就是揭示作者的那些推动情节发展的心理动力性质的理论。在这个意义上，文学无疑走在心理学前面，正如维果茨基(Vygotsky，1971)所说的，文学作为表达情绪的社会方式，能够明确地展现理性思维无法触及的心理活动。到目前为止，心理学沿着两条路线发展。实证心理学把情绪当作脱离情境的(decontextualized)研究对象，将它们彻底脱离于人的生命历史和社会背景的关系，脱离与认同的关系。的确，这种心理学无法解读很多"非凡"的人类情感。一方面，很明显，即使是在实验室条件下，也可以研究认知与情绪状态之间的关系(Forgas，1998)，因为这里指的是心境和低强度的情绪。但是另一方面，研究认同与情绪的关系会比较棘手，因为与认同相关的情绪和情感（安全、焦虑、自信等）是认同不可分割的组成部分，不论从概念上还是经验上都无法拆分。因此，当代社会心理学中将这些情绪看作群体身份驱动的情

绪来研究是有原因的（Branscombe，2004；Doosje et al.，1998）。

　　与实证主义心理学相反，精神分析把文学中的人类戏剧转化为人类本能的戏剧；这方面最明显的例子就是俄狄浦斯情结（Oedipus complex）。在这种情况下，人的状态与假定的本能发展阶段相适应，看上去像是对后者的例证。在经典的精神分析理论中，一个难以理解但又非常有效的液压拓扑隐喻（hydraulic-topologic metaphor）将人的生物层面与其社会文化层面联系起来。但是许多现代或后现代主义理论强调的是精神分析的诠释学方面，否定经验概括化的可能性。这些理论割裂了生物自然和社会文化联系的在意义中建构自我。

叙事心理学是意义的心理学

　　我们是否有必要在心理学上宣布放弃意义或者采取绝对化的立场？我们在前言中指出，某种意义上，我们的叙事心理学方法就是关于意义概念的研究，不是采用文化人类学或精神分析的方法。文化人类学思维与精神分析学思维是有差异的，例如，当文化人类学派试图解释一个波洛洛族（Bororo）部落成员在陈述"我是鹦鹉"时的意义，与精神分析学解释一个病人的陈述"我与独裁者发生冲突"时，两者是不一样的。关于前者，格尔茨（Geertz，1975）解释说，给定的意义在宗教中和常识背景中必然有不同的解释。让我们引用他的详细原文：

　　　　在宗教中，我们的波洛洛人"真的"是"鹦鹉"，而且在某些特定宗教背景下，是其他"鹦鹉"的"原型"——即在抽象上像他自己的那只鹦鹉，而不是通常的某只鹦鹉，即那些在普通树木中飞翔的鹦鹉。从常识性的角度来看，某种意义上他是鹦鹉——我猜想——他属于这样一个家族，这个家族成员把鹦鹉当作他们的图腾。就像宗教所揭示的那样，这种家族成员资格来自于既定现实的基本特征，就像神话和仪式上展示的那样，这种家族成员资格来自于某种道德和现实的交流。"他与鹦鹉交织在一起"，这种宗教事实有某些重要的隐喻——即我们与鹦鹉必须待在一起，不会与另外的人结婚，不吃鹦鹉等，如果不这样做就是违背了全世界的意愿。正是将这种相似行为放在特殊背景下，才使得社会上的宗教如此强大。

（Geertz，1975）

因此，可以看出，当谈到意义时，文化人类学专注于象征意义方面，专注于现实的不同领域。

另外，精神分析对"我与专制者发生冲突"这种陈述，通常的解读不是社会或行为的后果，也不是指一些实际的心理状态如沮丧、生气，而是指代某个本能发育的特定阶段，说明此人一直没有解决恋母情结矛盾的事实。

在叙事心理学中，意义被看作一种表征，是一种心理表征，而不是认知心理学中在信息加工意义上的隐喻，意义存在于心理内部与主体间的关系中。当事件在叙述中形成故事时，与此同时我们也给行为赋予了意义。用布鲁纳的话说，这是我们这个时代伟大历史学家论战的一堂课（Bruner，1986），"我们美化**年鉴**的核心部分，将它们转换**成编年史，最终成为历史**"——既然是历史就有意义。这就是前面被称为心理现实的意义或观念。但是，这种意义仅仅是心理现实的其中一个层面（plane）；依布鲁纳而言，它是"**行动的图景**"（landscape of action），是由行动者、意图、目标、情境、手段组成的。然而，在故事里，在所有的故事里，也有一个"**意识的图景**"（landscape of consciousness）：行动者所有知道的、想到的和感觉到的，或者是他们**所不知道的、没想到的及没感觉到的**。在叙事心理学中，故事的两个图景都在"进行中"。一方面，在行为水平上，它显示出行为者生活中的合理性（rationality）；另一方面，与前者不可分割的是，它也显示了构成生活的"非理性"（irrationality）部分。通过将这两方面联系起来，叙事心理学试图对其对象进行理性、科学的反思。

那么，叙事心理学的实证材料和理论模型是什么呢？前半部分的问题是比较容易回答的。在探索性研究和假设检验中，叙事心理学都是分析叙事（故事）的内容和结构特征。然而，理论模型却没有这么明确。如果我们承认故事是我们构建现实的一个基本方式，那么这种模式，作为一个解释性模型，就可应用于解释像记忆扭曲（memory distortion；Neisser，1976）或记忆中的图式形成（Bartlett，1932）这些"传统"的心理现象。但是，每个生动故事的内容涉及个人和群体的情感生活，涉及心理发展和人们居住的家庭或团体环境，这些可以依据已有的或新生的心理学理论的假设进行验证。

总　结

在本章中，我们讨论了建构心理意义的各种后现代主义的方法，还将这些方法与科学叙事心理学的原理相比较。我们提醒读者，叙事不仅带来解释，也带来限制。在对心理意义的研究上，我们将科学叙事心理学的概念、方法与精神分析的解释进行了对比，也将这些概念和方法与文化人类学中的符号意义分析法（symbolic meaning analysis）进行了对比。本章的主要论点是，我们应该把心理意义作为心理内部和主体间关系的表征来看待和研究。关于表征的问题会在第五章讨论，但是在转向这些问题之前，我们将回顾叙事心理学的认知心理学和实验社会心理学的传统。

第四章　叙事心理学对第二次认知革命的贡献

　　始于 20 世纪 50 年代的认知革命（cognitive revolution），让认知成为心理学领域的中心话题。这次认知革命轻而易举获得成功，正如加德纳（Gardner）略带几分激进隐喻含义的评论：到 20 世纪 80 年代时，认知心理学家已经赢得了他们所选择的心理学领域内的争夺战。几乎所有的学者都认可提出心理表征水平的必要性和可取性。在加德纳著作出版的那年，另一场革命也在进行中。这场无声无息的，持续了更长时间的革命主要是由社会心理学家发起的，但也有一些认知心理学家参与其中，曾围绕认知心理学本身的发源地而积极活动的杰罗姆·布鲁纳就是其中之一。有些更激进的代表称这场运动为离题的革命（Harré，1994），这是对心理表征理论进行否定的驱动力，至少在社会心理学领域是这样。波特和韦瑟雷尔（Potter& Wetherell，1987）在其纲领性著作中将话语分析从认知科学中分离出来，他们将分析和解释都置于社会心理层面，而独立于认知表征。

　　话语分析（discourse analysis）避开了认知还原论（cognitive reductionism）的任何一种形式。认知还原论的解释是把所有语言行为看作精神实体或心理过程的产物。无论是基于社会表征还是其他认知的一些衍生物，如态度、信念、目标和欲望。话语分析一直关注的是**语言的使用**：解释其如何被建构的及其不同的功能。

（Potter & Wetherell，1987）

尽管如此，近代变革性的思想运动中的大多数研究方向，诸如社会表征理论和文化心理学，并没有排除个体心理表征这个概念或想法。在第二章中，我们曾陈述过科学的叙事心理学不能放弃个体性（individuality）和主观性（subjectivity）。然而，虽然在认知心理学中，个体的"心理活动—信息加工"是研究对象，而社会文化因素仅被看作调节变量（如同它在跨文化研究中那样），新的理论所研究的意义形成（meaning formation）却是由社会和文化所决定的。既然意义关系到世界，那么意义建构（meaning construction）必然涉及研究与广泛的社会文化现象相关的个体加工（individual processes）。正如布鲁纳写道：

> 认知心理学很早就强调从"意义"到"信息"的转换，从意义**构建**到信息**加工**的转换。这些都是完全不同的问题。转换的关键因素是引入计算作为主要的隐喻，并引入可计算性作为一个好的理论模型的必要评价标准。信息相对于意义是不同的。在计算机术语中，信息由系统中一个预先编码的消息构成。意义是预先分配给消息的，而不是计算的结果，同时也与意义随机分配中的计算保存无关。

（Bruner，1990）

相反，布鲁纳强调人类是文化的产物，人们出生、成长、生活在文化中，而且人类的心理能力是在文化中展现出来的。这些制约使得将人的心理仅仅建立在个体层面上是不可能的。

> 既然心理是融入文化的，那么人的心理就必须围绕着将人与文化关联起来的"意义—建构"和"意义—应用"的加工过程来进行组织。这并不是让我们在心理学中更加倾向于主观

主义（与客观主义方法学相对）；如果这样的话就恰恰相左而
行了。由于意义渗透在文化之中，意义是提供"**公共**"和"**共
享**"的。我们适应文化生活的方式依赖于意义共享、概念共
享，还依赖于话语模式的共享，这有利于协调意义及其解释
的分歧。

(Bruner，1990)

因此，根据布鲁纳的概念，第二次认知革命的目的是，通过研究
意义建构（meaning construction）以及意义应用（meaning usage），进
而将个体心理过程融入复杂的社会文化过程。

实验和社会心理学中的叙事心理学先驱

叙事心理学是第二次认知革命的研究方向之一，它是基于"叙事
在构建和沟通意义中起着根本性的作用"这个观念之上的。在很早之
前，科学心理学就已经认识到叙事在组织意义中的独特作用，譬如，
比奈和亨利（Binet & Henri，1894）在研究儿童智商时，发现叙事在
记忆表现中的优势。叙事是作为意义结构（meaning configuration）或
者一种给行为赋予意义的认知工具而引入心理学研究的，与元素联结
模式（elementaristic associative patterns）有质的不同（Janet，1928）。
不管怎样，20 世纪心理学关于叙事的研究与弗雷德里克·巴特利特
（Frederick Bartlett）先生的名字密不可分。

巴特利特与意义心理学

认知心理学将巴特利特尊为它的先驱之一。事实上，巴特利特的
记忆图式理论已经涉及信息加工理论的进一步发展。巴特利特致力于
包括"意义探索"的本质的研究工作，而他的这部分工作已经淹没在计
算隐喻（computation metaphor）的祭坛上。巴特利特对文化现象特别

敏感，他证实了故事内容和故事结构都是社会与文化习俗化的结果，包括正在做田野研究的非洲文化。

> 故事讲述不能仅仅当作个体反应来对待。参与故事构建的许多复杂的影响直接来自社会群体。我一而再再而三地主张，毋庸置疑，神话、传说、广为流传的故事是受到它们产生和发展的社会环境的直接影响的。
>
> （Bartlett，1923）

在巴特利特关于记忆的经典著作中，书中的副标题就已经将实验心理学和社会心理学结合起来了。现在细细回想他的一些思想观点是非常有价值的。在他的一项实验中，他将线条画展示给被试，画中包含一面墙、一扇大门，还有一些模糊的人物，被试将其解释为"入侵者将会被起诉"。"意义背后的效果"超越了可以看见的图画本身。

> 实际上涉及环境或情境，表达的是一组有关乡土气息，或者有关社会风俗和偏见的趋势。这些活跃因素是意义本身的一部分，也是情境的一部分，它们将当下知觉到的东西组织起来，如果没有这些，就没有心理素材，一旦它们存在，就与材料相联系，它们是该材料意义的一个必要条件。
>
> （Bartlett，1932）

巴特利特强调，在心理学中，情感必须被视为一种意义的成分，但是他排除了这样的概念，即心理上的任何事物都与它所在的整个环境或者情境有关。意义受制于一些活跃的倾向，其结果是某些优势的，或者过分看重的成分在感知或记忆中脱颖而出。这些倾向可能是个体的，如气质、个性和兴趣，另一些可能是集体的，如集体利益、理想和习俗。

巴特利特关注从意义的角度来看待时间顺序的重要性。在相对简单的情况下，一部分情境的意义将在多数直接相伴的反应、材料、情感中找到。但在更复杂的情况下，大部分的日常生活情况就属于这种类型，这意味着组织意义的简单时序原则将不起作用。很多"材料收集"或系统化的经验将削减组织中简单时序原则的作用。

> 一个成功的**故事大王**以表达自我和贴近听众兴趣的方式开始他的故事。然后是片刻停顿。他将兴趣挑起来，让听众等待，最终他讲述合适的内容，从而使听众的兴趣得到保证。同样的事情发生在娴熟的演说家、音乐作曲家、多才多艺的作家等人身上。所有困难的问题都是同样的运行过程。有一些反应、情感、心理内容也能极好地匹配其他的反应、情感和心理内容。这或许仅仅是一个客观事实，但是，像其他的事实一样，我们可以应对它，并且，在许多其他情况下，这个反应可以是有意的或无意的。这种有意的反应类型在一个较高的水平上给予我们意义。因此，我们经常会发现，某个情境或某个情境部分下"真正的"的意义发生时空的迁移，从而从指称的意义上发生了偏离。
>
> （Bartlett，1932）

关于"合适的材料"这个术语，它不仅是指更高等级的时间图式，或者更广泛的叙事结构，还是指**意义**与**连贯**之间的密切关系。

> "真实"（verisimilitude）的含义可能被"惯例"的意思所代替。意义是通过组织由反应倾向产生的心理内容而形成的。每当这些倾向中的任意一些成了约定俗成的东西，并在整个社会群体建立起来，那么它们（指这些倾向）往往将在团体中的每个成员身上表现出来，只要成员是以一种社会方式来反应的。因此，它们协调一致地决定整个群体的情境和意义。在这个意义上，"真实"的含义随着群体的不同而各不相同，

就如同"表面"的含义在个体之间也可能会发生变化。在群体内部，处理各种情境的参考标准是保持相对恒定。例如，"魔力"的"真正"含义对于当代文明的欧洲群体与澳大利亚原住民来说可能大不相同。

（Bartlett，1932）

虽然巴特利特的贡献在后期已经广泛地应用到认知心理学的多个领域，尤其是在记忆研究和故事语法领域，但他通过研究心理意义将社会文化背景下发展的认知与社会心理学融合起来的理念，对 20 世纪的心理学界几乎没有什么影响。文化心理学与叙事心理学在一定程度上可以追溯到心理意义的问题，在某种意义上说，这最初是由巴特利特提出来的。

实验社会心理学中的意义问题

20 世纪的主流社会心理学跟实验心理学一样，不愿意追随巴特利特"意义追求"的观点。但是一切都是徒劳的，在这两个领域的杰出人物，如米德（Mead）、维果茨基、弗洛伊德、勒温（Levin）、皮亚杰（Piaget），都清楚地认识到，人类是从婴儿早期就开始构建意义的生物。社会心理学中的实验所使用的刺激是脱离语境的，其被试也是脱离社会关系和文化的。罗斯(Ross)和尼斯比特(Nisbett)将这个科学逻辑做了如下描述：

社会心理学到目前为止积累了庞大的实证隐喻（empirical parable）库。在这里，传统的做法很简单。选择一个一般性的情境，然后确定并操纵直觉上或在过去的研究中使你相信会有所不同的一个情境或背景变量，（理想情况下，你认为多数外行人，甚至很多你的同行都没有意识到这个变量的作用），接着看看有什么发生。当然，有时候你会犯错，你的操作没有"效果"。但是，通常情况下，这个情境变量会产生相当大的差异。少数情况下，它几乎会使一切都变得不同，而那些其他人认为非常重要的个体差异和特质信息，被证明是微不足道的（译者注：即个体差异对实验情境变量的效应没有干扰）。如果是这样，那么你创造了一个经典的情境，并注定会成为我们这个领域知识遗产的一部分。

（Ross & Nisbett，1991）

在社会认知领域中，心理意义（psychological meaning）的研究仍是不可避免的，格式塔学派的先驱理论家，特别是勒温和海德，一直在研究社会情境的意义。在海德的社会知觉理论中，叙事起着核心的作用。在此，人们通过对一个事件赋予意义，从而展示出解释性建构。海德（Heider，1958）借助伊索寓言中狐狸和乌鸦的故事提出了他的"感知策略"，如原因、尝试、目的，这是感知者读出动作含义的规则。经过多次精简后的"朴素心理学"延续了因果归因研究（Jones & Davis，1965；Kelley，1967）和认知一致性理论（Abelson et al.，1968）。在这些研究中，只有以行动逻辑为基础的知识叙事组织模式，让人联想到了朴素心理学最初的多样化（Schank & Abelson，1977，1995；Wyer et al.，2002）。

勒温关于认知结构与事件意义之间关系的观点，其命运并不好。勒温坚持认为，环境事件的心理意义应该从事件和动作之间的心理关系中导出：

学习作为一种认知结构的改变，几乎要处理行为的每一个方面。每当我们提到意义的变化时，实际上这种认知结构也发生了变化。心理方面已经发生了新的连接或分离，分化或者去分化。在心理学中某件事情的"意义"，如果它的心理位置和心理方向被确定了，那么就可以说意义是已知的。在马克·吐温（Mark Twain）的《密西西比河上的生活》中，船上的乘客都欣赏着"风景"，但是除了引航员，他认为两座成"V字形"的山是急转弯的信号，而河水中间美丽的波纹意味着危险的岩石。这些"刺激"与行为的心理联系发生了变化，因此，意义发生了变化。

（Lewin，1951）

关于社会心理学一般方法论的问题，勒温意识到认知研究是最重要的。他强调，社会心理学家应把握行动的社会意义，而不是观察行为和将行为单元分配给各种心理变量。

当代社会心理学需要的是将它的方法从推理的限制中解放出来。我们从日常生活的简单方面开始会很有益处，因为恰当的社会观察是不可能被怀疑的，因为没有它社会生活将不可想象。这样的经验基础应是社会心理学方法的基础之一，这样的实证基础应是社会心理学方法的基础之一，另外一个（基础）应该是逐渐深入了解社会知觉的规律。

（Lewin，1951）

因此，在社会心理学中，心理意义产生于社会事件和行动之间的关系。正是社会意义，而不是"客观"的刺激，使得这些事件能够得到理解，行动者的行为与社会意义相关联。

这有一个例子，它也来自格式塔心理学，这个例子使我们更加接近叙事。在阿希（Asch，1952）的经典的从众（conformity）研究中，阿希要求被试将三条线与一条标准线进行比较，并要求被试指出屏幕上呈现的三条线中哪一条与标准线长度相同。被试必须在一群"傀儡"（译者注：即心理学实验中主试的同盟或假被试）面前做这种判断，而在这个被试回答问题之前，这群"傀儡"已经给出一致的错误答案。很多被试顺应了错误的判断。传统的观点认为，人们受到同龄人观点的影响，是为了寻求认同和害怕被拒绝。阿希作了补充说明。同伴的反应界定了刺激的意义，那是对刺激该如何解释的一种强烈的暗示。根据阿希的观点，一旦个体采用了自己同伴所提供的解释或定义，那么他也可能采纳他们的评价和行为。后续的研究（Ross et al.，1976）表明，每当被试有机会对同龄人的错误判断进行理性归因时，他们能够给情境赋予理性的意义，从而能够做出不顺从大众意见的正确反应。

如果个体想要寻求人际交往中叙事的主要功能，那使行为合理化肯定是其中突出的方面。叙事使有目的行为变得一致且有意义。

心理意义的社会文化方面

在社会的和文化的意义研究中，亨利·塔吉费尔（Henri Tajfel）的社会认同理论（social identity theory）为致力于社会认知心理学目标的研究提供指导性课程。在其经典教材《社会心理学的背景》（Israel & Tajfel，1972）"真空中的实验"一章中，塔吉费尔讲述了一个关于社会心理学实验方法的理论。不同于针对社会心理学最频繁和激烈的批判，指责其实验主义倾向的人为性和低普遍性，塔吉费尔提出了自己对实验方法的立场，不过他为设计和解释实验重新制定了标准。塔吉费尔看到了社会心理实验的主要问题，他们设想在一个真空的社会中，其中只有一些普遍的人性或生物本质显露出来。在他看来，价值观和社会规范可以从人的行为中被剔除是一个误解。与实验社会心理学想要尽可能地净化实验变量的想法相反，他改变了实验目的。既然由规范和价值观念引导人们的行为总是会污染实验环境，那么他建议将这种具有污染性质的研究作为社会心理学的中心研究对象（Tajfel，1972）。

如今，想发表一个连最小分组实验都没有的社会心理学文章，几乎是不可能的事情（Tajfel，1970；Tajfel et al.，1971）。这些实验，在一个极小差异的基础上将被试分为两组，如根据被试对两个绘画或两支乐曲的偏好差异来分组。被分配到两个组中的一组之后，主试要求所有被试把金钱或其他奖赏物分配给这两个组。这些研究结果汇聚地显示出内群体偏好（in-group preference）（译者注：即两组人都各自将更多金钱或奖赏物分配给自己的组）。就像塔吉费尔在其书中强调的一样，最小分组实验范式的目的不是清除实验中社会和文化规则的干扰，也不是执行一个旨在检验普遍人性模式的假设—演绎研究。相反，他期望，同时他也相应地解释了小群体情境中社会和文化规则突出表现的结果。当然，他也对这些规范进行了假设，换句话说，他自己没有参与到开放式的探索中去（Denzin，1992），但他认为，他的研究是发现而不是验证假设，他这样解释他的结论：

> 一组复杂的结果最简洁的解释是这样一种假设：被试试图在两个规则和基于规则的两个价值观念之间实现一种折中，就规则和价值观而言，它们是与实验情境相关的。这里的规则是指"群体"和"公平"的规则，价值观是指"团结"和"公正"的价值观。
>
> （Tajfel，1972）

塔吉费尔的实验起到的作用就像是社会环境的一个投影面，被试将他们的规则和价值感投射在与之相关的情境中，在这个过程中获得意义，而这些并没有出现在现代读物以及他的追随者的作品中。目前，小群体模式作为一种情境出现，这样组间差别只能归因于心理过程。没有任何迹象表明，这些实验携带着有关文化的信息，也没有迹象显示，这些信息也可能是诸如社会学家、人类学家或者历史学家等超出了社会心理学的范畴的其他社会科学家感兴趣的问题。塔吉费尔的实验结果可以根据社会分类、社会认同或为减少不确定性而被具体化的心理过程来解释。

沟通与认知

沟通是意义建构心理研究的自然领域，而语言是人类最重要的交流工具。语言的认知研究侧重于表征、信息处理和计算方面。实用主义及行为学派没有更多的关注。社会认知研究与传统的认知社会心理学不同，后者实际上忽视了语言，而社会认知致力于语言交流的研究。它关注的是根据语言使用的社会情境来进行信息调整，尤其关注说话者与倾听者的社会关系。有证据支持"听众设计"观点，如说话者根据特定的听众调整他们的语言信息（Chiu et al.，1998），或者在与合作伙伴交流中，根据合作或竞争关系来选择语调（Giles & Coupand，1991）。交流中的人际角色也可以在信息的表达中被描绘出来。在希金斯和罗勒斯（Higgins & Rholes，1978）的研究中，操纵交流伙伴间的人际关系要么是为了推动说话者正面的自我陈述，要么是促进与听者的亲密关系。结果表明，不仅接收者和传递者之间相互依存的关系影响了被试写下的信息，而且既定的表达信息的方式也影响了他们信念的形成。很明显，这一系列研究把沟通的形式上和内容上的特点看作表达人际关系或者反映信息处理的变化，从而忽视了在人类社会中更普遍的问题——沟通如何产生意义。尽管这种口头交流方式具有交流的社会属性，也具有构建共有现实的重要性，或者也是实用规则系统，它们也经常出现在文学作品中，但是很少有研究涉及这些问题。然而，事实证明，在现实社会中作为"执行工具"的语言是非常重要的，这已经引起社会心理学的关注（Semin，2000）。基于语言的元语义或结构特性的语言分类模型（the linguistic category model；Semin & Fiedler，1988，1991）认为，同样的事件可以在不同的抽象层次上进行交流。两个人之间的打斗可以被表述为具体的描述性动词，如"约翰（John）用拳打了比尔（Bill）"，用更一般的解释行为动词表达是"约翰打了比尔"，用抽象状态动词表达是"约翰讨厌比尔"，或者，在最抽象的层面，用形容词表达是"约翰有攻击性"。然而描述性动词保留了事件的情境，因此唤起听众关于一个事实的印象。使用的表达方式越抽象，关于事件的表述就越有可能受到基于概念性概括解释的影响。听者将根据他与叙述者的关系来接受或拒绝这个描述。语言分类模型（linguistic category model，LCM）认为，语言表述的形式，特别是抽象的程度，是构建叙述者和听者世界的工具。通过对潜在表达形式之间的选择，叙述者影响听者的表征和行动。该模型的实验测试来自组间行为的领域。如果某行为与组内而不是组外相关联，那么人们会以更抽象的水平来描述同样一个社会期许行为。社会不良行为的情况则正好相反。因此，为了避免将不良行为描述为一般的和不变的特征，组内成员的社会不良行为将在一个更具体的水平上进行描述（Maas et al.，1989，1995，1996）。

为了综合研究联结叙述者与听众表征结构的语言过程，赛明（Semin，2000）扩展了语言分类模型。新信息调整模型（modulation model，MM）基于以下三个原则。

1. 信息（言语行为）是**公众可理解的情境知识结构**，它是以介词和语言结构性质为中介的。

2. 信息的功能是调节讲述者和听者之间的认知、行为和动机过程（如协调和同步）。

3. 信息构成的情境化知识结构类型源自于叙述者和听者关系的凸显特征。

（Semin，2000）

需要注意的是，叙述者和听者的关系对沟通的两部分来说不是一个固有的特质。

叙述者和听者的关系提供了有助于该信息形成的调节的、动机的和情感的过程。相反地，信息传达了关于叙述者和听者之间关系的类型，事实上也具化了这种关系。

（Semin，2000）

如果我们要分析认知心理学和叙事心理学之间的关系，很难找到一个比沟通领域中的社会认知研究更好的着手点。为了将叙事心理学与社会认知联系起来，无论如何，我们应该先总结一下我们到现在为止对叙事心理学的介绍，并在必要的时候去修正它。

叙事心理学方法

在最基本的本体论以及认识论层面上，叙事心理学是一个元理论，它赋予叙事功能一般的、人类学的特征。在这个意义上，叙事作为在人类意识层面上构建和理解现实的固有模式，在故事或语言之前就已经存在了（Bruner，1986；Ricoeur，1984—1989），因此叙事已经足够揭开人的心理，或像萨宾说的那样，叙事可以是行动心理学的基本比喻。唐纳德则从进化的角度把叙事看作人类进化的主要成就和推动力：

> 神话是原型的、基础性的、综合性的思维工具。它试图将各种各样的活动整合到时间和因果关系的框架内。它本质上是一种建模工具，其表述的**初始**水平就是主旋律的。早期人类社会的杰出神话就是人类使用语言建构一种全新整合思维的见证。因此，这种可能性必须被接纳，即早期人类适应的不是作为语言的语言，而是综合的、原始神话般的思想。
>
> （Donald，1991）

叙事元理论在自我和自我认同理论中具有特别的影响力。基于生命故事，它提出了关于个体自我认同和一致性的非本质主义的解决方案（Bamberg & Andrews，2004；Brockmeier & Carbaugh，2001；Bruner，1990；Freeman，1993；Ricoeur，1991；Spence，1982）。对

于把叙事作为认同建构（identity construction）的方式的观点，唐纳德·
波尔金霍恩总结如下：

> 人文学科用以研究自我概念的工具通常是正统科学设计
> 用于定位和测量客观事物的传统研究工具。我们通过使用叙
> 事结构（narrative configuration）来获得我们的个人认同和自
> 我概念，并且通过将其理解为一个单独展开并发展的故事来
> 整合我们的存在。我们身处于故事中，并且无法确定故事将
> 会如何展开；同时，当新的事件加入我们的生活中时，我们
> 常常不得不修改剧情。那么，自我不是一个静态的东西或物
> 质，而是个人事件形成历史的统一，这不仅包括一个人曾经
> 是怎样，也包括一个人将会有怎样的预期。
>
> （Polkinghorne，1988）

沿着元理论路线，一些意义重大的社会心理发展出现了。回顾哈
布瓦赫（Halbwachs，1980）的集体记忆理论，它已经赋予集体一个新
的解释。叙事提供了一个框架，在此，集体表征和群体认同（bounda-
ries identity）的相互依存，还有表征和认同的传播（propagation）、扩
散都成了研究对象（Assmann，1992）。

不过，叙事作为组织和交流经验的工具在很早之前（Binet &
Henri，1894）就成为心理探测的对象，它零星地出现在大量的文献资
料中（例如，Bartlett，1932；Blonsky，1935；Janet，1928），直到20
世纪70年代，它作为故事语法或情节表征（Black & Bower，1980；
Schank，1975；Schank & Abelson，1977，1995；Wyer et al.，
2002）中的核心概念成了中心话题（Labov & Waletzky，1967；
Rumelhart，1975；Thorndyke，1977）。不管怎样，叙事组织的观点
已逐渐广泛地用到其他传统的心理现象研究中，如思维（Bruner，
1986；Bruner & Lucariello，1989）、情感（Dyer，1983；Oatley，

1992)、记忆(Nelson，1993；Rubin，1996)、健康心理学(Pennebaker，1993；Stephenson et al.，1997)，或人格的发展(Stern，1995)。有关文学叙事过程的研究也指向了同样的研究方向，这些研究涉及叙事理解的特殊文学环境(Halász，1987；László，1999)。

在认知心理学更全面的框架中，大多数叙事的方法都被包含进去了，因为它们是针对个人心理表征的研究。

最后，叙事也是作为心理状态与关系的载体出现在叙事心理学中的。一个被陈述的故事，换言之，人们赋予其所处环境事件的感受和意义的方式，表达了自己内心的状态及其内在的关系。同样地，一个群体内推崇的或者典型的故事提供了群体内盛行的价值观和规范的有关信息，以及内部所认同的应对方式、群体认同等方面的有关信息。在叙事心理学的第三潮流中，叙事被视为心理现象的"宝库"(Ehmann，2000)或"指示器"(Pléh，2003a)。在一些早期研究中，我们已经表明，除了在定量分析的帮助下可以阐明的主题内容外，20 世纪的叙事学所描述的结构性是可与叙述者的心理状态相联系的，在此基础上，我们已经详细阐述了叙事内容分析的理论和方法(László et al.，2002b，2007)。我们认为，创建关于生活情境和生活事件的叙事结构特性的假说是可能的，如时序模式、叙事的视角、评价模式、叙事的一致性、情节复杂性、特征的功能等，而心理状态和心理过程之间的关系，以及这些假设，通过在语篇层面上，用相对精确而可辨认的文本结构，是可以进行实证检验的。虽然这种方式赋予的结果仅仅具有表面效度，但是通过使用对照组和心理分析的其他工具也能够检验其外部效度。

当然，在叙事的结构特性和叙事者的心理状态之间的关系背后还有一个更深层次的理论假设，即同时包含了叙事心理学的三个水平及每个水平之间的内在关系。根据**对应关系假说**(László et al.，2002b)，在叙事的组织和经验的组织之间有一种特殊的对应关系，前者是后者的具体表现。在此假定关系的基础上，我们可以推导出关于故事结构特性的假说，而且叙事心理学中的理论和内容分析方法也为**归纳逻辑**留有余地；换句话说，它提供了一个机会，可以通过事先不带有任何预期和假设地分析文本本身，认识特殊的结构特性与相对的心理状态的关系。为了更好地理解这个问题，这里有一些简单的例子可以说明这两种类型的逻辑。为简单起见，例子取自生活史的叙事与认同之间相对应的领域。在使用演绎逻辑的情况下，我们从一些现有的心理建构着手，如边缘型（borderline）人格结构的客体关系理论。该理论将边缘型人格发展描述为早期客体关系的混乱，这将导致情绪自我接纳障碍和社会关系情感控制障碍。根据这个理论假设，伤害体现在边缘型障碍病人的生活史中，尤其是那些关于监护人或伴侣接近或疏远而导致的情感矛盾的故事中。因此，这个假说可以通过对照组进行验证。首先，假设叙事变量被识别，这在特定情况下可能包括情感评价和位置的变化（接近或疏远）。接着，在语篇层次上需要识别语言变量，即那些表达情感评估疏远和接近的语言变量，再接着对群体生活史文本中语言变量的频率进行分析。最后，假设是由统计学检验证实的（Pohárnok et al.，2007）。当然假说不仅可以建立在为病人群体设计的理论上，也可以建立在借由人格问卷进行群组"诊断"的理论之上（Hargitai et al.，2007；Pólya，2007）。叙事结构的某一特征可以在文本中被检测出来时，并且当该特征与某些心理状态相联系时，归纳逻辑就会被应用。例如，埃曼和埃罗斯（Ehmann & Erös，2002），"寻找"叙事时序模式下，描述人与现实之间的关系的心理状态。

社会认知与叙事心理学

社会认知研究，这是自 20 世纪 80 年代中期就占主导地位的社会心理学研究范式，涉及社会信息处理的多个领域，如个人知觉、刻板印象、态度、决策等。对叙事心理学与沟通研究进行比较，沟通研究更加接近广泛的社会认知领域，除了表面的相似之外，还可以发现一些本质差异。LCM、MM 和叙事心理学都利用了语言的结构特征。然而，沟通研究却把语言和认知分别作为不同的现象水平。它将语言视为一种沟通中实现认知（或心理现象）的工具。这勉强算是一个因果模型，其中语言形式的选择是由人际或群际关系心理表征、沟通情境中要达到的目标，或者沟通内容本身决定的（Schaller & Conway，1999）。因此，信息结构自然是沟通情境的特征，它是由一些因素的心理表征共同决定的。为了能够推断说话者的态度和动机，听者应该内隐地知晓语言形式与态度之间的关系。这是必要的，但并不是充分的。为了做出适当的推断，听者也将与说话者共享情境信息，这解释了某种特定语言形式的出现。

在涉及交际行为的社会认知研究中，当其受到语言结构的影响时，理论模型与实验方法均针对的是个体的心理过程。这些模型从基本心理过程中的元素（情绪、思维、动机）来构建更加复杂的心理表征单元（如态度、刻板印象）。在一个整合模型中，这些模型将情境拆解成小部分，一方面尝试去捕捉必要情境信息或其整合的心理表征；另一方面，试图捕捉持久的人际关系或群际关系的心理表征。语言行为被看作内部表征过程的一个结果和指标。在其他的情形中，这些模型忽略了社会情境的心理表征，并把社会或文化视为外部因素或调节变量（Giles & Coupland，1991）。

按照我们的理解，叙事心理学的分支还涉及语言结构（linguistic structures），但它确实是处于不同的理论框架下的。叙事心理学认为，叙事是组织经验的固有形式，并塑造了人类的内心世界，同时，它也将经验与社会和文化联系起来。叙事存在于实际的故事之前，故事可能是自发形成的，也可能是从那些携带着人类内心世界意义的谈话中引出的，同时，这些故事反映了他们与世界的关系。我们用整体的叙事结构（holistic narrative structure）来分析基本的语言形式

(linguistic forms)，因为整体的叙事结构被认为是心理素材的载体。因此，语言结构**不是**一种心理功能，换言之，心理功能**不是**语言结构显现的原因。更确切地说，它是复杂心理状态和心理加工过程的一种表达，这种表达依照人们如何组织他们世界的意义和他们自我的意义。

基于这些假设，叙事心理学能够离开实验室实验的简化情境，可以走出去研究鲜活的材料。从上述假设还可以得出，与科学的因果关系(scientific causation)相反，或者除此之外，叙事心理学倾向于以宽松的方式解释因果关系。它扩展了意义的经验评价和测量，但也承认意义构建的不确定性，它更倾向于解释和预测趋势而不是遵循严格而普遍的规则。

为了阐明叙事心理学的取向，我们通过叙事结构来研究心理现象(László，1997；László et al.，2002b)，我们将展示近期的一个研究，它关注的是叙事角度与认同状态之间的关系(Pólya et al.，2005)。

根据叙述者所采纳的视角、时间位置，自我叙事的叙事结构有四种可能的变化。在第一种情况中，叙述者可以采取一个"观察者"(ob-server)的角度，当叙述者置身于"此时此地"(here and now)时，叙述事件就位于"当时当地"(there and then)。在第二种情况下，我们可以称之为"**再体验**"(re-experiencing)的角度，叙述者和叙述事件都在"当时当地"。在第三种情况下，我们可以称之为"**体验**"(experiencing)的叙述视角，叙述者和叙述事件都在"此时此地"。第四种情况，叙述者位于"当时当地"，叙述事件在"此时此地"，这种情形是极为少见的，所以我们可以忽略它。

三种有趣的叙事视角都具有语言上的可操作性，它们甚至是服从自动编码的(Pólya，2007)。直观上可以推断的是，不同视角的运用反映了不同的认同状态。当叙述者的立场明显有别于叙述事件时(观察者的角度)，叙述者的认同状态是稳定的、连贯的，叙述者是良好适应的。当叙述者采用了"再体验"的叙事视角时（好像参与到该事件中），它反映了一种更紧张的认同状态，并暗示了一些认同的冲突。最后，当叙述者采用"体验"的角度时，在某种意义上，其对认同时间的讲述就好像是发生在此时此刻，认同状态更为紧张，并暗示了未解决的认同冲突。

在一项研究中（Pólya，2007），研究者采访了三组被试的创伤性生活事件。其中，青年犹太人讲到了他们第一次知晓自己的犹太血统的时候（大屠杀后，许多在匈牙利的犹太家庭隐藏了他们的背景）；年轻的同性恋者讲到了他们"出柜"（译者注：指告诉别人自己的性取向）的情节；而参与试管授精（in-vitro fertilization）的女性谈到了得知她们不育的时候的情形。这些被试还填写了认同状态调查问卷：情绪状态概况（McNair et al.，1981）、状态自尊量表（Heatherton & Polivy，1991）和自我一致性量表（Antonovsky，1987）。每个量表的结果都与生命故事中所采纳的叙事视角有较高的相关性。与运用其他两种视角相比，采纳观察者的角度讲述创伤性生活片段的被试，被证实有更稳定的情绪状态、更高的自尊以及更高的自我一致性。在某些情况下，量表也可以区分出采纳再体验视角与采纳体验视角的被试。

为了验证上述结果，研究者做了另一项实验（Pólya et al.，2005）。如果叙事角度与认同状态之间有联系，那么外行人，作为纯粹的感知者，应该根据自己的日常经验对此联系有所感知。在实验中，给外行被试呈现三个关于创伤性事件的生命故事，这些故事曾经在以前的研究中使用过。每个故事从回顾式（retrospective）、再体验和体验的角度，产生三个变量。当阅读一组故事时，被试必须判断每个故事叙述者的社会价值观、冲动性及焦虑。结果与假设相当地一致。在回顾式叙事视角的情况下，目标人物获得了较高的评估，很少感到冲动并体验到较少的焦虑。

总　结

　　本章概述了学习信息加工与心理意义建构研究之间的差异，并回顾了巴特利特、勒温和塔吉费尔的研究，他们几位是在心理意义方面进行实证研究的先驱。我们以沟通作为社会认知研究的原型例子，并将其与叙事心理学进行了对比。社会认知研究认为，语言是交流中实现认知的工具。在这种观念下，对语言形式的选择是由心理表征的人际关系、群际关系或其他情境因素决定的。与之相反，叙事心理学认为，语言的叙事形式是表达复杂的心理状态和过程的载体，在这些心理过程中，人们组织了他们的世界和自我的意义。

第五章　关于表征

我们从前几章可以清晰地看到，对现实（reality）的心理表征是心理学的关键问题。在笛卡儿（Descartes）将世界分为**生理客体**（physical things）和**认知主体**（cognitive subject）时，这个问题就已经被提出来。二元论（dualism）的基本观点是，心理的主观性（subjectivity）是与身体的机械物理特性相对立的，并且排除了两者在物理意义上的任何因果联系。二元论的观点和试图超越二元论的观点，都对科学史和心理学史产生了持续的影响（Bolton，2003）。根据我们对表征及其本质的假设、对个体和现实之间关系或主客体（subject-object）之间关系的假设，表 5-1 对关于知识和经验的理论进行了分类。表 5-1 清楚地显示出，我们可以清晰地划分六种本质上不同的理论立场。某些激进的认知神经科学的代表人物（Churchland，1995；Pinker，1997；Stich，1983）不仅怀疑**社会观**（social standpoint），而且怀疑心理学本身，将其视为一种采用模糊操作概念的"民间"科学。

表 5-1　关于表征的观点

理论领域	对心理表征的假设	表征所在	主客体之间的关系
认知神经科学（Churchland；Pinker；Stich）	无心理表征	还原为神经过程	机体—客体交互作用

续表

理论领域	对心理表征的假设	表征所在	主客体之间的关系
认知心理学，社会认知心理学（Neisser；Forgas）	有心理表征	独立的心理水平	主体—客体交互作用
标准的社会科学（Durkheim）	无心理表征	集体表征	社会事实独立于个人心理
社会建构主义，话语分析（Gergen；Harré）	无心理表征	社会解释的意义代替了个体心理	没有主体，只有社会解释的意义
社会表征（Moscovici）	有心理表征但只与社会表征有关	社会体现在个体心理中	个人与社会的中介
科学叙事心理学（Bruner；László；Ehmann；Péley；Pólya）	有心理表征，但只与叙事结构有关；经验层面的表征；社会知识和情感的模式	有文化效度的意义在经验水平上表征于个体心理中；叙事与心理表征相对应	个人与社会的中介

　　在他们看来，诸如思维或记忆这些心理或表征概念是日常意识的典型产品，不能用来对人类行为进行科学的因果解释。当外部世界的客观信息可以被映射成生物体的神经状态时，认知神经科学的黄金时代就到来了，这在某种程度上是对行为主义者教义的响应。

　　与此相反，认知心理学和社会认知心理学的核心范畴是心理表征。这是真正的**笛卡儿心理学**（Cartesian psychology），即个体面临的信息全都来自外部世界，而信息的处理过程是通过物种特有（species-specific）的个体神经系统来完成的。为了避免二元论，大多数认知心理学家倡导记号物理主义（token physicalism），他们认为，每种心理状态和过程的记号(token)都可以被映射成相应的神经状态和过程的记号。例如，在认知心理学中很常见的就是将心理状态用具体的计算机模型来描述(Block，1980)。不过，个体的心理状态类型(type)不一定映射到相应神经过程的类型。换言之，神经过程不能直接被映射为心理表征。但是，我们对心理类型(mental types)的描述应该包括某种类型的记号是如何物质化的。例如，心理状态可以描述成计算机模型中的具体过程，在认知心理学中，这种方式是很常见的。

社会认知心理学家们也认为，独立的个体心理与社会世界的刺激相互映射。在20世纪的社会心理学史中，大多数社会心理学家，如勒温、阿希和海德，特别重视客观的"文化"现实和主观表征之间的区分，以及基于决策和行为观点的主观现实(subjective reality)的优先性，这些心理学家都属于传统的**格式塔心理学**(gestalt psychology)流派。勒温(Lewin，1951)认为，在当下个体的主观现实中，**生活场**(living space)决定行为。阿希(Asch，1952)认为，解释(即对一个客体的主观意义的建立)要先于对该客体的评价和对它施加的行为。

在社会学中，迪尔凯姆(Durkheim，1947/1893)提出激进的观点，将知识或表征的个体形式和社会形式进行分离。不过，尽管**集体表征**看起来是心灵主义(mentalism)的，但用客观的方式从外部来看，它还是不同于个体心理的，在理论和方法上，也是旨在描述和解释独立于个体心理的社会过程。

通过排除表征假设与分析表面和隐蔽的意义联结关系，从而试图解释社会行为控制和基于知识的行为，这一方面可以理解为是对迪尔凯姆式的社会客观主义(Durkheim-like sociological objectivism)的回应，另一方面也是对心理学个体主义和心灵主义的回答。尽管这些趋势有几个版本，并且经常被贴上建构主义的标签，但现在我们不得不同意他们中的一个杰出代表肯尼斯·格根(Kenneth Gergen)的简要总结性观点。社会建构主义运动始于质疑把知识看作心理表征。格根认为，把知识看作心理表征这种观点导致了一些无法解决的问题，因此这种观点也许可以被语言使用所取代。语言使用是社会实践的一部分。以这个观点来看，知识并不是人们头脑中存在的东西，而应该是人们共同操作的东西（Gergen，1985）。

根据格根的理论，对世界的感觉经验本身不能作为我们理解世界的见解。理解世界的见解是人们在历史进程中相互作用而创造的社会产物。某个见解会流行或存在多长时间，取决于社会过程而不是某个观点的经验效度。"协商一致"（negotiated-consensual）的理解方式在社会生活中是非常重要的，因为它们几乎与所有其他人类活动密切相关。我们通过这些协商一致的形式来理解这个世界，尤其是社会世界。这个构想（construct）是通过语言使用、话语以及对人们行为的解释来实现的。更准确地说，对人们行为进行解释的场所——而非心理或等同于心理——从人的内部心理转移到了人际互动中。

社会表征理论（social representations theory）是和莫斯科维奇（Moscovici，1976／1961，1984）的名字相联系的，这种理论试图超越被动的信息加工观点和统一的、封闭个体的认知心理学概念，也试图超越个体水平和社会水平的刚性分离，以及缺乏主题和思想的社会和个体现实的构建。它认为社会现实、人类思维和行为的引导力是相对自主的。在这个意义上，它是迪尔凯姆主义的（Durkheimian）。但是，与弗洛伊德、米德、皮亚杰和维果茨基的观点一致，它主张现实的建构是不能脱离心理过程的。在这一点上，它又是与迪尔凯姆明显相悖的。这个理论的双重性通过其名称反映出来，将理论置于表征的理论框架中，用社会术语取代集体属性，这两点也反映了该理论的双重性。

乍一看，社会表征理论和个人（individual）表征、心理（mental）表征、主体间（intersubjective）表征以及社会客体（social objective）表征的观点是不一致的。社会建构主义者将表征看作社会客体（social object）的具体化（objectivisation）而不是独立于主体的外部现实的心理表征。与此同时，在它的语言、方法甚至是它提出的问题中，社会表征理论又暗示，尽管不能把集体完全还原到个体，但集体意义（collective meaning）是与个体心理过程相联系的。就像普莱（Pléh）提出的：

> 迪尔凯姆认为，个体表征和社会表征之间有一个特殊的交互作用。约翰·史密斯（John Smith）认为，个体表征来自社会表征并从社会表征中获得完善，但是个体同样存在于……换句话说，在一系列相似的思想中，为了解释个人行为的调节因素和远程控制的决定因素，社会表征理论在 20 世纪 70 年代又一次来到前台，这主要反映在莫斯科维奇的研究中。

> (pléh，2003b)

乔基尔洛维特克（Jovchelovitch，1996）描述如下：社会表征出现在主体间的现实中，尽管他们表达个体心理。因为社会表征理论与本书所倡导的叙事心理学关系密切，所以用单独的一章来阐述（第六章）。卡斯特罗（Castro，2003）采用个体和社会的意义建构以及表征这两个维度，对社会心理的概念空间做出了明确的阐释，如图 5-1。

最后，正如我们在前面的章节所看到的，科学的叙事心理学的表征观点始于分析心理表征的似经验（experience-like）本质，文化上可共享的叙事在经验组织中的功能，以及公共的、可共享的叙事和心理表征之间的对应关系。**根据这个观点，叙事和叙事形式是语言表征，它涉及个体对现实进行心理建构的模式（因此也是当前认知和动力指导原则的模式）。**

作为一种表征形式的经验

当我们浏览近几十年的心理学文献时，无论是厚重的书籍还是薄薄的期刊，我们几乎看不到有关经验的范畴。这的确是一个问题，迄

意义的个体建构

社会认知　　　　　　　　行为主义

不应该研究认知表征 ——————————————————— 应该研究认知表征

社会表征理论　　　　　话语心理学

意义的社会建构

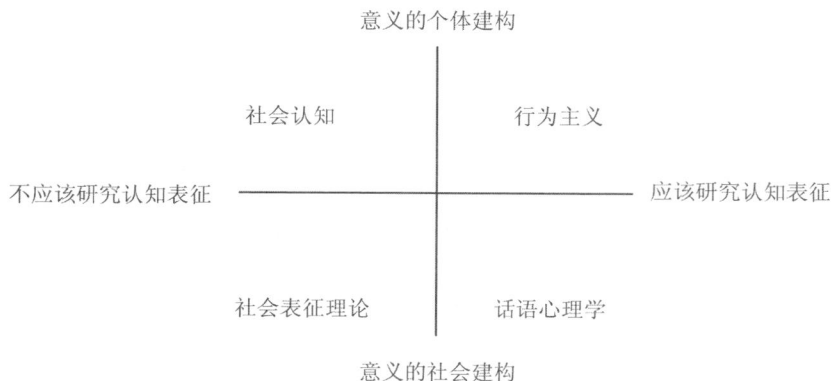

图 5-1　社会心理学的概念空间(Castro，2003)

今为止，仅有梅瑞(Mérei)的一篇有关"集体经验"(collective experience)的文章获得了广泛的国际影响力，它被发表在《人际关系》(*Human Relations*)杂志上，随后就被现代的经典社会心理学读者赋予了副标题："集体领导和制度化"，这就回避了经验的概念(Mérei，1949)。但是，当回溯到稍微久远的 19 世纪末 20 世纪初的历史时，我们可以看到，作为一种用内省法进行研究的心理过程，经验是心理学的中心课题，它不仅包括概念性的经验，还包括情绪经验(emotional experience)。随后的 20 世纪上半叶的主流心理学流派，即行为主义，将经验连同所有其他心理过程一并从正统的心理现象清单中去除掉。正如奈瑟(Neisser，1976)写到的，在行为主义者看来，记忆和想象是"过度心灵主义的、十分无关紧要的、非常无法捉摸的"，很明显对于像"经验"这样一个复杂的、具有可塑性的概念，他们做不了什么太多的事情。对经验的研究，特别是对不同经验类型的描述，就留给道德科学框架下的一些思辨心理学(speculative psychology)去做了，两次世界大战之间，匈牙利也承担了这项任务(Mátrai，1973；Prohászka，1936)。

但是，在一些心理学的领域和流派中，类似经验的心理内容

(experience-like mental content)的研究并不是止步不前的，尽管经验这个术语本身（并不是冠冕堂皇的存在）普遍被其他的词语所代替。首先，精神分析探究了直接感知经验的转换，这些经验在夜梦和白日梦里被本能的动力所主导，并与深层的情感交织在一起。同样，发展心理学也不能回避有关经验的问题，即使从其本身的发展视角，也与心理内容的转换有内在的关联。发展心理学在分析智力发展时，无论是皮亚杰、瓦隆（Wallon），还是维果茨基的研究，都发现其面临着复制现实和经验表征的问题，并且从初级的、非结构化的经验印象到越来越复杂的、抽象的图式，经验的描述对其里程碑式的发展起了推动作用。最后，格式塔心理学与其中的勒温的场理论（field theory），在谈及某一时刻的心理场（psychological field）时，也引入了与直接经验相关的现象。这个场可以被理解为整个情境的表征，其中真正有趣的不是知觉映射（perceptual mapping），而是整个情境中出现的所有情感—动机关系。

认知心理学是研究成年人的认知过程的。巴特利特也许可以被认为是认知心理学的先驱，因为他提出了记忆理论，从而为研究经验表征提供了可能。尽管如此，认知心理学仍然不知道该如何对待人类知识的经验本质。根据巴特利特（Bartlett，1932）的理论，回忆的突出特点来源于态度的改变，而这些态度是关于在高级心理过程中发挥作用的有组织的过去经验和反应，巴特利特对态度的描述如下：

> 受到态度影响的建构（constitution）是那种可以证明观察者"态度"的建构。态度（attitude）界定了一个非常复杂的心理状态或过程，这种状态或者过程很难用更加基础的心理学术语来描述。但是，正如我经常表明的那样，它在很大程度上是情绪或者情感的问题。我们说它的特点是怀疑、犹豫、惊讶、信心、厌恶、排斥等内容。正如之前经常报告的，当一个被试被要求回忆时，那经常首次出现的东西就是态度特征的某些方面，是有意义的事实。回忆是一种建构，基本上

是基于态度而形成的，而它的整体功能也是对态度的验证。

（Bartlett，1932）

由于信息结构（information structure）不适用于研究附带情感的经验，所以信息加工的范式不可能用于研究它们，尽管也有过几次研究尝试是例外的（例如，Brewer & Nakamura，1984）。直到最近，研究者们才在集体记忆（Middleton & Brown，2005）和社会表征（Jovchelovitch，2006）的理论框架中回顾了巴特利特的有关社会和经验的观点。

一个插曲：又一次与文学有关

喜欢文学文本分析的学者们是最先回归到认知心理学的经验范畴的，这并非偶然。阅读文学作品的时候，读者并不是因为他想获得一些信息而去阅读，用更准确的话来说，他们是想获得一些经验，这些经验最好具有长期的间接的认知功能，即使这些功能是服务于他们的自我认识（self-knowledge）目的的。在对文学作品进行心理学研究时，我们呈现了几个有关经验的证据，当人们带着理解经验本质的目的（除了他们不得不通过作品本身去理解的背景信息）去阅读文学作品时，经验成分就会出现在加工文本的过程中。他们形成了作品中英雄及情境的心理形象（László，1990）。他们调动自己的个人经验和感知能力时，这些经验的生动性和强度就与叙事视角密切相关（Larsen & László，1990）。有趣的是，在用认知的方法研究情绪时，两种情绪加工的区别也在文学分析中显现出来：一种是与行动决策有关的对事件进行快速评价的快速情绪加工，一种是在事件和个人之间建立联系的服务于自我认识的慢速情绪加工（Cupchik，2004）。我们自己的研究表明，人们对行动导向的叙事的感受和对经验导向的叙事的感受，具有不同的情绪模式特点，相应地，也具有不同的时间模式。前者的特征是兴奋、好奇和惊讶，后者的典型特征是涉及共情或认同的情绪。这两种叙事的阅读速度也不同：人们阅读行动导向的故事时会快很多（Cupchik & László，1994；László & Cupchik，1995）。总之，实验结果证明这样一个假说：在文学阅读的过程中，概念自动化（conceptual automatism）得以分解。文学文本加工的过程是主观化的过程，读者在其中以最个人的方式和类似经验的方式与文本发生联系。

回到经验的表征形式

要研究人们如何以心理意义的形式重复现实和表征，我们必须超越认知心理学，换言之，要超越那些独立于情感经验和社会关系的认知加工研究理论，要分析认知和情感或认知和社会关系之间的交互作用。要实现这点，我们可以借助费伦茨·梅瑞（Ferenc Mérei）的**暗示理论**（theory of allusion）。概念模式建立的重要性毋庸置疑，梅瑞清楚地看到信号物和信号所指物、事件和表征在语义学上的关系不是简单地复制，而是长期的内部心理过程形成的一种**平衡状态**（state of equilibrium）；它是一个事件的经验，在许多方式上，又是被联结、被压缩、被简化，同时又被丰富、被着色、被添加、被抽象、被塑造的情境。通过一系列的转换和替代，很多东西会消失，很多东西会被保留下来。

> 内部心理单元是一种复制（duplications）过程，因为另一个单元是通过一个经验单元（experience unit）的复制而成（从一个情境或行为中，印象得以创建，而从印象中，内部意象又得以创建，等等）。并且，它们是一种传输（transmission）过程，因为原始单元（original unit）的成分（即紧张、实体和形式方面）被转移到由复制创建的新单元中。传输的本质是在置换的同时进行复制，因而内部心理过程不会被打断。
>
> （Mérei，1989）

新单元是对它所复制的事物的置换或表征。在行为情境的表征中，即使是在概念思维出现后，人们仍然有机会重新体验与事件相关的情感和社会紧张。在分析斯特恩（Stern，1989）的自我发展理论时，我们将发现婴儿与母亲或者照顾者的交互作用而形成的早期经验奠定了自身的发展基础，尽管这种经验会随着语言出现后的自觉反思而消失，但是这种经验还是会继续生活在早期组织形式控制下形成的一种口头表达和叙事组织方式之中。更重要的是，它们甚至会在新情境的经验表征和自我叙述中发挥作用。另外，叙事是一种再次体验的方式，至少是一个再次体验的机会，正如布鲁纳和卢卡列洛（Bruner & Lucariello，1989）提出的那样；情境行为、思维和情感作为一个整体出现在叙事中，但是这种形式也提供了可以反映出在叙事框架中的不同侧重点的可能性。正是这两个方面为我们从经验的组织和认同的观点来分析叙事提供了可能性，但同样也是困难的来源，那就是我们必须使用科学方法来分析自我叙事。

暗指

通过暗指，梅瑞（Mérei，1984）引入了表征经验的一种形式。该形式可以说为研究心理意义或经验表征模式提供了一个范例，这就是为什么它值得研究。一个再次体验的特殊方式就是惯例的创造。惯例（tradition）是通过重复来创造的，或者说，原始的自发事件的片段被经验者复制并且塑造成永久的形态。但是，每个案例重复的心理背景是不同的。相对于后面的那些仪式化的归属感信号的重复，前面的重复将自发事件的片段以及经历者当时的原始情绪状态一并回忆起来。惯例以仪式化的形式体现了归属感和集体经验的积累，但是任何反映整个经验的具体细节都标志着一次具体的集体经验。因此，集体经验是群体符号的一种特殊形式，它的**第二层意义**（secondary meaning）是回忆起带有丰富情感的全部经验。这种特殊的表征形式被梅瑞命名为

暗指，并且被他理所应当地认为是社会人物的母语。

在梅瑞的研究中，暗指是一种交流方式，它以表征的机制为基础。梅瑞 不仅发现了人们经验组织的发展里程碑，也发现了现实的心理复制，而且展示了在分享经验的亲密团体和艺术领域中暗指的不同类型。

通过暗指进行经验加工过程是基于经历过的一组特殊事件的宿命。就像弗洛伊德研究过的那样，有些经验被驱至心理边缘，成为防御的牺牲品，并被压抑到无意识中。其他的经验则随着新的经验的凸显而不再兴奋，变得更加粗略，在情绪上变得更加苍白。这就是皮亚杰和沃尔顿（Walton）精细描述的图式化过程（schematization）。但是，还有第三种可能性，对于还在托儿所的儿童来说，他们的防御机制还不能完美地发挥作用，因而第三种可能在此时是比较常见的。一个与意识密切牵连的经验，其完整的生动性以及情绪紧张状态可能会保持一段时间。如果从"热"经验中分离出的一个具体的经验碎片"依然伴随着对现实的感觉而脉动"并且闪回到意识中，那么它能够表征原始经验的整个情绪张力。这个回到意识的经验碎片就是梅瑞所说的暗指。暗指的概念证实了弗洛伊德学派和瓦隆学派的观点。拓扑学（意识、无意识、意识边缘）就来自弗洛伊德。但是这种动力并不像弗洛伊德假设的那样是经验战胜力比多的深度加工过程的结果，相反地，在瓦隆看来，它是社会起源的基础，并且有助于与同伴一起经历情绪张力。作为一种信号加工，暗指概念的萌芽也源于瓦隆学派的思想。暗指代表了五种意义关联中的一个特殊分支（信号、证据、拟象、象征、常用符号），它以一种更加间接和节俭的方式替换了真实的经验或行为，因为所回忆的经验片段作为一种信号不仅在认知意义上代替了所回忆的情境，而且它复活了该情境中的几乎整个情绪状态。事实上，对于共同经历了该情境的人来说，它还包括附加的情感意义。

暗指最常见的类型是直接经验的自发替换。前一天社会事件片段或者其他任何和谐情境时刻的自发重复作为一种信号，为重复它的人或所有相关同伴提取出那些与个人初始经验相联系的情绪情感。后来，暗指成为有意启动信号（triggering signal）。通过该信号，集体经验会一次又一次地展现。最后，经过几次重复，经验动作变得简单化，原始经验的情感内容随着重复的成功而变得统一。从这一刻起，暗指变成惯例信号（tradition signal）。作为这个过程的一个例子，我们来看一下梅瑞在幼儿园的研究。

几名小孩正在托儿所的桌子下面玩耍，他们正在到处收拾东西并且摆弄它们。一个坐在桌子旁边地上的男孩在推一个喷壶，另一个路过的男孩向他索要这个喷壶。"我不会给你的，"这个男孩说，"我需要它，因为我正在扮演消防员。"这时候，又有三个小男孩从桌子下面钻出来，其中一个说："我也是消防员。"并且立即开始推桌子，说是消防车。一个刚刚还在玩积木的稍大点的男孩跳上桌子说："我是司机。"在他的要求下，他们把消防车推向玩具架并开始扑灭房子里的火。

游戏持续了一段时间（大概有十分钟）。好几名孩子参与进来；他们在周围蹦跳，制造出很大的噪声并且非常投入。

两天后，在半小时的自由玩耍时间里，一个女孩来到玩具架旁，并喊道："天呀！我被烧着了。"根据对事件的重建，这就是游戏中女孩所说的话，但不是以完全相同的形式。一个稍大的女孩来到消防游戏中所燃烧的那间房子隔壁，把她的玩具娃娃放在那里睡觉，然后大叫起来："我的天呀，这些孩子快被烧着了！"这是另一个女孩在48小时后会重演的要素（element）。一旦她发出这个信号，所有其他的孩子都开始叫"着火啦！"他们以最快的速度将消防车推过去，也很快找到喷壶。在短短几分钟内，灭火游戏被孩子们充满激情地重新表演一遍。

后来的几次观察中，"天啊！我要被烧着了"的片段，或"着火了"

的片段引发了整个游戏，而且伴随所有的兴奋性、丰富性和曲折性。以这种方式恢复的游戏时间不时地改变，有的时候只持续四五分钟，但是也有偶然的一次是以一分钟的时间穿插在其他的游戏中。

在该游戏的恐吓版本中，"着火了"这个惊叫在幼儿园小孩中扮演着**启动信号**（triggering signal）的角色，使得他们开始玩这个集体游戏。以这种方式重复的游戏已经变成一种习惯性游戏，作为一个独立游戏或者是其他小组游戏中的一个片段，成为一个**惯例信号**。

在成年期，暗指出现在亲密团体和共犯伙伴中。沟通的发生显然是借助于那些人人都懂的常见信号来启动的，但是对于知情者来说，这些信号的内在内容是它所承载着的经验碎片，其本质是使人能够回忆起集体经验。暗指现象也会出现在无意识的情况下。例如，有些口误并不是由无意识的欲望直接造成的，相反，是一些与当前心理相似的经验造成的，它的重要的具体碎片被提取出来并被错误地插入了演讲者的叙述中。

叙事中经验的构想与反复

我们已经看到，在理性世界和理性适应的条件的创造这个意义上，叙事模式（narrative mode）是涉及行动的情境中创造感觉和构建意义的心理工具，在某种意义上它为意义的构建创造了理性世界和理性适应的条件。然而，叙事还有一个经常用在文学中的能力，即传递、塑造和重写重要的人际互动（决定人格发展的早期人际交互经验也包含在内）以及集体事件的经验内容的能力。正是在这些一次性或反复出现的涉及行动的事件的类经验表征形式中，自我这个层面（自然地以叙事的方式组织而成）得以形成，并在自我与世界的关系中用情绪和动机将理性的行动计划填满。一个事件在多大程度上引发焦虑、使人绝望、提升责任、麻痹或充满热情、催促他人介入，取决于自我有多系统化，以及何种集体经历的经验表征参与其中。相反，我们对一件事采取行动是因为它使我们感到焦虑，它使我们绝望，使我们有责任感，使我们麻痹，使我们充满热情，使我们得到解放，催促我们进行干预，或者促使我们展现出团结一心的精神，等等。这些可以通过自我叙事展现出来，尤其是通过生活中重要的或创伤性事件的自我叙事，正如群体历史重要事件的讲述能够揭示群体认同的品质一样。在第九章我们将会看到，叙事分析的目的并不是获得事件和经验之间的完整映射，而是将事件表征解构为个人和群体认同的一种经验表征形式及其导致的行为倾向。

表征的传播

叙事表征的经验特点理所应当地界定了文化进化中的当代最流行理论的有效性。斯珀伯（Sperber，1985，1990）在它的流行病学理论中探讨社会和个体在表征中是如何组成一个整体的。在他的表征观点中，斯珀伯具有强烈的唯物主义立场。他认同世界的心理表征是物质实体（material object），因为它们是由神经系统传输的。他还接受公共表征（public representations）是物质实体，因为这些表征存在于声波和光波中。但是他拒绝接受文化表征（cultural representations）等实体是物质的，尽管它在标准社会科学模型中被认为是物质实体。斯珀伯并没有放弃自己的多元主义本体论，而是提供了如下解决方案：

> 唯物主义者的选择是假定心理表征和公共表征都是严格的物质实体并且严格地遵从这个假设的内涵。认知系统如大脑结构，它们环境部分的内部表征是建立在与环境有规则的物质性相互作用的基础上的。由于这些交互作用，心理表征在某种程度上经常与他们所代表的东西联系在一起，因此，它们具有自己的语义属性或意义……另一方面，公共表征仅通过生产者或他们的用户对于它们的归因意义与它们所代表

的东西相联系，它们没有自己的语义属性。在其他方面，公
共表征仅通过与心理表征的联结获得意义。

（sperber，1990）

斯珀伯没有排除从文化和社会现象的解释中获得理解的可能性。
但是他坚持，理论假设只能建立在因果解释上。这就是为什么他抛弃
了文化整体论，并且关注流行病学框架下的物质表征的传播。

> 当我们谈及文化表征的时候，如女巫的信仰、葡萄酒的
> 服务规范、合同法、马克思主义意识形态等，我们会参考人
> 类群体中广泛共享的表征。这里，解释文化表征就是解释为
> 什么有些表征会被广泛共享。因为表征都会或多或少地广泛
> 共享，所以在文化表征和个体表征之间并没有明确的边界。
> 因此，文化表征的解释应该来自人类表征分布的通用解释的
> 一部分，或者说是**流行病学框架下表征**的一部分。

（Sperber，1990）

在对流行病学表征的阐述中，斯珀伯吸收了他在认知语用学中的
大量成果。斯珀伯和威尔森突破了语言的代码概念并制定了强调推理
过程的模型。该模型在表征的水平上处理维特根斯坦流派的语族相似
问题（wittgensteinian family resemblance problem），事实是信息传递
者和接收者的思维在沟通中的相似度通常是可多可少的，完全对应的
情况是特例而不是常态。早期的流行病学研究取向（例如，Cavalli-
Sforza & Feldman，1981；Dawkins，1976，1982；Tarde，1895）把文
化传播的基本过程看作复制的一种（也就是变异是偶然的，复制是正
常的），与之相比，斯珀伯指出了沟通的关键作用，以及在沟通中表
征的规律性转换。鉴于在沟通中表征在发送者和接受者间存在必要的
转换，斯珀伯主张，只有那些**被反复地用于沟通交流的且发生最低程
度转换的**表征才是属于文化的。

很容易看出，从叙事心理学的角度来说，这些观点会产生深远而富有成效的影响。一方面，就每个个体及其主观建构的文化或社会意义的先验性质（priori nature）而言，他们把这个过程阐释为一个合理的问题。在这个过程中，尽管存在个体差异，但是该群体中有效的文化表征也会产生、存在，然后衰减。另一方面，这些观点把注意力聚焦到与表征模式的进化具有因果关系的心理和社会文化因素上。

斯珀伯代表了这样一种观点，在特殊表征模式解释中发挥作用的因素是不可能提前被计算出来的。他将潜在因素分为心理和环境（生态）类型。前者包括表征的记忆力、背景知识的数量、交流表征内容的动机。生态因素包括表征引发相应行为发生的频率、外部记忆的可通达性，如书写可行性，以及是否拥有专门用于表征传输的机制。

流行病学（epidemiology）的隐喻以一种相对精确的方式界定了表征的特征和类型之间的关系，以及它们的演变过程和进展的关系。在经典流行病学中，流行病学现象的识别借助于个体病理学研究。反过来也是如此，流行病学往往有助于特定疾病的识别。同样，如果心理表征的特定类型或模式在心理学水平被识别，有助于理解它们是如何被传播的，反之，一旦表征模式从流行病学的角度确定了，将有助于理解它们的心理本质。就像病理学和流行病学的关系一样，心理学和心理表征的流行病学也是相互联系的。

相比于莫斯科维奇关注传播和沟通过程之间关系的类型，斯珀伯却认为沟通是内隐的，并且集中关注特定的表征形式、引发转播的驱动以及认知和生态因素，如表 5-2 所示。

表 5-2　认知和生态因素影响知识传播的程度

知识种类	传播动力	认知因素	生态因素
宗教神话	长者的权威	强	弱
政治意识形态	与人们生活的相关性	弱	强
科学理论	科学界的可信度	强	强

为了使表征在一个不识字的群体内广泛流传，神话必须有很好的组织和吸引力使之容易被记住（认知因素）。神话应该被人们相信是真实的，并且长老的权威使其他人接受它是真实的。神话被口口相传，这件事的重复发生属于生态因素。

理想信念，如"人人生而平等"简单且容易记忆。它的命运很少取决于认知因素，但取决于它与人们的关联以及制度环境（生态因素）。一个复杂的科学理论造成很重的认知负担，甚至对于专家来说也是如此。如果它被证实是真的，那么就会被科学界广泛接受并传播。

然而，这种观点的普及程度取决于生态因素。理论的真实性由科学界的权威来保证，而它们的传播则由传播机构来保证。因此，科研人士和普通大众对科学知识的接受是基于完全不同的基础的，并且在传播过程中，科学知识在相当大的程度上在日常知识中被改造和简化了。这恰恰是莫斯科维奇在法国进行日常思维的精神分析研究所揭示的那样，也正如我们将在第六章看到的那样。

社会表征理论打算阐明影响表征传播的认知因素（表征模式的内容和结构）和生态因素（传播的媒介和社会机构），而表征传播的流行病学理论则注重通过认知因素和生态因素来研究表征传播的动机和解释。流行病学理论相对于社会表征理论的一个重要优点就是，通过捕捉表征如何传播和生存的原因，它本质上解决了表征和意向行为之间的关系，这是社会表征理论未解决的。但是，关于表征的建立和传输，社会表征理论更有发言权。普莱（Pléh，2003b）的说法是对的，即我们拥有的潜在的理论是互补的，而不是相互排斥的。

叙事传播

这里所涉及的是，当斯珀伯将表征的传播与基于生物的合理性（rationality）联系起来，还与提高个体生存概率联系起来时，他对信息源所提供的信念进行鉴别，从而获得反身信念（reflexive belief）的文化多样性的合理性。对于直觉的，即直接的经验或简单推导的信念来说，斯珀伯的假设最有可能是真实的，但是它看上去不能为反身信念（也就是他人传播的存在巨大文化或跨群体差异的信念）提供令人满意的解释，所以斯珀伯对反身信念进行了优化：

> 当社会主体建构或组织他们的表征领域时，他们这样做是为了理解现实，为了拥有它和解释它。这样做的时候，他们陈述他们是谁，他们如何理解自己和他人，他们如何定位自己和他人，以及在特定的历史时期有哪些认知和情感资源是他们可用的。因此，社会表征告诉我们，谁正在做着表征性的工作。如果我们权衡一下表征性工作和认同性工作，这些可以被充分理解。自我和他人的复杂交互作用是两种现象的基础。没有表征的认同工作是不可能的，就像在我和非我之间没有认同边界的表征一样。表征和认同出现在我和非我的重叠空间。此外，社会表征是调节社会意义的网络，使本质和实体统一于一个认同结构中。

> (Jovchelovitch，1996)

从上面的引文看来，斯珀伯似乎把反身信念的传播置于行为主义的社会学习理论框架下。正是这样，因为表征，或者至少所有的反身信念，除了有关世界方面的外，还有群体归属和群体认同方面，而斯珀伯忽视了这个情况。有关群体归属和认同方面的反身信念大致意味着，我和那些对我来说重要的人一起来应付这个世界，或者意味着，我从这个群体获得部分群体认同，是基于我们具有共同的表征这一事实。阿斯曼（Assmann，1992）的文化记忆（cultrual memory）研究很好地阐述了这个问题。如同前面的段落那样，我们已经阐明了人们在经验表征上的相同联结。同时，虽然我们经常遇到人们一些令人惊奇的非理性观点和行为，而这些观点和行为是为了维系他们的认同，但是将认同作为合理性（rationality）的一部分进行考虑是没错的；况且，我们有时甚至通过经验表征的具体案例来描述自我（如同自我发展理论如今所做的那样）。在任何情况下，在影响表征传播的因素中，**将认同的各种功能看作一个独立的因素群，是可行的**。这些因素虽然与认知的、生态的因素有关，但对表征传播的影响是相对独立的。在表征模式传播和认同的关系这个研究领域，社会表征理论的代表们和文化记忆的研究者们已经做出了一些重要的成果。

如果认同被部分地视为一种个人的自我认同，即持续性和脱离他人，并且被部分地视为对社会伙伴认同的感觉和意识，即对那些重要的其他自我和群体的认同，而且这两方面的认同，即**个人认同和社会认同**，都得到足够的重视，那么，可以很容易地看到，群体的表征过程对群体认同过程来说也是很重要的。因此，它对群体成员的个人认同也是很重要的。群体建立了社会表征，并且建立了群体认同的这些群体成员共同维持了社会表征。似乎共享群体表征成为群体成员的一个标志，并且是群体成员遵守群体目标的原因。莫斯科维奇和休斯通（Moscovici & Hewstone，1983）以最一般的方式提出了这个观点，他们认为，某个群体创建和维持的社会表征有助于该群体认同，这甚至是基于这样的事实：集体表征中的"共同世界观"强化了集体认同的经验。

社会表征在与群体认同相联系的时候还有另一种功能，这种情况同样发生在个体的社会认同中，即确认群体边界（group boundaries）标识的功能。某个群体的边界的划定就是依照集体组织形成的表征领域的界限来进行的。类似的观点被阿斯曼（Assmann，1992）用来揭示民族文化记忆的作用。

因此，受制于同伴权威的反身信念传播的合理性必须嵌入个人和群体认同培植和维护的合理性之中。这意味着，在研究表征类型与传播条件之间的关系时，认同功能的社会心理学观点也应该被考虑到。例如，阿斯曼从文化记忆这个方面推导出埃及国家的诞生、以色列宗教的诞生和希腊科学的诞生。这个观点依旧没有质疑斯珀伯所提出的唯物主义和方法论的个体主义，因为阿斯曼也接受这样的观点：归根结底，集体自我认同是有关个体知识和意识的问题。

同样从这一观点来看，叙事不仅从效用上得到斯珀伯的支持，叙事还有其他的功能。一方面，叙事以节俭的方式组织知识，这的确是真的。当讨论神话时，斯珀伯的分析也强调了叙事作为一种强有力的保持知识的表征形式的重要作用，研究记忆的学者比奈和亨利（Binet & Henri，1894）或巴特利特（Bartlett，1932）也得出了同样的结论。叙事表征的保持和传播是诉诸变异（variation）的，这是叙事传播（narrative spreading）的典型特点，这最初是被巴特利特研究发现的。最近的很多研究（Rubin，1995）证实了斯珀伯的假设：表征的传播是遵循选择性原则而不是复制原则的，多重变异起着增强表征稳定性的功能。另一方面，如同创世神话所表明的那样，正是叙事承载着饱含情绪的文化记忆，而这些记忆恰是维系群体认同所必需的。

社会表征理论的代表性观点一般将表征的认知组织想象成由多种认知成分组成的"复合体"，包含想象、信念、朴素理论（naïve theories）、态度等，从而组成某种范畴性知识。乔基尔洛维特克（Jovchelovitch，1996）、弗利克（Flick，1995）、拉斯洛（László，1997）及其他人表明，社会生活的知识是由叙事逻辑组织的，并且以故事的形式传播。如果是这样的话，这些故事除了认知部分还需要情感动力内容，即与群体动力和群体认同保持联系的经验表征。

总　结

本章讨论了主要心理学流派和表征概念之间的关系，它介绍了叙事表征这个概念。叙事表征（narrative representation）是根据叙事的整体原则来进行组织的，可以囊括丰富的文本和经验要素。结果表明，叙事模式（narrative mode）不仅是创造意识、构建意义，同时也是创造理性世界和理性适应条件的心理工具，具有传播、塑造和重写重要人际关系内容的能力。我们认为，通过叙事化组织和表征的生活事件构成了个体的自我，正如重要群体事件的叙事构成了群体认同一样。我们认为，叙事分析的目的不是获得事件与经验之间的完整映射，而是为了理解个体和群体的认同以及因此而导致的行为倾向，从而以经验表征的形式来揭示事件表征。

第六章 社会表征理论

　　塞奇·莫斯科维奇（Serge Moscovici）在他 1961 年首次发表的专题论文《精神分析的公众表象》（*La Psychoanalyse，son image et son public*）中，对法国社会接受精神分析的状况进行了分析，勾勒出了社会表征理论的概念框架。这个大规模的实证研究是为了展现**"精神分析**这一科学理论如何成为人们**日常思维和知识**的一部分"的过程。这个研究包括两个部分。第一部分是一个涉及 200 人的问卷调查。该调查针对一个有代表性的巴黎人的样本，其中涉及年龄、社会地位和生活方式等变量的子样本被单独分开来进行分析。该研究对这些群体对于精神分析的了解和态度进行了比较。分析显示，相比于工人劳动阶级的人，中产阶级的被试更加了解精神分析。并且，不同年龄群体间的差异相当大。在大部分群体中，对精神分析的积极或消极态度是与对精神分析的了解程度有关的。

　　这个分析也反映了，到 20 世纪 50 年代，精神分析已经在相当程度上渗透了法国社会的思想。但是其结果也显示，这种接受并非包括理论的全部，而是仅接受精神分析的某个方面。一些概念，如无意识（unconscious）、压抑（suppression）和情结（complexes），已经成为公众思维和用语的一部分，但是其他同等重要的概念，如力比多（libido）和性（sexuality）则被大部分公众所忽略。对于互有关联的基本概念，莫斯科维奇（Moscovici，1976）用**比喻核心**（figurative core）这个术语来描述，而人们关于某个主题的知识以这些基本概念为中心而成形。在精神分析这个主题上，比喻核心由抑制机制（suppressive mechanism）构成，这个机制联结了意识的两个层面：无意识和意识。莫斯科维奇赋予比喻核心双重功能。一方面，它构成了关于该主题的表征和话语（discourse）的认知组织中心；另一方面，它以符号的形式使得对这些抽象概念的思考和话语形象化。在精神分析这个主题的意识和无意识层面，抑制（suppression）的液压原理（hydraulic principle）将具体的概念与抽象的观点（如精神或灵魂）联系起来。

在该研究的第二部分，莫斯科维奇用内容分析法对 1952—1956 年 210 种报纸的 1600 篇文章进行了分析，以描述大众媒体中的特殊媒介类型。这些报纸有一半在首都地区发行，另一半在农村地区发行。发行量大且受欢迎的报纸有一种叫作**扩散**（diffusion）的传播特征。这些报纸努力适应读者的兴趣，积极地把来自专家的知识传递给大众，并由此造成某种集体知识。**普及**（propagation）被认为是宗教出版物的一个重要特点，其机制是将新的知识置于已建立好的并精心组织的世界观系统里面。它尽力将精神分析的观点和程序与宗教知识相匹配，因而精神分析本身就被比喻为一种忏悔。与宗教出版物不同，马克思主义出版物以**宣传**（propaganda）为特征，其通信内容事先嵌入冲突的社会关系，并且反映出一种敌对的观点，其目的是把真实的和错误的观点区分开来，并强调来自源头的观点和那些蛊惑人心的观点之间的水火不容。

莫斯科维奇展示了每种传播特征（communicative feature）都有典型的信息认知组织（cognitive organization）特点。**扩散**的特点是在整合度很低的不同主题间变换，包括对冲突立场、严肃性、缄默性和讽刺性的表征。**普及**则强调精神分析理论和宗教之间的一致性，如要充分认识人、象征性和灵性，但是拒绝将力比多作为一个基本的解释原则。**宣传**因为敌对的意识形态而拒绝精神分析。对全球意识形态图式的适应使得对精神分析的解释充满事实性错误，如把精神分析看作美国化的事物。

因此，社会表征理论始于对**"弗洛伊德精神分析这一科学理论是如何成为公众常识的一部分"**的研究；通过多种社会传媒渠道，不被公众所认知的专家的抽象观点逐渐成为解释日常行为和制订行为计划的有意义的工具。社会表征的分类本身可以说是能够很好地匹配迪尔凯姆追随者（Durkheimian）的理论系统的，可以作为**群体**和**个体**表征之间的一种中间表征形式。迪尔凯姆（Durkheim，1947 /1893）认为，群体表征体现在语言、习俗和习惯当中。他认为这些客观存在是独立于个体意识的，是社会运转和社会学的真髓。他认为群体表征本身就足够解释社会是如何运行的；也就是说，类似原子之于经典物理学或者基因之于遗传学那样，它无法被进一步分析了。同时迪尔凯姆在社会科学系统中为社会心理学指定了一个独立的领域，恰好就是对表征的结构和动力学研究。除了研究传媒的形式结构和实质性特征，莫斯科维奇还引入了对社会表征类别的研究，因为他认为在现代社会里，迪尔凯姆所描述的群体表征，如科学或宗教，已无法适用于整个社会中所有群体的生活。每个社会的亚群体建立了与各种文化对象有关的特殊表征形式，而对这些形式的研究是社会表征研究的任务。社会表征是在个体间的交流中涌现的源自日常生活和解释的概念集合。它们之于现代生活，如同神话或信仰之于传统社会；它们也可以被看作现代社会版本的常识。在现代信息社会，常识和科学之间的交流方向已经发生改变。在以前，科学是基于常识的，而现在，虽然科学与日常知识隔绝，但是我们不仅见证了科学的爆炸式增长，而且看到科学信息和知识向日常知识的回流。然而，世界的表征是在常识中建立的，为我们提供便于取用的知识，并且比科学知识更加能够直接运用。社会交流和日常思考将科学知识转化为能够被常识所运用的朴素理论。

这种社会交流不仅改写了科学理论和知识，还改写了所有社会上出现的新现象，或者那些重新成为潮流的旧现象，从而为所有这些现象创建社会表征，以方便人们使用。

精神分析研究分离出三种类型的交流系统或模式（communication system），每一种都具有特殊的认知组织特征。当莫斯科维奇在扩散对意见、普及对态度和宣传对刻板印象之间作比较的时候，并非仅仅进行类比。这种对比显示，当提到思考或交流时，总是有两种认知系统在运作。其中一种与联想、区分、推理等有关，另一种采用符号法则（symbolic rule）来选择、确认和证明前者是否合理。社会元系统（social metasystem）的规则与社会关系的明确地位（position）有关，而这些原系统的组织规则（organizational rule）随着地位的变化而变化。例如，在精神分析研究中与天主教出版物的地位有关的规则系统以普及作为其表征模式运作的特点。另外一个例子是，控制认知的规则系统制定了一种不同的思维和交流模式，也就是说，科学研究采用不同的表征模式——对逻辑的严格运用——这与在其他情况下一样，如当存在冲突的群体应该保持凝聚力的时候。在后面的那个例子中，思维和交流的运转是由特殊的规范性规则来控制的。这种特殊的规范性规则会造成群体间的刻板印象，即把内群体看得更加积极，而把外群体知觉为更加消极。这种结果是通过有选择性地歪曲事实形成的。表 6-1为中介的和展示的精神分析的类型。

表 6-1　中介的和展示的精神分析的类型

媒介	模式	认知组织
教育报纸	扩散	意见、知识
宗教报纸	普及	态度
马克思主义报纸	宣传	刻板印象

来源：（Moscovici，1976 /1961）

观点、态度和刻板印象之间的区别对社会表征的性质有重要影响。最重要的是，它表明，社会表征并不是小群体或者大群体里人们心照不宣地同意的信念——最多刻板印象会被认为是那样——并且纯认知内容的描述及其组织形式并不能穷尽对社会表征的研究。存在于个体认知系统中的观点、态度或刻板印象等认知现象，其内容和结构，及其控制原理、有效性和合理性是通过象征性的符号规则——一种社会认知元系统——来运转的，并且这个社会认知元系统的组织原则随社会地位的不同而变化。因此，社会表征研究的目标是**符号关系动力学与个体认知组织之间的关系**（Doise et al.，1992）。

社会表征的功能

社会表征理论很明显是一种建构主义的理论，因为**对于文化、群体和个体来说，社会现实是通过社会表征来呈现的**。所以，社会表征的核心功能是构建社会现实。这种构建发生于人们的交流和社会交往过程中：之前不知道的、无意义的行为、物品、事件和概念在群体成员之间的交流中转变成这个群体有意义的表征，并且成为这个群体的社会现实的一部分（全面的回顾可以参考 Wagner & Hayes，2005）。

在莫斯科维奇的研究中，精神分析与当代医学科学和医学治疗的社会表征在多个方面相矛盾。比如，一个精神分析医师不对病人做任何的身体检查，也不开任何医药处方，而只是与病人交谈，而且病人在治疗中要积极主动。因此，对于社会中不同的群体来说，精神分析是一种陌生的，并且在很多方面令人难以应付的事情。莫斯科维奇的分析表明了不同的社会群体是如何"使得"（精神分析）这个"难以应付"的事情变得"熟悉"的。

这种分析让人想起皮亚杰关于图式的同化（assimilation）和顺应（accommodation）的思想，也让人回忆起巴特利特（Bartlett，1932）对图式的意义构建功能的解释，但是它也表现出一些不同的地方。第一点不同是为什么社会表征不能被看作认知心理学意义上的一种社会图式。虽然在认知心理学中，图式作为一种表征形式，具有自动化的组织原则，是个体认知操作中最重要的类别，但是社会表征强调的不是个体认知图式，而是一种在社会交流中实现的，并且与社会符号关系有关的表征形式。不过，这并不是说我们认定"群体思维"是漂浮在个体之上的。社会表征可能被人们所认同，变得很常见，有规律地对一个群体行使功能，但不管怎样，社会表征理论都把它们看作个体思维在交流中的结晶。同时，社会表征研究并非想探索基于社会表征的普遍的个体认知模式和个体行为模式。相反，社会表征研究是想基于群体中的社会表征来解释个体的行为。

社会表征理论也对触发一个群体的表征过程的条件感兴趣，并且阐明了在一个群体中竞争性表征演化的可能性。

表征形成的过程被莫斯科维奇和维格诺克斯（Moscovici & Vignaux，2000）称为**主题化**（thematization）。主题化是以常识的运行程序为基础的，它依据二分类别（dichotomic categories）或矛盾体（antinomies）来表征这个世界。"我们和他们""可食用的和不可食用的""不受约束的和受到约束的""人类和动物"都是矛盾体。类别中的这些矛盾体和文化共识可以使我们的常识和社会生活系统化，从而不需要专门付出其他努力去阐明它们。但是，群体中和影响该群体的环境中时常有重大事情发生，这些都会引起人们对一直以来已经接受和使用的类别产生怀疑。未知和新奇现象带来的威胁会触发主题化，就像艾滋病的出现触发了人们对安全和危险性行为的讨论，转基因食品的出现触发了人们对可食用和不可食用物品的议论。

每对矛盾体都可能在一个群体中被再次主题化，什么样的矛盾体能被主题化并无规律可循。马尔科娃（Markova，2003）用苏格兰的国旗（蓝底加白色圣安德鲁十字架）作为例子来说明。如果蓝色在这个群体中有了象征意义，那么关于"蓝与非蓝"的分类就会引发非常激烈的辩论。过去几个世纪以来，苏格兰的法律规定国旗蓝色的明暗度，任

何蓝色都被允许使用过。在此之前，没有人认为这是一个问题，直到
一群国家主义议员向苏格兰国会提交了明确国旗蓝色样式的议案；毕
竟，如果无论鸭蛋蓝还是海军蓝都可以被用来作为国旗的颜色，那么
这真是一件丢脸的事。虽然绝大多数议员依然坚守传统，反对规定某
一特定的蓝色，但这个例子很好地说明了，如果群体动力触发了主题
化，那么极小的类别分歧都有可能导致新的主题。

这个例子也表明，矛盾体的内容和范围对于群体中的每个人来
说，并不一定都是一样的。莫斯科维奇区分了三种表征：**争论的**（po-
lemic）表征（不同社会群体的竞争性社会表征）、**自由的**（emancipated）
表征（符合少数标准的社会表征）和**霸权的**（hegemonic）表征（被同一社
会广泛接受的统一的社会表征）。不同形式表征的共存和对少数群体
表征的容忍程度可能是衡量该社会群体状况和发展能力的一个很好的
指标。

社会表征过程 1：锚定

锚定（anchoring）和具化（objectification）是社会表征的两个基本过
程。这两个过程具有典型的"二重性"，兼指个体心理和群体文化。莫
斯科维奇（Moscovici，1984）指出，锚定（该术语的双重性质表明，它
既适用于发生在社会群体交流中的事件，也适用于发生在群体成员自
己心理的事件）的过程和机制确保我们能够将未知的或棘手的概念纳
入熟悉的类别和概念。锚定能降低人们对未知现象的恐惧是因为它提
供了熟悉的分类和名称去应对这些恐惧。锚定能够使已被表征的对象
整合到一个已经存在的思想体系中（Jodelet，1984）。锚定的过程由**分
类**（classification）和**命名**（naming）两个不可分割的程序组成。对一个
未知事物进行分类的过程就是将它与一个给定类别的原型进行比较。
完成这个程序有两种方法。如果我们想强调被表征的事物与给定类别
的相似性，那么我们就不考虑它与该类别的原型的差异，并且缩小它

们之间的差异。换句话说，我们**概化**（generalize）了这些事物。但是，当我们想要强调这些事物的特殊性时，我们会突出它们与存在原型的差异：这时我们**区分化**（particularize）了这些事物。我们使用哪种程序不仅取决于该事物与已知类别的原型之间的相似性，也取决于群体的目标、与该事物有关的群体的价值观以及它的社会表征（Purkhardt，1993）。

分类意味着要**命名**。名字并不只是一个标签，用来识别被命名的事物；它还通过它在语言类别系统里的位置，来定义该表征物与其他事物的关系。该名字与其他词语的关系决定了被命名事物的属性描述和配备。正是通过其命名所确定的属性，该事物与其他事物区分开来。最终，命名确保了该事物的表征能够在一个给定的语言系统里进行交流，因为该事物成了所有使用相同称呼或习俗的人的惯例（Moscovici，1984）。

社会表征过程 2：具化

具化（ojbectification）的过程可以说是使抽象概念变成人们熟悉的、现实的、具体的事物。这个转换过程的发生方式是使某一与抽象概念有关联的对象的模糊概念和标志性符号变成图像。然后，这些转换成图像、符号或者具体体验的概念被整合进比喻核心（figurative core），所谓比喻核心，就是一系列用来比喻某些思想的图像（Moscovici，1984）。这就是思想上的事物变成能被感知的事物的方法，即"无形变成有形"（Farr，1984）。

与锚定相反，具化的过程并不适用于所有概念。只有当我们能为这些概念建立比喻核心时，才会有具化出现。莫斯科维奇的精神分析研究很好地阐述了具化的过程。从抽象科学概念到常识的过程中，有意识的和无意识的抽象概念充满了主体的具化形象，通过具化，这些心理过程转变为心理"器官"（译者注：即图层），这些图层通过著名的液压系统过程联结起来，相互叠加，如抑制（suppression），这样，抽象的意识或者想法就能变成相当具体的形式。

具化不仅可以通过图像来实现，而且可以依靠实物符号（object symbols）发生。例如，安全套（译者注：实物符号）成了艾滋病的社会表征的比喻核心：所有能够保护个体不被感染的程序或所有意图通过社会控制艾滋病蔓延的程序都与安全套有关。

比喻核心在认知（存储）和推理（用于日常交际）的意义上扮演着重要的角色。比喻核心在我们讨论某种现象的时候不断地被主题化，且一直被提及。最后但并非不重要的一点是，浓缩在比喻核心中的图像和实物符号等是日常生活现实的表征。它们使得我们能够形象地对抽象的言语概念进行解释，并且对它们所表征的现象进行思考。

社会表征理论与传统社会心理学理论的关系

社会表征研究者从一开始就强调要把他们的研究与传统社会认知心理学分离开来。他们认为，与社会认知心理学不同的是，社会表征理论把客观的社会现实的心理表征看作社会行为的决定性因素，但是很明显地，社会表征研究无法与社会认知心理学的研究区分开来，因为社会心理学家在社会行为研究中总是把社会刺激和灵感的主观属性看得比他们的物理和客观载体更加重要（Zajonc，1969）。这两种理论趋向在认知组织和认知结构上具有相通的思想。而在认知功能上，这两种理论趋向也没有明显区别。莫斯科维奇（Moscovici，1973）赋予社会表征双重功能：一方面社会表征创建了一种能够使个体在他们的物质和社会世界中找到自己位置的秩序；另一方面它们通过提供社会交往的规范和用来清晰地区分和标示自己世界、个人历史和群体历史的不同方面的规范来使得社会成员之间的交流成为可能。但无论是从个人建构（personal constructs）理论（Kelly，1955）还是社会认知分类理论（Hamilton，1981）的方面思考，莫斯科维奇所说的这些功能都不能充分地使其社会表征的功能假设与那些与认知表征功能有关的盎格鲁-撒克逊人的社会心理学假设区分开来。

使得社会表征看上去真正新奇的是它把注意力转移到**组织原则的社会根源**上，也就是**社会建构的过程**。

但是，在社会心理学中，强调认知内容和社会根源真的是对认知结构进行描述的一种激进取向吗？贾斯帕斯和弗雷泽（Jaspars & Fraser，1984）的精彩分析通过多种方式展示了所有社会心理传统，在这些传统中，内容和社会根源取向扮演了重要的角色。

首先，**态度**这一类别，按照它在当今社会心理学中的解释，是指个体的认知表征，一种认知—评价反应，也就是个体的内在精神实体。在社会心理学理论框架下，为什么不同的个体对相同的刺激客体表现出不同的反应？这个问题可以通过态度这个概念来解释。例如，在该观点看来，为什么个体 A 选择党派 X 而个体 B 却没有呢？这是因为他们对待党派的态度不同。但是，态度这一类别从 20 世纪 30 年代开始才成为**个体思维**的一种决定性类别，即在戈登·奥尔波特（Gordon Allport，1935）的研究发表之后。在他的研究中，社会根源只在社会化地习得某种性格时出现，而现实的范围只在评价性回应的内容（即评价的抽象化）里出现。这是对社会心理学中托马斯和兹纳涅茨基（Thomas & Znaniecki，1918—1920）所介绍的态度这个概念的一次明显修正。迪尔凯姆有一个著名的论断：对一种社会现象的解释应该从另一种社会现象中得来，而不是从个体身上，如自杀。但是，托马斯和兹纳涅茨基不同意这个论断。他们认为，无论该现象是个体的还是社会的，其解释都源自社会和个体现象的某种组合。社会理论应该包括社会生活的文化元素和社会群体成员的客观特征，使双方联系起来。托马斯和兹纳涅茨基把前者称为**价值观**，而把后者——群体成员客观上特有的含有价值观内容的文化知识——称为**态度**。

在他们的《在欧洲和美国的波兰农民》的研究中，他们想要解释，虽然移民群体被描述为具有他们从家乡带来的"态度"，但是为什么移民到美国的波兰农民的生活会崩溃，其客观的文化特征，即"价值观"被美国文化所代表。托马斯和兹纳涅茨基从这两者的碰撞中推论出了在移民美国的波兰农民中出现的"社会道德沦丧的"现象。所以，托马斯和兹纳涅茨基认为，态度仍然在一定程度上是接近集体表征概念的。无论如何，他们重要的属性之一是，社区的成员集体地拥有它们。在奥尔波特（Allport，1935）之后，态度这个概念的个性化使得其集体性质被掩盖了。虽然测量态度的经典程序是基于对关于态度对象（常见的表征刺激）的集体表征的假定，但自从 20 世纪 30 年代开始，对态度的测量已经成为对个体反应倾向的评价性测量。随着认知心理学的发展，态度不仅用于描述反应倾向性，甚至会从认知的方面应用于描述个体差异。

其次，在 20 世纪社会心理学的历史上，从决策和行为的角度区分客观的、"文化的"现实和主观的表征以及主观现实的优先性，其重要性反映在诸如勒温、阿希和海德这些致力于格式塔心理学传统的社会心理学家的身上。勒温把决定行动的**生命空间**根据个体当前的主观现实来描述。阿希认为，对一个对象及其行为的评价是由对其解释，即对该对象的主观意义的建立来决定的。即使在解释著名的从众实验的时候——除了获得同伴认可的需要和对拒绝的逃避——他也强调在提供关于该对象（进行匹配的线段）应该如何被解释的信息时同伴的重要性。阿希相信，被试会先接受同伴给出的**解释**，然后才会接受社会同伴提供的**判断**。尽管个人解释的社会根源在上述从众实验的解释中是显而易见的，但是格式塔心理学家不仅从社会传递的过程中，而且最重要的是，从个体的思维中，探寻作为意义的主观建构的社会知觉的规律。他们想要探索普遍的动力，格式塔组织原则在任何主观文化内容的例子中都是有效的，并且创造了客观社会刺激的主观表征。

这在海德的研究中也是有效的。毫无疑问，在格式塔社会心理学中，他建立了社会知觉朴素心理学最全面的理论。尽管海德派的朴素社会心理学定位了认知结构创建的原则，如均衡原则和归因核心原则，这个理论至少在两个方面无法完全忽视社会刺激的内容。一方面，在社会世界里知觉统合的研究把注意力放在一致性原则的运行并非独立于特定统合的内容这一事实上（例如，Jordan，1953）。这表明，知觉到的情绪关系所产生的统合，其方式不同于物主关系。另一方面，如同艾贝尔森（Abelson，1968）在分析心理暗示时所表明的那样，海德提出的普遍的心理类别，如能力、动机和尝试，总是创造基于常识和现实的暗示内容。

最后，我们要简短地谈一个理论，它在方法上得到了精妙的支持。这个理论认为，认知内容和建构的行为是最重要的。由乔治·凯利（George Kelly，1955）阐述的**个人构想**假设及相关的项目网测验，如同该理论的名字所暗示的那样，假定人们在认知构想中知觉和预期这个世界，而他们的认知构想受到自己人格的影响，也就是说，他们相互之间在理解事情上是不同的。如同班尼斯特所写的：

> 假若某人有一个关于希腊花瓶的"构想"，那么他就会发现有一个这样的花瓶（希腊花瓶）。如果他没有这种构想，那么他只会发现一个花瓶；如果他连一个花瓶的构想都没有，那么他只知道这是个物体（而不知道是花瓶）。也就是说，这个理论的核心是努力解释一种基本的现象，即两个人在相同的情境下的反应是完全不同的。至于解释则非常简单：它们事实上是不同的情境。
>
> （Bannister，1966）

因此，个人构想的假设与社会心理学的传统理论类似，都基于这样的假设：我们面对一个社会世界"在那儿"（如一个希腊花瓶）。这个社会世界是每个人根据个人主观的认知组织来描绘的，它通过认知组织的正式而实质的特性来描绘个体的特点，甚至描绘能够从经验上区分开的由个体组成的群体的特点。

相比之下，社会表征理论并不接受这样一种"外部的"世界的存在，而是基于这样的假设——尽管它永远无法理所当然地成为一种常识——社会现实是由人们创造的，所以它的解释是在社会建构的过程和条件下进行的。如同莫斯科维奇描述的那样：

> 所有这些让我们相信，"创造"一个现实意味着我们普遍地依照来自"真实"世界的"可能"世界来经历和思考。我所指的是，我们的世界，如同它们自身那样或者我们所想的它们的样子，与我们的预期、思考和选择混合在一起，让我们走到一起并做出行动。我们与越多的人共享世界的表征，我们所创造的世界"在这儿"就看上去越自动化、越自然地"在那儿"。

> (Moscovici，1988)

如果外部的、客观的现实不存在，那么研究表征的正确性或真实性就毫无意义。的确，社会表征理论并不提这样的问题。但是，它与后现代的其他理论并不持有相同的观点，而是通过比较可能的世界来将科学和常识画等号；也就是说，它否认科学的特殊性。通过使用科学方法的特殊工具和推理力，社会表征理论研究日常现实的决定性条件与常识的"涌现"和运行。相比于后现代理论，社会表征理论的优势在于自发的常识。莫斯科维奇很好地阐释了这一点：

> 如果改变一下措辞，那么社会表征就是世界形成的方式。这个过程不是随意的，因为思维的规律性、语言和社会中的生命共同界定了可能性。这就是为什么建构这个概念，一旦琐碎化，就失去了精确、释放的特点，如果它被设想为谈话的一个简单的产品或者个体间的共识，那么建构这种行

为就不那么可能是现实的创造性自由，而更可能是对这种自由的条件幻觉。

（Moscovici，1988）

我们不会弄错，乔基尔洛维特克认为，对表征进行社会心理的重新解释是社会表征理论的关键要素，如同她写道的：

> 表征……是某个人的活动，他为那些与己相异的东西建构出心理替代品。因此，主体和客体并不完全相符，它们之间存在差异。而为了克服这种差异，表征就出现了。这个过程并不涉及主体（subject）和客体（object）之间的一一映射；而是涉及某个时间里创建自我和他异性（alterity）之间的连接，并且同时保留它们的差异。表征把自我和他者（other）联系起来，同时也把它们区分开来，因为表征是用来**代替**某些事物的。所以表征既是连接存在（presence）和不存在（absence）的**中介**，也是区分存在和不存在的**边界**，从而使得区别和意义得以出现。

（Jovchelovitch，1996）

因此，表征涉及主体和客体（其他人或事物）之间的中介，且仅在依附于它们和分离自它们之间被激活。心理过程是通过这些表征来理解"外部的"社会现实的，同时这个现实从另外一个角度诠释了心理过程本身。根据社会表征理论，表征不是内在的（精神的），也不是外在的（公众的，如句子或者任何其他材料符号），而是两者之间的一种特殊关系。"社会"这个术语不是指我们心理上所表征的事物的属性（国王相比较于反社会的王座），而是人与构成他/她所在的世界的物体和事件之间的关系。在这个框架下，表征是复杂的社会心理过程，"一种行为，蕴含着关系和交流"（Jovchelovitch，2006）。社会表征研究不仅包括知识的内容，还包括知识的符号方面和动力背景：谁是做表征工作的人？他们怎样做到的？他们为什么要做表征工作？在寻找这些问题的答案时，社会表征研究重新形成了经典的社会心理学问题，即认同、交流、归因和合理化（Jovchelovitch，2006）。当后现代理论否认表征，认为个体和社会能够各自分离开来，或者认为它们之间毫不相干的时候，这个理论提供了另外一种选择，使得个体和社会的传统二元性在这种观点下得以解决。

社会表征理论的大型理论框架留下了几个开放的问题。虽然它把人和世界之间的关系作为其主题内容，并且强调"有社会根据的世界"（Wagner，1998）无法独立于生活在社会中的人们而存在，但是它甚少具体地阐述这个理论是否能够处理所有社会现实的现象，所有形式的社会知识，或者它是否只包括那些在社会群体的世界观或世界建构中扮演重要却非具体角色的现象、事实和机构。

社会表征的实证研究

社会表征理论促使学者们进行了大量实证研究。他们几乎不会因方法正统论而受到批判，因为他们采用多种不同的方法。除了量化方法（Doise，1993），甚至实验或准实验法外，质性的人类学方法在访谈和焦点团体（focus-group）研究中也有悠久的历史传统（Breakwell & Canter，1993b）。例如，跟随格尔茨（Geertz，1975）基于**深描**（thick description）的思想，杜维恩和劳埃德（Duveen & Lloyd，1993）在访谈研究中观察和收集数据，并基于这些数据来研究性别角色的社会表征问题。新近的学者们将质性和量化方法结合起来使用：对初步解读（preliminary interpretation）按照内容分析的类别（言语的、视觉的和视听的）来分类，并且量化，然后借助量化分析方法将不同的组别或个人分类到这些定性的类别矩阵中（Flick，2005）；另外一种结合方法是反过来，即将从量化方法中得来的类别应用到解读（interpretation）中。鉴于角色具化于照片或者隐喻中这一理论背景，因此，除了言语和行为分析技术，社会表征研究还喜欢使用视觉方法。例如，利用照片（de Rosa et al. ，2002）和影片分析（Wagner et al. ，1999）来进行研究。

因此，社会表征的实证研究几乎使用了社会科学中所有可用的方法（Breakwell & Canter，1993a）。这些方法基本上可以分成两类。一类是实验法，其他方法则没有十分突出的共同特点，因此可分为另一类。基于前面对该理论的阐释和展示，社会表征研究中令人惊讶的是，它有相当多的利用变量条件的实验研究（Abric，2001；Codol，1984；Moliner，1995）。在心理学——当然社会心理学也被包括在内——的研究中，实验法是用来证实或者证伪一个假设的。实验或者准实验（quasi-experienment），再或者田野研究（field study），都是基于自变量是否被实验者所操纵。或者像在田野研究中，自变量自然地变化，然后研究者识别和测量它产生的后续效应。尽管在社会表征理论的框架下，研究者很难在社会或心理变量与认知和行为表现之间建立线性关系，但是实验法已被证明能够成功地对表征的比喻核心（fig-urative core）进行研究，并识别其中心和外周成分。有时，实验法与问卷结合起来进行研究。例如，瓦格纳等人（Wagner et al. ，1995）对受精的表征研究就采用了这种方法。因为很多人无法直接观察到卵子和精子的相互作用，所以他们依赖于科学教育和日常交流中形成的概念来了解。研究者假设，精子具有社会表征中男性刻板印象的属性。实验结果证实了这个预测。相比于卵子，被试把更多的男性刻板印象特征（严厉的、活跃的、快速的、支配的）赋予精子；同时把更多的女性刻板特征（温柔的、安静的、缓慢的、服从的）赋予卵子。研究者也要求被试从隐喻描述中选择他们喜欢的描述，来检验被试到底是偏爱社会的还是自然的性别角色描述。结果发现，他们更加偏好社会隐喻而不是自然隐喻。该实验还有一个补充的问卷调查，以测量被试对性别角色的刻板印象。结果发现，上述两种效应在持有保守的性别角色刻板印象的被试中比在持有自由的刻板印象被试中更加强烈。准实验设计通常在这种研究情形下被采用：实验条件的自然改变会导致社会表征的内容和形式发生某种变化（Di Giacomo，1980；Galli & Nigro，1987）。但是，很明显地，实验方法在社会表征研究中并不是决定性的。采用非实验方法，如个体访谈或群体访谈、问卷、卡片分类、联想和自然文本，来获取研究数据，是不同于实验法的。因为在实验法中，研究者限定了数据被采集的范围、数据采集的方法和样本的定义，因而控制了他们所研究的现象，但非实验法则没有这样的控制。另外，非实验法并不是为了证实预先提出的假设。当然，这并非意味着在非实验法中研究者对所研究的现象的影响就一定小，因为数据也可能在选择和收集的过程中被扭曲。这些研究是"探索"性质的，旨在捕获社会表征的复杂的组织形式和动力学特征。因而，它们以一种相对宽松的方式来把握不同现象之间的因果关系，其依据是第二章中提到的哈耶克的类图式的远程效应关系，这些研究一般都会提供事后的解释。

这种研究策略并不意味着社会表征研究中的非实验研究就局限于如同人类学那样只做描述性—解释性的数据收集。量化的（quantitative）数据采集和分析方法在社会表征研究的非实验范式中也是广泛运用的。多变量统计方法和信息技术的快速发展是使得这种范式成为可能的重要因素。

虽然这些研究着重针对的是社会表征的不同方面，但是它们都有一个一致的观点：从社会表征理论框架下的世界观意义上说，个体思维所参照的意义系统在本质上是**类别化的**（categorial）。意义系统通常把人们变成朴素的学者。人们想用他们朴素的理论在自己朴素的能力下探索事物的意义。他们的朴素理论是由朴素地联结着的并具象化的类别来创建的。但是，在**常识的同感世界**（consensual world）里——与科学的**具象化世界**（objectified world）（Moscovici 1994）不同——**交**

流占据了上风，也就是说，在这个运转模式里，与他人的联系比你自己更加重要。前面这种世界使得科学成为可能，它运用形式逻辑为工具。第二种世界的规则是不同的，自然逻辑代替了形式逻辑（Grize，1989）。在这个世界里，决策是通过收敛和调整的动态过程来形成的，如同当代经典社会心理学研究所发现的那样。这两种思想流派——一种基于"科学逻辑"与一种基于"自然逻辑"——的区别早已被莫斯科维奇所描述。他把基于形式逻辑规则的科学论证与用于群体凝聚的交流作比较。然而，尽管在过去数十年中社会表征研究逐渐强调叙述原则的重要性，但仍有很多研究者没有注意它们之间的区别。

社会表征研究中对观念进行叙事训练的运用

叙事的观念和方法绝非与社会表征的思想传统（intellectual tradition）无关。迪尔凯姆的一个学生莫里斯·哈布瓦赫（Maurice Halbwachs）就叙事在社会经验的形成和组织中怎样扮演重要角色提供了强有力的论证。他也一直认为人们是因为想要理解他们所在的世界才创作故事，并且将故事与其他人分享。社区感和社会认同都根植于叙事中；甚至，看上去最个体化（individulization）的我们的记忆在寻求其社会锚定（social anchoring）的时候，也是在叙事的帮助下实现的。

结构主义人类学派的代表人物列维-施特劳斯（Lévi-Strauss，1992）把那些为某个特定社会的理想提供叙事形式的故事称为**神话**（myth）。他把这些神话看作"构成要件"（constitutive units）或"分类要件"（classificatory units），它们使得整个社会能够了解它们本身及周围的世界。就像贝特尔海姆（Bettelheim，1975）个体层面的传说（tale）那样，神话通过整合破碎的信仰和价值观，使它们成为集体认知的一部分，来确保社会层面的完整性和连续性。

麦金太尔阐述了故事的社会化功能：

邪恶的继母，迷路的孩子，好心但被误导的国王，哺育双胞胎孩童的狼，没有继承权因而必须靠自己努力奋斗的小儿子，继承了庞大家产但是因为挥霍无度而沦落到充军边疆与犯人为伍的大儿子……正是通过这些故事，儿童学到（也可能没有学到）了什么是孩子，什么是父母，剧本中的角色会过怎样的生活，以及这个世界是怎样的。如果剥夺了孩子的故事，那么你会留给他们一个没有剧本的、焦虑的、言语不清且行动混乱的口吃者。这样的话，我们就无法理解任何社会，包括我们自己。要理解社会和我们自己，只有通过那些以第一手资料为剧本材料的故事才能做到。神话本身就起着这样的作用。

（MacIntyre，1981）

巴赫金（Bakhtin，1981）强调主体间性（intersubjectivity），即叙事的公共话语（public discourse）功能。根据巴赫金的说法，叙事不是唯一的，也不是最重要的个体讲故事的能力，而是人类经历的**公共载体**（public carrier）。叙事就像话语（discourse）那样，发生在城市和村庄的公共空间、社会群体、年代和时代中，并被悲剧、戏剧、喜剧、舞蹈和绘画所见证（Bakhtin，1981）。

巴特利特强调讲故事和人类社区之间的关系；也就是说，他也把讲故事看作一种社会行为而不是一种个人表现。塑造故事的几种复杂力量源自社会群体。巴特利特强调在某些方面，神话、传奇、流行故事和口头传统（oral tradition or oral literature）直接受到社会环境的影响，在社会环境中形成和传播。

叙事的无所不在和无处不在的性质是解释斯珀伯（Sperber，1996）关于表征流行病学理论（见第五章）的基础。根据斯珀伯的说法，社区了解表征的方法和不同群体分享表征的方法以及不同群体间传播表征的方法与表征的形式直接相关。群体借以传递和中介的表征过程阐明了这些表征的性质，如同流行病学能够使人更清楚地了解病理学一样。所以，叙事是把社会表征注入社区的文化媒介（cultural media-tor），它在这些社区中流传并塑造这些社区。

叙事作为文化媒介的观念发端于 20 世纪初。有趣的是，这个发现恰巧与态度概念有关。托马斯和兹纳涅茨基——部分地以迪尔凯姆的客观主义（objectivist）来研究社会事实的方法——用一种与后期社会表征理论类似的方式来看待态度；也就是把态度看作一种支配人类思想和行为的社会化地获取和分享的表征。态度与**价值观**（values）相对照的现象在迪尔凯姆社会学理论的意义上表现为个体的目标（objec-tive），其来自信件和传记中的个人叙事。

解释的个体化（individualization of the interpretation）和对个人文档（译者注：书信和传记等）的利用，如同态度概念的个体化（Allport，1935，1955）那样，无法掩盖这样的事实：社会心理学是根据社会意义来分析叙事的。更加明显地表明这个关系性质的例子是在民族志研究中基于访谈使用叙事方法（Herzlich，1973；Jodelet，1991），这个例子与现今的社会表征研究也更加贴近。在很多方面，访谈属于伪叙事，因为一部分情节的发展方向是采访者编排的，其目的在于产生采访者需要的内容去阐明意义的系统或解释在调查研究中现象的语境。但是，赫兹利克（Herzlich，1973）和乔德莱特（Jodelet，1991）故意忽视通过访谈获得的材料的叙事特性（narrative qualities），并且，他们仅仅把注意力放在健康和精神疾病的概念锚定（conceptual anchoring）和具化（objectification）上，而没有考虑解释的叙事特点（narrative character）。这种做法是奇怪的，反映了理论和方法上的正统观念（or-thodoxy）。相反，乔基尔洛维特克（Jovchelovitch，1995）认为，访谈是具有真正的叙事风格的。由于一些贪污丑闻，巴西总统在 1993 年被解除了职务。乔基尔洛维特克对列席在多次调查总统贪污事件的国会委员会中的国会议员进行了叙事访谈。通过使用叙事技巧来分析这些故事——尤其是通过分析故事的主题及其限制条件、主要的人物角色及其特点描述、事件发生的先后顺序及其因果关系，以及贯穿这个故事的隐喻——她试图探索巴西公共生活的社会表征的几个重要方面。在乔基尔洛维特克的众多发现中，最有趣的是，她发现叙事的一个主要功能是关闭可能的表征领域（possible filed of representation），把任何可能的新意义排除在从未发生过的事件（即总统的替换）的表征之外。根据分析，两个表征领域（representational fields）都与总统的替换有联系。一个表征领域包括使得总统的替换这个事件（之前）令人无法想象和难以置信的性质变得合理的叙事要素。这些要素包括巴西人和政客的缺点，强调政客和社会之间的隔阂，以及公开或隐藏地提到这两者间的关系和互补性质。另一个表征领域包括巴西社会开启新纪元的意义、议会和社会之间的新关系，以及贪污腐败（corruption）成风却不受惩罚的历史时期的终结。虽然在叙事的开始，这两个表征领域的权重是一样的，随着故事的发展，"无法想象"和"难以置信"的表征领域逐步变得更加主导。这种趋势被挫败感进一步加强；即在总统被更换后，"一切都没有改变"的感觉出现在事件的特征描述中。乔基尔洛维特克断定，对于研究当地表征系统来说，叙事是强有力的工具。"当我们要研究某些情境中特定事件的知识，并且焦点在于综合不同的视角来获得对该情境的全面解释时，它们是特别适用的。"

　　除了内容分析，叙事也有助于结构分析，根据结构属性推断表征内容的特点。一个有趣且在很多方面都是开拓性的例子是罗斯（Rose，1997）的研究，她分析了拍摄"肥皂剧"（soap opera）场景时摄影机的位置，并据此推断媒体中精神疾病的表征。精神疾病患者更多地出现特写镜头，即在视觉上与他们的伴侣分隔开来，或者在涉及精神疾病角色的场景中往往缺少"肥皂剧"中常见的叙事结局，基于这样的观察，罗斯证明了媒体把精神疾病表征为危险而无法预测的现象。一方面，这种表征与统计数据（精神疾病患者事实上比普通人具有更少的攻击性行为)不一致；另一方面，它暗中破坏了把精神疾病患者从精神病院带回社区和家中进行治疗的愿景(Wagner et al.，1999)。

毫无疑问，由莫斯科维奇和他的跟随者所阐明的社会表征理论表现出通过范畴或概念、价值观、刻板印象，以及这些观念的意象来描述这个世界的强烈倾向(Moscovici，1973)。然而，除了这些倾向以外，自始至终有这样一个说法：社会表征担任着"理论"或者"知识领域"的角色，它们利用这些能力探索和组织事实（Moscovici，1973）。无论是科学的理论，还是异想天开的(naive)理论，或者处在这两者间的理论，其地位总是不稳定的。即使在抽象领域，如物理学，更不用说那些与人类的事物有关的科目，如历史学或心理学(在细节上做必要修改后)，这些理论都可能会被证明只是故事(Haraway，1984，1989；Mulkay，1985)。在普遍被接受的意义上，理论的性质总是关于因果关系和解释性的。在几种世界现象的例子中，因果关系可以从原因对结果的影响中演绎推理出来，这就是传统归因理论所做的事情(Jones & Davis，1965；Kelley，1967)。莫斯科维奇——如同一些他所严厉批判的美国学者那样(例如，Kruglanski，1975)，把注意力放在另外一种因果关系上，一种在社会关系世界中更加贴切的，且与意向性有关的因果关系，或者就是莫斯科维奇所说的**"终结"**(finality)。我们在这里更加深入地引用了他的话：

> 因为我们大部分的关系存在于活生生的人与人之间，所以我们面临着我们实际上无法知道的别人的意图和目的。即使当我们的车抛锚或者我们在实验室里的器具坏了的时候，我们也无法不这么想：车"拒绝"再走路了，怀有敌意的器具"拒绝合作"了，因而我们无法继续实验。所有人们做或说的事情，每次自然的困扰，看上去都具有潜藏着的意义、意图或目的。而我们致力于发现它们。类似地，我们往往把智者的辩论术或争吵解释为个体间的冲突，往往好奇是什么原因

造成了主角间的仇恨，什么私人动机藏在这些敌对的背后。

与其说"什么原因使他这样做"不如说"什么**目的**使他这样做"，对原因的追寻变成了对动机和意图的追寻。也就是说，我们解释和寻找**潜藏的敌意**与**被掩盖的动机**，如仇恨、妒忌和野心。我们总是认为，人们不会随机行动，他们做的所有事情都是有计划的。

（Moscovici，1984）

据莫斯科维奇所说，我们都渴望将动机和意图人格化（也就是说使动力和动机具化），这样我们就可以用图像（image）的形式来表征原因（例如，我们用俄狄浦斯情结或恋母情结来表征人类的某种行为）。除了具化在图像中的观念外，这种论证明显指向日常解释的叙事性质，而且就这个特性来说，它与叙事学家所声称的并没有根本的区别，即叙事是人们如何赋予世界以意义的"组织原则"（Sarbin，1986b）。一个关于失业原因（Breakwell，1986）和责任（Markus & Kitayama，1991；Miller，1984）的归因研究表明，从给定的社会表征中了解到的意向性（intentionality）很大程度上决定了是探寻原因还是目的。

事实上，社会表征理论最关心的是将被锚定的类别进行具化（objectifying anchored categories）的问题，并且很明显地——至少对于实证研究而言是这样——把社会思维的意向性特点（intentional character）推到背景中。虽然抽象知识的实体化看上去确实是社会表征的基本过程之一，但实际上，抽象的概念性知识，以及它们在社会群体思维中对应的具化的实体，与群体中流传的故事具有千丝万缕的联系。这就是为什么在研究意义如何被社会群体所具化时，叙事方法是必要的。

尽管如此，叙事方法论也是非常适用于研究锚定过程的。弗利克（Flick，1995）注意到，当我们想知道关于新奇或从未发生的经历的社会表征如何发展的时候，会遇到不可逾越的困难。这么看来，我们必须知道所有在新的经历出现前就存在的认知和社会系统的类别。这样我们才能了解到新的现象整合到或锚定到什么类别里，以及在锚定过程中是否产生了任何其他新类别。同样，精确地知道从未发生过的现象可能出现的时间也是很重要的。但是，一般只有当它们已经渗透进公众的思维里时，社会表征研究才会发现这些现象本身。这种情况就发生在了艾滋病(Joffe，1995)和核子灾难(Galli & Nigro，1987)这两个事件中；在这两种情况下，生活本身提供了自然的实验情境。有些事件的发生快如一道闪电，对全世界具有深远影响，如 2001 年的"9·11"恐怖袭击事件及其后对恐怖主义的表征，因而即使在事件发生后马上展开研究，也只能通过这些事件的回溯性和叙述性材料来研究(de Rosa et al.，2002)。

为了克服这些困难，弗利克(Flick，1995)提出了**回溯锚定**(retrospective anchoring)的概念。这种锚定使得我们能够更加接近主观内容(the subjective)，同时也更加接近与之相关的对现象的社会建构和现实的碎片。弗利克认为，被人们创造和反复传颂的叙事暗示了人们回溯地概述一个理论或一个文化事物所产生的影响的能力，以及它们出现时所处的情境，他们通过对现象进行"密集叙事"(dense narration)来实现(Geertz，1975)。群体叙事(boundaries narrative)中"详述"的社会表征与群体认同之间的关系将在第十章结合历史的社会表征中进行更加详细的讨论。

总结以上内容，可以说通过叙事来研究社会表征过程的方法为我们提供了一个社会知识模型。在这个模型中，对新的、未知的现象的具化和锚定与类别(categories)紧密联系，它们据此作为一些连贯的、在文化中被人们所接受的叙事的一部分而出现。事实上，如果我们知道人们如何把这些类别放在叙事文本中，那么个体或群体在共同的、社会共享的意义系统中的位置也能够被最好地理解。最后，个体和集体故事共同构建了一个对现象的"密集叙事"，以便能够随后对现象进行分析。

叙事方法如何有助于社会表征的解释潜力

当社会表征从集体表征衍生出来的时候，莫斯科维奇给这两个定义做出了区分：集体表征是用来解释说明的，且适用于最普遍的思想和信念；而社会表征则是一种现象，该现象与特定的理解、交流模式有关。这样的区分**需要被描述和解释**。但是社会表征自己是怎样解释的呢？

在认知心理学中，表征被认为是刺激和反应之间的中介变量。莫斯科维奇引用了福多尔（Fodor）对这个角色的描述：

> 这本书的一个主要论述是，如果你想要知道一个特定刺激会导致什么样的反应，你一定要找出生物体指派给这个刺激什么样的内部表征。明显地，这种指派的特征反过来取决于什么样的表征系统是可用于中介生物体的认知过程的。

> （Fodor，1975）

相反地，莫斯科维奇认为，社会表征是一种自变量（而不是中介变量），或者解释性刺激。他写道：

> 每种刺激是从各种各样的可能刺激中挑选出来的，并且能够产生多种反应。预先建立起的图像和范式共同决定了这个选择过程并且限定了反应的范围……也就是说，社会表征决定了刺激的角色，也决定了它诱发的反应，如同在特定的情境下他们决定哪个是哪个。

> （Moscovici，1984）

莫斯科维奇声称，如果我们想理解群体过程，那么我们就应该知道在群体中相关的社会表征和这些表征的意义。但是，因为以群体中的理性知识体系的方式来构思社会表征，所以社会表征并非行为的因果解释（Wagner，1993，1995）。假设一个群体形成了一个关于疯癫（madness）的社会表征，并且这个表征的一个组成部分是，他们认为疯癫是会传染的，所以疯子的衣服与其他人的衣服要分开洗涤。这是一种行为，但不是社会表征或者在本地人构造的朴素理论的一种结果。它只是对归属于同一表征的更深层信念（即分开洗涤可以预防感染）的行为描述和说明。据瓦格纳（Wagner，1993，1995）所说，由于它们交感的和理性的特性，我们更倾向于通过分析法来研究社会表征，而不是通过演绎—法则的框架。它们与行为并不是"如果……那么……"的关系。

跟随在布尔迪厄（Bourdieu，1980）和多伊斯（Doise，1976）之后的瓦格纳指出，社会表征研究也许能揭露社会和心理结构之间的结构同源性。在这种情况下，社会表征是**待解释的事物**（explanandum），而且它出现的社会生成条件是**解释要素**（explanans）。另外，社会表征也可能成为该现象的解释要素。在这种情况下，社会表征的研究在个体社会知识和社会互动的水平上进行。但是，解释不是针对个人行为而是社会对象或社会事实。就像瓦格纳所说的，这些社会对象或社会事实是行为的结果，但不像行为本身那样与表征信念之间具有逻辑联结。例如，迪·贾科莫（Di Giacomo，1980）研究了比利时大学的学生抗议运动，就这个问题，反对者分为两派，分别是激进派和仁慈派。这些不同的表征导致了群体间沟通的严重困境，以至于最后导致抗议运动的失败。根据瓦格纳所说，在这个研究中，社会表征或者两组社会表征之间的差异并非解释个体或群体行为。行为只是心理表征的潜在表达方式之一。心理表征也同样可以在访谈中用言语表达出来，或者在填问卷调查表的时候写出来。该研究中所解释的只是社会事实：抗议运动的失败。

这个解释有若干个问题，最显而易见的一个问题就是，它忽视了一个事实，即失败本身快速地进入社会表征的过程。关于抗议运动失败的社会表征在逐步发展，而其后果并不容易被发现。上述解释的另外一个问题在于，失败作为社会事实，其本身是行为事件，它是抗议行动的衰退和终止。抗议运动的社会表征包括目标，服务于这些目标的工具，以及与这些目标和工具相对应的活动。两个群体关于目标和信念的分歧导致了他们对抗议的放弃。如同例子中的两个学生群体在抗议运动中所表明的那样，在一个文化内部会有更多可能的社会关系。不同的群体可能以不同的方式来代表相同的社会目标，因而会导致误解和行动流产。对于社会表征的叙事取向在解释社会行为时表现出来的状态，我们从后者那里更能得到启发。在目标方面，表征也暗示（和预测）了行为的结果和对行为结果的反应。这种暗示关系为模态（Kutschera，1982）或图式样（Hayek，1969）解释提供了证据。社会表征在其中并非导致社会行为，但是它暗示了行为和精神的后果（Wagner，1995）。另外，就目标、工具条件和预期的结果而言，每个群体的表征本身看上去是连贯的。我们认为，表征的叙事组织提供了这种在合理性范围内的连贯性。抗议失败造成行为和心理后果并不属于关于抗议的叙事，但是它们可能会成为后续叙事的元素，并与前者（抗议叙事）形成一种暗示关系。

连贯性的作用可以用罗伊特和布雷克韦尔（Rowett & Breakwell，1992）的研究来说明。在这个研究中，研究者研究了社会工作者被自己的客户攻击时的处境。他们发现，这些社会工作者具有很强的关于社会工作者为什么和怎样被攻击的社会表征或朴素理论。这些表征有部分是社会工作者缺少工作技巧、经验不足、行为专制和处于危险的环境。他们也有关于哪些互动的性质会导致暴力的表征。研究者也指出，这种表征是完全错误的。然而，尽管付出了相当大的努力来驱逐这些表征，这些给暴力行为提供了一个连贯解释的社会表征仍然相当盛行。社会工作者成为这些袭击中的受害者，他们无论在精神上还是行为上都降低了自我评价，并且预设自己是能力不足和效率低下的。

以上例子说明，基于社会表征的叙事组织的分析通过暗示把表征与社会互动联系起来。社会表征的叙事方法包括行为目标和行为的结果，以及与结果有关的期望和评价。这些例子同时展示了，逻辑分析是不足以产生启示性解释的：需要实证研究。

认同和社会表征

对于认同，我们能够区分两个社会心理学里关于认同的概念。有一组理论的灵感来自精神分析，最初以埃里克森（Erikson）为标志。其目的是探索**个人认同**的发展规律。这些理论强调的是自我的连续性、组织和内外部平衡。另外一个重要概念的灵感来自群体心理学，并且与盎格鲁-撒克逊（Anglo-Saxon）的作者们有关，尤其是塔吉费尔（Tajfel）、特纳（Turner）和布雷克韦尔，即**社会认同理论**。这个理论以个体认同某个群体为出发点，探索个体通过怎样的过程来维护自己的独立和价值，以及行动的能力。认同这个概念也被符号互动主义者的角色理论所使用。角色理论把认同理解为一种**角色认同**（role identity；Turner，1968）。后面这种研究方法是否富有成效很大程度上依赖于角色理论的发展现状。仅当角色理论的类别能够解释认同的所有成分时，这个理论才是有效的。但是，过去几十年，角色理论在这方面并没有任何发展的迹象。

个人认同

埃里克森的心理发展理论把人生分为八个阶段。在每个阶段，个人及其所处的社会环境都发生改变。个人内部的变化与个人和外部世界的关系变化共同导致了每个阶段存在的自然的发展冲突。在正常的人格发展中，人生特定阶段的冲突是不可避免的。心理和社会两方面在发展进程中不断融合，并且在每个阶段的冲突解决中重组而上升到更高层次。根据埃里克森的理论，认同意味着"早期"的重组模式，它将个体的过去、现在与未来联系起来。在这个意义上，认同的真正发展始于埃里克森提出的第五个阶段，此时个体已经无法再从儿童期身份认同中获得好处。

> 认同起源于童年期多种身份认同的选择性再现和相互同化，以及在新的心理结构中对它们进行吸收。反过来，这个过程依赖于**社会**（一般通过亚社会）**认同这个年轻人**的过程，即认可他是个"这样"的人，认可他"是谁"，承认他的独特性是理所当然的。

> （Erikson，1959）

社会因素的介入使得青少年期的认同危机在文化和社会上都相当不稳定。例如，在远古社会，成年人认同的确立是通过成人仪式来实现的：通过唯一的、不可重复的纪念仪式，年轻人从青少年（儿童）状态中离开，而进入成年人状态（Leach，1976；Péley，2002）。成年人的状态以不同的内在状态和外部关系系统为特征。在现代社会，青少年时期在时间上是延长了的，用埃里克森的话说，青少年时期具有一种心理社会的暂停期。青少年有机会放弃他过去的价值观、角色、关系和自我意象。而且，他也有机会主动尝试新的价值观、角色、关系和自我意象。成年人认同的接受会被承诺所替代。这种承诺受到内部和外部力量，以及做出长期决策（例如，选择一个职业生涯或者一种意识形态）的推动。同时，规范性（normativity）元素也会出现：如果对成人角色的承诺在没有合理的前期尝试和权衡下就做出来，那么这就造成一种认同状态的早期关闭，这会导致生命后期的人格适应障碍。

对于青少年危机风暴时期出现的行为模式，从常识上把它们与青少年必须面对的，实际需要实现的认同任务联系起来进行解释是难以行通的，不过个人认同的心理社会理论通过将心理和社会发展的规则，以及他们的社会文化根源考虑在内，提供了一个合理的解释。

社会认同

我们在前言提到了另外一个社会心理学中的认同理论，即社会认同理论，其在性质上是完全不同的，最初是为解释群体间的关系而发展出来的。简言之，该理论假定人们有一种社会认同的基本需要。这种对于积极评价和自尊的需要可以通过归属于某个群体而获得满足。他们自我认同于某个社会群体，而这种认同成了他们自我概念的一部分。其他"陌生"群体的存在是不可缺少的，因为认同本身的建立依赖于与其他群体的对比。因此，群体间的竞争和斗争的出现不仅是为了争夺有限的资源，同时也为了争夺象征性的"优点"。某个群体的象征性"优胜之处"是取之不尽的资源，但其本身可能是毫无用处的。社会认同涉及一些非理性的现象，例如，在拍卖会上，有时候一元面值的美钞可以卖三美元一张。

群体认同和社会世界的表征

如果他们所属的群体在塑造和维持这些个体的社会认同中扮演重要角色，那么我们就有理由相信，他们创造出来并且与其群体一起维护的观念系统——即在更大意义上所说的现实的建构——对他们来说是非常重要的。布雷克韦尔在她的一系列研究（Breakwell，1993；Breakwell & Lyons，1996)中已经提到这点。自从 20 世纪 90 年代中期以来，社会心理学最重要的发展之一是，社会表征理论对表征形式（人们在群体交流中形成对世界的理解和解释）的研究获得了显著的证据支持。布雷克韦尔提出的论点，在本质上是把社会认同和社会表征理论结合起来。理解这个提议的难点在于，我们面对的是社会心理学中两种根本不同的范式。社会认同理论将个人认同动力学和群体间关系结合起来，为群体间冲突和区别的解释提供了解释模型，也就是它被置于关注个体认知过程的社会心理学范式内，而社会表征理论是典型的建构主义理论，它强调的是对表征过程的描述和对表征功能的分析。即使有些社会表征理论明显地想通过实证研究将表征形式和能恰当定义的群体联系起来（例如，Doise et al.，1992），这些理论也并不打算探索（从群体内或群体间的关系中产生的特定表征内容和过程所依赖的）原理和规律。所以，将这两个理论进行整合的努力确实是开创性的，其目标是把社会心理学模型[它们关注的是个体社会行为及其背后的认知过程，并且以布雷克韦尔（Breakwell，1993）的话说，它们涉及的是特定环境中的小部分行为]"拿出来"，放到真实的社会环境中。通过分析认同创建和社会建构（也就是在一个群体里什么是有意义的，什么是被接纳为现实的）的相关过程，该整合模型使其能够提出这些相关问题：某个社会表征为什么以及如何在群体中形成可以被观察到的形式。换句话说，这个问题就是，群体动力如何影响社会表征在个体和群体水平上的锚定和具化过程。例如，群体成员的声誉和权力关系对社会表征的采用起决定性作用，因为我们很容易看到，在对艾滋病的表征中有一种趋向：把该疾病看作上帝对同性恋者施加的一种神圣的惩罚，这种倾向性提升了群体间的偏见。对于社会表征来说，塔吉费尔对刻板印象的功能描述是有效的，因为群体通过刻板印象，如替罪羊，来建立社会因果关系，以证明他们自己（这样做）是正当的，并使自己与其他群体保持距离。但是，在（塔吉费尔意义上的）刻板印象这种群体背景（从实验研究的历史和社会背景上说是最小群体实验）下对社会表征进行研究，必须考虑历史和社会两方面的更大的背景。例如，对权力关系和表征采用之间的关系的解释需要对群体间关系和表征的使用进行一个时间上（历史的）的分析。群体历史本身可能在群体认同的发展中具有重要的影响（Bruner & Fleischer-Feldman，1996）。这个问题将在第十章结合历史表征和国家认同的关系进行更加详细的讨论。

　　莱昂斯和索提拉科波罗（Lyons & Sotirakopoulou，1991）的研究也阐明了时间性（temporality）的角色。他们的研究展示了群体的"传统"社会表征限制该群体沿着某些维度实现比其他群体更加积极和优势的区分度。该研究表明，即使是最坚定的英国民族主义者也更加喜欢法国的时装或烹饪，而不是英格兰的，只因为其对立面在传统社会表征的现实中不具有可信性。

　　除了如同上述那样能够在群体比较中服务于群体的利益之外，社会表征还具有另外一种重要的创建和维系群体认同的功能。社会表征是由所有的群体成员共同维系的，它有助于群体意识的发展；如同布雷克韦尔所说的，分享群体的表征，可以说已经成为群体成员身份的标志，并且帮助群体成员理解为什么他们必须跟从群体的目标。所以这些建构群体认同的功能不再与在群体间比较中确保积极认同的群体利益系统有关，而是与在群体内塑造群体认同的过程有关。这个观点已经由莫斯科维奇和休斯通（Moscovici & Hewstone，1983）以最普遍的方式阐述过，他们认为由某个特定群体建立和维系的社会表征有助于群体认同，其方法甚至是通过在集体表征中表现出来的普遍"世界观"（world view）来强化集体认同的体验。

群体认同作为群体边界的划界

　　最后，从群体认同的角度，以及从个体的社会认同的角度，社会表征还具有另外一个功能，但这个功能与群体内的过程或群体间比较的过程都没有关系，也就是社会表征所承载的划分群体间象征性边界的功能。特定群体的边界是依照集体表征领域的位置划分的。

　　一些作者（例如，Jovchelovitch，1996）认为后两种功能是同一种功能。

当社会个体(social subjects)建构和组织他们的表征领域 (representational fields)时，他们这么做是为了赋予现实以意义，为了理解和解释它。通过这样做，他们表达自己是谁，他们怎样理解自己和他人，他们把自己和他人放在什么位置，以及在特定的历史时期内哪些认知和情感资源是他们可以利用的。因此，社会表征告诉我们谁在做这些表征的行为。如果我们考虑到表征行为和认同行为之间的权衡，那么这就能够被充分理解了。自我和他人的复杂互动是这两种现象的基础。认同行为不包含表征行为是不可能的，就好像如果没有我(me)与非我(not-me)的认同边界，就不会有表征行为一样。表征和认同正是在我和非我之间的重叠空间里出现的。而且，社会表征是一个扮演斡旋角色的社会意义的网络，它为认同的建构提供了结构和材料。

(Jovchelovitch，1996)

这个观点与布雷克韦尔的不同。因为乔基尔洛维特克没有用塔吉费尔的社会认同理论来结合社会表征与认同理论，而布雷克韦尔则整合了社会表征理论与认同理论，包括塔吉费尔的社会认同理论。因此，尽管社会表征被假定在群体间对比过程中具有实现群体"利益"的功能，但是她并没有特别留意社会表征的这种功能。

同时，布雷克韦尔自己并不满意塔吉费尔的理论。塔吉费尔的理论仅仅把人对积极社会认同的需要看作认同的动力。它的目的很实际，就是解释群体间的行为动力。但是，布雷克韦尔的认同过程理论认为，除了积极社会认同需要之外，还有几种其他认同动力学需要，它们在激励群体行为和信念上也扮演重要角色。这些需要是：**积极自我评价**需要、**连续性**需要(在埃里克森的意义上被认为是自我认同)、**自我独特性**需要和**自我效能感**需要。布雷克韦尔认为，这些需要不仅推动个体选择自己所加入的群体，也就是说推动个体选择哪些社会类别作为自己社会认同的一部分，而且，它们也决定了那些容易影响个体的社会表征是如何建构或被采纳的。所以，与塔吉费尔的理论（与群体或社会类别有关的社会认同代表了自我的一个相对独立的子系统）相比，布雷克韦尔的认同过程理论认为社会认同并不独立于自我的其他部分（包括自我评价、独特性、连续性和效能感），并且也不独立于其自身的认同建构的动力，而认同建构是由上述四种需要所支配的。然而，布雷克韦尔假定个人认同的动力效应也通过群体认同来显现出来，从而对人与个体自身群体和"外来"群体所持有的社会表征的关系具有影响。

认同动力学和群体动力学通过这种方式整合到一起，并在之后被社会表征的因果和预测模型所补全。这显而易见地具有两种不可避免的影响。一方面，通过使用社会表征的术语，社会心理学的传统主题，如信息传播者的可信度和从众问题等，都重获生机。对接纳或拒绝社会表征的分析很好地说明了这一点。

> 成员身份会影响人们对社会表征的接纳或拒绝。他们有时通过建立社会表征之源的可信度的范围来实现这个影响。他们有时通过对表征进行直言不讳的评论来实现这个影响。拒绝接受群体对一个社会表征的裁决会使这个个体处于被责难甚至拒斥的危险中。（一个人）拒绝接受（他所在的）群体所偏好的某个事物的表征所导致的后果因该表征对于该群体的重要性而异。后果的程度也会取决于该个体在群体内的权力。
>
> （Breakwell，1993）

在科伊尔（Coyle，1991）的研究中，接纳了同性恋认同（homosexual identity）的年轻男性，在新的身份认同建立的过程中，不断地寻求其他同性恋男性的陪伴，并且迅速地获取那些普遍存在于这些人群中的已经建立起来的同性恋社会表征的模式。他们身上认知失调现象的减少清楚地证明了这一点。此外，通过采用更加现代化的寓意和专注于认同的方式，一些在 20 世纪 80 年代处于支配地位的社会认知范式的观念和个体信息加工过程问题也在社会表征研究中出现。在这种背景下出现的问题包括暴露于信息之下与获取信息（Augustinos，1990）之间的关系问题，以及在自我概念或自我图式理论框架中社会认同具有中心还是外周位置会对个人造成什么影响的问题。后面这个问题被古林和马库斯（Gurin & Markus，1988）所揭示。他们证明了有些女性把传统女性角色放在认同的更中心位置，有些女性对认同中的性别角色看得不那么重要，前者构建了更加尖锐和明显的关于性别社会不公的社会表征。有几个研究探讨了不同情境产生的效应。这些研究表明，认同中的不同元素在不同情境中成为主导（例如，McGuire & McGuire，1988）。在接下来的引证中，社会表征也可以被几乎任何认知结构所替代，从刻板印象到观点，这在认知社会心理学或者社会认知中是常见的：同样的社会表征对于一个群体的重要性在不同时间点和不同情境中是会变化的。类似地，不同社会表征的相对重要性也会随着情境而变化（Breakwell，1993）。

　　那么，尽管看上去社会表征理论作为一种解释性框架允许我们把个体心理过程和群体水平的过程（无论是群体内还是群体间的）考虑进来，当我们用它来探索某个特定社会结构（社会团体、亚文化）的表征域的时候，在努力发现群体动力学过程和社会建构之间的预测性因果关系的过程中，都不可避免地被迫减少表征的社会性质（而社会性却是社会表征理论的核心）。因此，我们实际上又回到了认知表征上（而非社会表征）。

　　从社会表征理论和认同理论整合的观点上看，研究个体认同动力学和社会表征过程之间的关系看上去有更广阔的前景。认定自己害羞的人不仅归属于"害羞的人"这个类别，而且也将寻求害羞的人的陪伴，也就是说他们成为害羞的人这个群体的成员不仅仅是实质上的，而且是实际上的（Breakwell，1993）。即使没有这种有些武断的观点，我们也能够轻易看到害羞作为一种人格特质可能是认同的至关重要的一部分，并且正因为如此，它对事关害羞行为的表征的建立、获取和使用具有影响。从澄清认同和社会表征之间关系的角度上看，很重要的一点是，真实社会结构中的成员是真正地把特定的人格特质作为认同的一个元素，无论是害羞还是任何其他人格特质，并且该群体所运用的表征域会影响这个元素。

如果这些条件满足，如同布雷克韦尔及其团队所做的几个研究那样，那么这表明认同动力学对于理解和解释社会表征过程是有用的。例如，对于一个社区的居民来说，如果所住的地方是他们认同中的一个重要方面，因为它给他们提供了一种独特性或非凡性的感觉，那么任何"来自"社会环境的、企图说服他们的观点（例如，说他们的居住地有很严重的环境污染），即使有科学根据的支持，也会断然被他们反驳（Bonaiuto et al.，1996）。上述例子也表明了为什么科学论证一般而言在有关环境危机的争论中所扮演的角色比我们所预想的要小，例如，当新的发电厂建立的时候，或者垃圾处理厂落成的时候。同样地，如果忠诚这种认同要素对于一个青少年群体来说很重要，那么这个群体的成员将会难以接受那些强调危险性的性行为表征（Stephenson et al.，1993）。克萨贝等人（Csabai et al.，1998）在布达佩斯一所初中进行的研究表明，这些青少年对健康意识行为的表征与我们所期待他们应有的以科学为基础的表征有相当大的反差——除了别的之外，这些青少年在某种程度上还嘲讽和不赞同那些有健康生活方式的人——而原因可能是，科学研究所倡导的表征与他们自身认同中一个非常重要的属性相违背，也就是社交性（sociability）。

布雷克韦尔等人呼吁大家把注意力集中到认同和社会表征关系的另一个有趣方面上。在这个研究中，他们探索了**政治认同**（political identity)和**政治观点系统**(system of political views)之间的关系。这个研究历时三年，每年都收集数据。政治认同是通过政党偏好的一致性来"测量"的(偏好英国劳动党或者保守党)。也许他们最有趣的结果是，只有无关紧要的少数年轻人具有统一的、一致的政治态度和观点。大多数年轻人对于随时变化的政治问题所持有的观点是不连续的、不一致的。在这三年调查时间里，大多数人的政党偏好至少改变过一次。但是，对于很多问题(从征税到社会网络和移民等)具有非常一致且逻辑上连贯的观点的那部分少数人，在这三年里都只偏好一个政党(不管是偏好劳动党还是保守党)。所以，这些认同于某个政党的年轻人(也就是说，政治认同成了他们自我的一个重要部分)也形成了连贯的政治意识形态系统，因而在涉及时政问题时，对于不同来源的政治观点碎片，他们并不会试图将它们进行比较。

约菲(Joffe，1996)很明确地想把社会认同和自我发展的过程纳入社会表征的理论框架。与前面所讨论的——尽管认同仍然是核心——相比，这次努力反映了一个重要的理论转变，因为约菲使用了精神分析客体关系理论的心理动力学模型来描述表征过程的特征。约菲强调了社会表征理论的其中一方面。他说，社会表征的一个功能是使得新出现的、未知的社会现象变得更让人熟悉，并且缓解这些新奇现象给人们带来的冲击。同时，从个体发生学的观点上看，任何首次遇到的现象都是新的。新奇事物意味着威胁，因为它对个体控制环境的能力提出了挑战。再加上新奇事件本身就是令人恐惧的，因为它们将个体置于身体上或者象征上的危险境地。在深入研究了多个文化中几种威胁性社会现象——如精神疾病、环境灾难和艾滋病——的社会表征过程之后，约菲将注意力集中在一些有趣的、表面上于全世界的人类都普遍适用的表征的实质模式上。这些表征种类典型地展现了一些"罪恶的鸡尾酒"(cocktail of sins)，也就是陌生或反常的程序通常被过度推广和赋予社会中特定的亚群体或陌生群体(Joffe，1996)。这种无意识的抵抗焦虑的过程被克莱因（Klein）称为"分裂"（splitting），并且她认为这是早期自我发展的必然的机制，即自我和非自我（Klein，1946）的分离。约菲把在个体内和个体间水平上处理的自我发展的动力转移到对发生于特定历史和社会环境下的社会表征的分析，把它当作社会群体对危险的一种反应。在这种防卫下，它是由焦虑产生的对扮演中心角色的陌生群体的幻想的一种投射。至于哪些群体成为"另外那个坏人"的化身这个问题，则取决于群体内在历史上已建立起来的表征（Gilman，1985）。

　　虽然研究者已经发现与个体心理动力过程相对应的现象——例如，拜昂（Bion，1952，1961）的研究表明，早期分裂也出现在治疗团体的互动中——但是社会科学的方法（问卷、态度量表，乃至访谈）仍不够敏感，不足以真正探索在社群中观察到的防卫过程：驱动人们对群体中出现的威胁性新奇现象进行表征的防卫过程；在一系列疗程的移情和反移情的特殊氛围中，心理动力理论在个体水平上重构的防卫过程。为了解决这个问题，约菲（Joffe，1996）提出对媒体中的文本和图片进行分析的方法，如同文化人类学家吉尔曼（Gilman，1985）那样，在媒体材料中对分裂进行操作化。但是，这种方法的劣势在于，它是过度静止的，无法跟踪创造这个表征的人的地位偶尔发生的细微改变。通过对第二代犹太人进行生命史访谈并分析，埃罗斯和埃曼（Erös & Ehmann，1997）展示了分裂的出现以及这些人在对大屠杀（holocaust）的创伤进行加工时相应的共同的表征特点。在追溯1989年政治转型的自传访谈中，埃罗斯、埃曼和拉斯洛（Erös，Ehmann & László，1998）展示了自我定义（或多或少的自我在事件中的坚决立场）的安全感与价值观驱动的政治转型的表征之间的关系。这些研究已经引导我们关注认同的动力过程与叙事之间的关系。这会在第七章进行讨论。

总　结

本章全面地回顾了社会表征理论。我们花了很多精力来研究这个理论的细节，因为它的研究方法在很多方面与叙事心理学类似。它不仅研究意义的建构(meaning construction)，且通过实证的方法来达到其研究目的。社会表征理论对于理解表征和认同(identity)之间的关系很有帮助。但是，这个理论更加关心类别表征(categorical representation)，而不是叙事。关于如何使用叙事原理(narrative principle)来描述社会表征的加工过程，以及如何强化社会表征理论与叙事认同理论之间的联系，本章提出了几个建议。

第七章　认同与叙事

认同具有叙事结构。这个观点可以追溯到埃里克森的认同心理社会理论(Erikson，1959，1968)。根据埃里克森的观点，过去的经历会依据现在和将来的情形不断重构。就算没有那些后现代叙事元理论的吸引，这一理论也几乎自动地包含了对叙事的一种比喻：本质上，认同就是**不断重构的传记**，别无其他(Ricoeur，1991)。因此，从他们自己的自我连续性(self continuity)、完整性、统一性角度来看或者从自我认同的其他特质角度来看，个体所构建的关于他们自己的故事都将有重要作用。叙事隐喻自从 20 世纪 80 年代在自我心理学中大量使用后(Gergen & Gergen，1988；Mancuso & Sarbin，1983)便引发了几个问题，这些问题已在第三章进行了部分讨论。举例来说，这些问题包括：叙事的作者身份，即叙事主体的真实身份与生命故事，生命故事的社会建构，历史真实与心理真实之间的关系，叙事建构在自传建构中的地位，传记的对象问题，叙事中的独白和对话问题，以及认同的故事情节构想是怎样与其他可能性如分类构想联系起来的。其中的几个问题已经在第一章叙事心理学进行了探讨。当然，把自我设想为传记或者是叙事的理论与社会建构元理论本质上其起点或者是一致的，它们都否认自我和世界万物是稳定不变的 (Bruner，1991)。利科的精神分析解释是心理学使用后现代叙事理论的典型例子，它认为病人的种种表现不应被视为生物学决定的本能动力的症状，而是分析者与病人一起解释的文本。联合文本构建的治疗将产生一种新的更有连续性的故事。

然而，认同的叙事概念作为一种心理建构并不能通过机械地翻译叙事元理论的概念来表达。哲学家想要回答的问题是：叙事是怎样建构叙事者（以及叙事的接受者）的认同的。不过心理学家需要回答的主要问题则是：生命故事源自怎样的条件，生命故事的主要功能和特性是什么以及与各种认同状态是怎样联系的，或者说在生命故事中显现的认同状态是怎样与社会适应问题相关的。哲学家利科（Ricoeur，1991）和丹尼特（Dennett，1991）针对非本质的自我概念提出了不同的对策。前者认为自我认同在时空上的改变源于自传叙事的一致性特性，而后者的观点认为自我有某种隐喻意义，随着生命故事的叙事重心发生时空上的改变（Pléh，2003a）。但是，在心理学领域，我们也需要回答那些关于生命故事与其他心理机制的关系及其在社会适应中的功能的问题。

对生命故事的研究始于 20 世纪的人类学领域，人类学家使用归纳概括的方式概括生命中的典型经历。20 世纪 30 年代在维也纳，心理学也是采用归纳程序对生命故事开始研究。夏洛特·彪勒（Charlotte Bühler）在 1933 年出版了她的研究成果——《心理问题人的履历》，1936 年埃尔斯·弗伦克尔·布伦斯威克（Else Frenkel-Brunswick）继续做了类似研究，之后发表了有关权威人格的优秀研究成果。同样在 20 世纪 30 年代，亨利·莫里（Henry Murray，1938）和戈登·奥尔波特（Gordon Allport，1955）先后将他们的注意力转向传记研究。这些研究清楚地表明这些学者们不再是描述性地概括，因为这只能对现象进行事后解释，相反，他们致力于探讨心理过程的预测规律，这使得假设构想成为可能。换句话说，他们从人格发展与整合的角度，探索赋予自传叙事以一种**症候价值**（symptomatic value）。他们相信内在的一致性、平衡的生命故事都是心理健康的重要标志，如巴特勒（Butler，1963）认为整合良好的生命故事是心理成熟的应有表现。奇克森特米哈伊和比蒂（Csíkszentmihályi & Beattie，1979）认为，传记取向研究的不应仅是过去，而且也应关注个体的现在及未来，指出生命主题的连贯性演变在个体人格发展中是非常重要的。亨特（Hunt，1977）认为，对结婚和离婚连贯的自传重构是个体能忍受持续不断地离婚情感压力不可或缺的前提条件。雷纳（Rainer，1978）和普罗果夫（Progoff，1975）通过个人日记分析证实了连贯性叙事具有减少情绪紧张的功能。

自传分析的麦克亚当斯模型

叙事认同的麦克亚当斯（McAdams，1985，1993，2001）理论结合了埃里克森的心理社会发展理论及麦克亚当斯对弗赖伊（Frye，1957）和埃尔斯布里（Elsbree，1982）提出的自传叙事的叙事类型的分析，该理论针对认同的正常和不正常发展提出了几个可验证的假设。麦克亚当斯模型不是为了反映复杂的人格，而是通过将认同与自传叙事等同起来，以强调认同的重要性。它从叙事成分、变量和形式特征等方面来研究认同的状态、成熟度和完整性。

个体认同（生命故事）由四个主要部分组成：核心情节、无意识的意象（imago）、世界观及生成性剧本。这四个部分体现在主题线索和叙事复杂性上，主题线索是生命叙事中反复出现的内容单元，根据麦克亚当斯的观点，反复出现的关键性元素与权力和亲密动机有关（见图 7-1）。

麦克亚当斯认为，叙事复杂性（narrative complexity）是自我成熟（self-maturity）的一个指标。他重点强调叙事的结构：故事之间的差异不仅体现在内容上，而且也体现在结构的复杂性上。在相对简单的故事中，只有少数几个人物，情节单一，包括少量的次要情节。相比

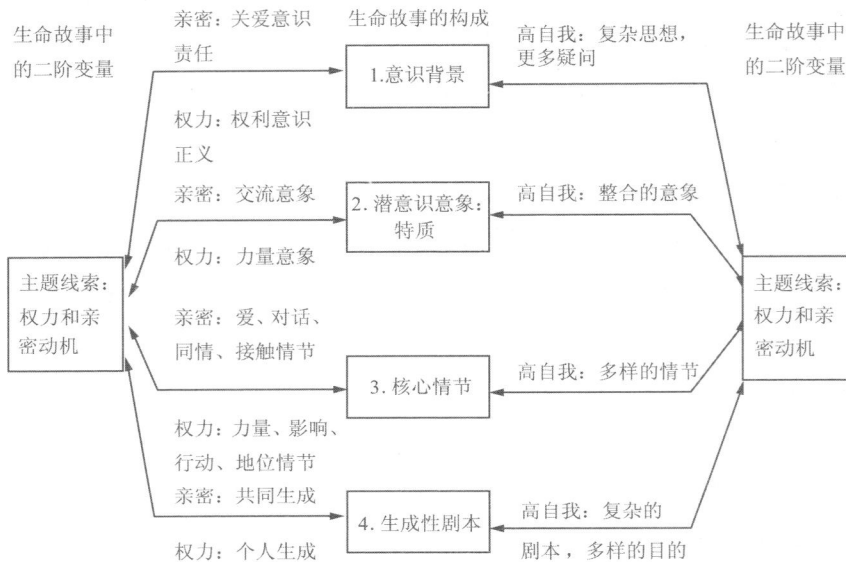

图 7-1　认同的生命故事模型（McAdams，1985）

而言，复杂故事更加精细，包括许多要素和特性。叙事者在各类要素中建立几种关系，并把他们全部整合到分层的结构模型中。复杂性的程度可以被视为一个"发展指数"。因为它告诉我们个人经历与整合的意义框架之间相互联系的程度和方式。至于发展水平稍微成熟的个体，其意义结构相对简单，他们使用了整体全或无的方式来达到对自我和社会的理解。至于成熟水平个体的意义结构水平则是精细及分层整合的。在这里，自相矛盾和对立是可以忍受的，其他的个性特征也能被认可和尊重。

　　显然麦克亚当斯叙事模型的分析注重心理内容，无论是生命故事的主要成分还是上述提及的主线都考虑可以通过叙事的语义层面来发现。这类内容分析可以通过事先构建的认同模型的分类（意象、核心情节、主题线索等）来实现。麦克亚当斯将传记叙事作为认同研究数据的经验来源，同时耗尽心力用人格投射测验来验证模型假设的正确性。虽然这些应该被称赞，但是模型分类的识别及使用这些分类进行内容分析较为抽象，所以存在一些不确定的因素。

自传叙事连贯性分析的巴克雷模型

巴克雷（Barclay，1996）研究出一个分类系统用于分析自传叙事的连贯性（见图7-2），该分类系统在文本水平上能更好地被识别。这一模型分析是从信息结构和叙事组织两个方面进行的。信息结构由一些元素组成，如主角和配角、场景和活动，这些元素构成情节及叙事的主要特征。信息量或者反过来说叙事连贯性（narrative coherence）缺乏足够的信息或者是充满负面信息对叙事生动性有重要影响。叙事结构的分析依照三条标准进行：时间结构、叙事密度及叙事功能。时间结构体现在两方面：一方面是语言形式体现的时空关系（时态、时间地点状语）；另一方面是条件因果关系的表述（原因副词、解释性连词等）。

叙事密度是指文本中包含基本话语的数量。这一指标与连贯性有关，就这个意义而言，要素过少或过多都会损害故事的连贯性（不过，巴克雷并没有提供一个参考数量）。至于叙事功能，巴克雷实际地调查了拉波夫和沃利特茨基（Labov & Waletzky，1967）界定的三种功能——取向、指称及评价的内容范围。例如，就取向功能而言，他考虑的是信息关注的地点、时间及行为背景是否在文本中体现，个体、社会、文化及历史背景是什么及这些信息出现的地方。评价是指叙事者对叙述事件情绪价值的体验，情绪价值是从积极到消极的一个连续体。情绪属性（如我是高兴的）及动词表述的情绪状态转换（我感到放松）包含最多数量的评价信息。评价通常在自传叙述中以一种规范形式表现。有三种基本的语言叙述形式。进取式的叙述以某些消极情绪开始（事件的消极情绪评价），随着事情的发展，评价变得越来越积极。退行的叙事模式也是随着时间逐步变化，只不过评价变化的方向

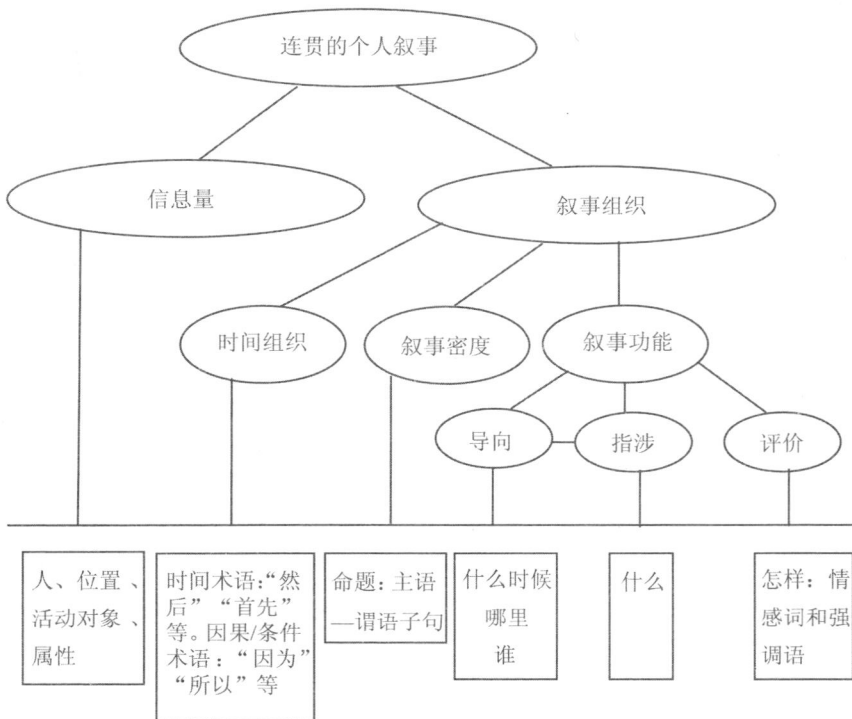

图 7-2　自传体记忆：叙事的约束方程式（Barclay，1996）

是相反的：开始的事件是积极的，随着时间及事件的描述，评价变得更加消极。最后，对稳定故事的评价无论是积极还是消极都不再随着时间而变化。评价模型与类型模式紧密相关，比如悲剧常伴随评价的退行模式，而喜剧或浪漫（romance）叙事中常常可以看到进取的叙事模式。正如巴克雷所言：

> 通过对个人故事的连贯性分析，构建关于人和深层次动
> 机的理论是可能的，深层次动机给个体意义存在感和时空包
> 围感。

（Barclay，1996）。

因为之前没有可用的内容分析程序对相关心理内容进行相对容易和有把握的分析，所以对自传进行实证研究分析是极度困难的。生命故事的内容分析也正是因为时间成本太高而在几十年来远离研究的中心。个体认同的叙事自传取向研究在过去几年迅速发展，主要得益于快速发展的信息技术，信息技术的发展使得内容分析研究可以借助计算机的帮助进行，此外严格实证主义风气的转变，文学理论中文学叙事(也包括其他学科的叙事研究)的繁荣也起着重要作用。第九章将会介绍叙事心理内容分析模型，该模型期望不仅是在语言或主题水平上进行分析，而且是在叙事的水平上依据叙事性质如结构、组织、观点、时序关系和连贯性探讨叙事的心理意义。

关于自我知识的根源

完整、内在一致性、复杂性和连贯性都是生命故事的特质，这些特质可以用于判断个体真实的认同状态与成熟水平。不过，这些明显都是**认知**变量，因而无法反映以下东西：(具有语言记忆和成熟自我的)成人认同的情感特质、现实中健康的自信(或缺乏自信)、改变现实的准备，以及自我发展的复杂过程。巴克雷和史密斯(Barclay & Smith，1992)对自传记忆进行评论时认为，我们在生活中积累的记忆根植于我们早期与他人的人际关系。幼儿通过与照看者之间的关系学习自身的主体性。这是幼儿体验自己与母亲关系的地方，他们的身体和情感都依赖母亲。自我是通过与母亲的分离产生的，分离过程中的一个必须要素是在母亲和幼儿之间有一个潜在空间，一些与母亲团结一体的象征会出现并逐渐脱离幼儿的全能控制。如果照看者是一位值得信任且能够关心她小孩需要的母亲，那么幼儿就能够忍受分离。在这种情况下，例如，幼儿会放心地闭上眼睛，因为他们相信当他们再次睁开眼睛的时候他们的母亲还在那里，这就是自信的产生过程。如果幼儿能够信任外在现实，他们就没有理由幻想将外在的事物置于自己的控制之下。一些暂时替代物可以促进幼儿放弃控制的幻想，如毛茸茸的泰迪熊和睡觉用的纸尿裤，这些让幼儿想起照看者的特点，使幼儿相信自己拥有全能控制。毛茸茸的泰迪熊和纸尿裤后面会被幻想和故事所代替，事实上，巴克雷和史密斯认为自传记忆也是这样的"暂时替代物"：

> 记忆（尤其是自传记忆）恰恰是这样一种过渡现象，即我们一再依赖的关爱的深层次模式象征能够满足我们的情感支持和回应的需要。我们将这种结构置于自己与重要他人的空间中，作为概括和"结构构建"我们过去的一种方式。正如某个儿童会改变他的故事来适应他的情感，我们也会根据自己的需要变化或伴侣的需要变化来改编我们的记忆。确实，从这个意义上来说，重构记忆成了我们社会生活中的一种货币，尤其是用来购买亲密关系。仅当在我们信任的人面前时，我们才真正放弃自我的假象，把自我真正地置于他人的控制之下。同样地，我们改编自己的记忆以对他们的情绪状态进行自然的应答，从而服务于重要他人的需要。
>
> （Barclay & Smith，1992）

自我发展研究的叙事观点

自传叙事是怎样成为自我发展的一部分的？斯特恩（Stern，1989）提出生命早期自我意识发展中的几种不同形式。核心自我（core self）出现在第 2 个月和第 3 个月，核心自我包括能动性、一致性、连贯性、连续性和情感性。这个自我是非反射性的和无意识的。

主观自我意识（subjective sense of self）约在第 9 个月时开始发展，主观自我意识也是非反射性和无意识的。这时，幼儿有了能够与他人分享的主观意识，并通过与其他也具有主观意识的人的交往经验，他们开始觉知。这个新的主观自我意识使幼儿能够体验主体间性并参与主体间的互动。从此，他们的意识内容，包括注意焦点、意图及情绪状态，可以与他人分享。

言语自我意识(verbal sense of self)约在第 15～18 个月开始产生。这一自我意识已经具有自我反射性，因而这时婴儿能够将自我客体化，表现在对人称代词的使用和他们在镜子前的行为。

上述所有不同的自我意识都会对自我的主观见解进行组织。在发展的快速时期，个体逐渐成熟，新的认知、情感、动机和运动能力出现，此时，幼儿必须创造新的关于他们自己的主观见解，以便组织这些新的能力。在这个意义上，不同的自我意识都可以看作主观见解的组织者。在没有完全吸收和消除旧的自我的情况下，每个新的自我意识都是打开一个新的体验局面。不同的自我意识共处在一起。大约在 2 岁时，叙事的自我意识开始出现，这在一定程度上是新能力(如语言和概念)形成的结果。这些新的能力能够，同时也迫使儿童去重新组织他们的主观见解，使之形成新的形式。能动性、一致性、连续性、情感性、相互主观性及自我反省以叙事的形式重组。约 2 岁时，我们可以在床上观察到幼儿独白，独白可实现稳定的叙事自我。未来当儿童向他人或他们自己叙述他们的生活时，他们的自我会建立在这个叙事自我之上。

随着叙事自我的发展，儿童跨越可重构过去和不可重构过去之间的界限。不过，主观见解所赋予生活事件的意义不会被叙事消除，恰恰相反，叙事准确地提供了意义。那些发生在我们身上的事情因对我们有某种意义而成为我们自己的一部分。它有利于自我的组织及增加关于我们自己的知识。回到一些生活事件的记忆和他们在一些特殊场合的叙述可以看出个体特质对事件的重要性，也可以明白事件重构的意义生成过程及运用了什么组织原则。被父母在脸上打了一巴掌的故事也许有几种不同的表述方式。它也许包含一些内容如"父母偶尔打他们的小孩"或者"我永远不会忘记或原谅脸上的那一巴掌，我感觉自己如灰尘般受到羞辱"或者是另一种方式"我之前从未被打，在脸上的那一巴掌让我反思，我从没想到过我会让我的父母如此生气"。第一种情况是普遍常见的，对事件的描述采用一种客观的方式，不带任何情绪，这让个体不可能记得曾发生过什么事情。第二种方式被认为是依据容易受伤害、无防御、羞辱来组织的故事。第三种可以认为是独立、有责任心、关系亲密及实现的故事。要注意的是，主观见解和意义都是建立在经历的基础上，有意识反思的能力会在自我故事中以具体的语言模式表达出来。在第九章，我们会尝试准确区别这些语言模式。

在这里还有两点需要强调，一个是早期经历和早期自我发展对成人人格演变的影响，也包括对病理形态的出现的影响。如斯特恩（Stern，1989）所言，人们早期对自我的感觉不会丢失，不过，假设有可能找回这些感觉，那么也只能通过间接的方式。例如，佩利（Peley，2002）在对反常年轻人和正常年轻人的研究中发现，具有反常行为的年轻人对他们生活中一些事件的描述中包括许多威胁性的、挫折性的和紧迫性的心理内容，以及主要故事角色（尤其是父母）所表现出来的一些忽视（孩子）的情况。就我们之前所说的实际情境中的意义生成而言，这表明这些年轻人在早期自我发展中存在一些严重问题。

另一方面，在自我已经构建了之后才出现的经历大多数是不一定被自我反思所意识到的。不过这些经历（此处指那些首次心理创伤性经历）可以通过他们的情绪内容破坏自我的一致性和连续性，并动摇安全感、价值观和信任他人的根基，也就是成人的自我一体化运转所需要的一切。

心理创伤与叙事

经历过创伤事件的人的生命故事能够表现出他们使用了哪种防卫

机制，使用了哪种方法来详述创伤情境，以及他们在详述创伤事件过程中所处的自我状态。奥尔汉和劳布（Auerhan & Laub，1998）描述了人们回忆 20 世纪纳粹大屠杀的重大创伤性事件的形式特点。回忆时不知道或不记得都说明有一些原始的防御机制，如否认（negation）、分裂、脱离现实感等在起作用。在**破碎的、不完整的记忆中**，经历之间是孤立的；它们没有来龙去脉，事件叙述也缺乏连贯性。卡波斯（Kaposi，2003）认为，科尔泰斯（Kertész）的伟大之处在于敢于冒险尝试不可能的事情，指出伊姆雷·科尔泰斯（Imre Kertész）的一部奇异结构的小说《命运无常》描述的大屠杀可以唤起读者身临其境之感。故事应该讲述什么，事件幸存者本身没有为故事准备一个故事或叙述。有一些与心理创伤有关的掩饰记忆（cover-up memory）经常出现。这些故事由虚构的或部分真实的成分组成，如愉快的轶事细节既隐藏了个体经验，又与真实事件相联系。当回忆创伤性事件时，我们可以观察到**重新体验**（reliving）现象，此时叙事者不再自我反思，而是开始回忆与创伤情境相关的行为和情境。对大屠杀的心理创伤有一个有趣观察：同早期与他人关系相似，早期经历的心理创伤在个体将来生活中对人际关系的看法和人际事件的意义生成起重要作用。在经受心理创伤时，个体会将自己的体验转移到真实的生活情境中。**过度叙事**（overgrowing narratives）体现了应对心理创伤的困难。这种记忆类型的特点是控制叙述的有意识的自我反思；这些记忆摆脱束缚，被个体回忆起来，其强度与原始的体验和流动意识相同。回忆的四种深层次形式预示着自我认同的恢复，或者说是一种更高级的心理健康状态。个体也许会使创伤性经历成为**生命的主题或认同的主题**；例如，在积极的案例中，个体也许会同情并给别人帮助，这是他（她）的生命故事的指导原则。个体也可能站在**证人**（a person giving evidence）的立场，基于这个立场，回忆细节的叙事可能会失去那些带有强烈情绪的内容。**隐喻式创伤**（trauma as a metaphor）是一种记忆类型，它表明创伤经历已被个体创造性地进行详细阐述。在这个案例中，个体可以创造性地用与创伤事件有关的经历来解决生活中发展、情绪和智力的矛盾，也可以用心理创伤的某些方面作为一种隐喻式工具。最后，创伤性事件的解决能带来**实践知识**（knowledge of action），这是认同的一种状态，个体不仅知道事实，而且知道依据这些事实做什么。这意味着个体能动性即自我行为能力的恢复。

这些与创伤性事件有关的记忆可以与不同认同状态发生联系，再次展示了认同生成的事件组织可以在叙事的语言表述中被追踪到。还有一个问题是，这些语言形式是否只能通过诠释学来解释，以及它们展示的认同模式是否可以得出具有诊断价值的信息。

治疗性叙事

彭尼贝克（Pennebaker，1993）开创性地研究了叙事的治疗功能，并探讨依据当事人的叙事特质对其心理健康状态作出判断和预测的可能性。他要求被试们定期重写他们的"创伤性事件"故事。这些被试正在遭受不同的身体或精神问题，对他们而言，这些创伤性事件是个巨大的情绪负担。根据他们所用的单词的类别以及故事的特征（连贯性、组织、结构），彭尼贝克对这些人的叙事进行了分析。他最有意思的发现是这些叙事随着时间推移而发生变化。研究者记录了病人最初写的故事在单词水平上的积极情绪负载（译者注：积极情绪词的多少）和在故事水平上的完整性，也记录了故事的积极情绪内容和连贯性在最初写的故事和后来几次重写的故事之间在积极方向上的变化。相比之下，后者更能预测病人情绪问题的解决。斯蒂芬森等人（Stephenson et al.，1997）报告了相似的结果，他们分析了嗜酒病人的治疗日志（therapeutic diary）。最终治疗成功的患者最初对他们自己和治疗过程的叙述都是消极的，但随着治疗日志的不断重写，他们的叙述变得积极。

生命故事作为一种社会建构

虽然叙事认同（narrative identity）研究者把生命故事及其偶尔的重构看作人天生的维护认同（identity）的一种手段，在这个过程中，人形成个人的适应世界的模式，但是格根（Gergen，1988）认为，自我在根本上并非具有自我叙事的功能。他们把生命故事看作一种社会建构，即被人们应用于保持、加强或阻止各种各样行为的语言工具。人的过去通过对话来构建（Harre，1983b；Pasupathi，2001），并且用来研究生命故事的方法学应该是**合作叙述**（collaborative narration）而非仅仅是一个人自传的回忆（McLean & Pasupathi，2006；McLean & Pratt，2006）。他们认为，心理学的任务、目标或主题不是探索个体怎样在与自己内部叙事进行交流的过程中获得某种理解或做出某种行为反应。叙事之于自我犹如历史之于社会，它是一个符号系统，这个符号系统可用于实现一些社会目的，如对社会的核实、判断和巩固。它还可以被用于预测未来事件，但是它自己并不构成实现这些行为的基础。

正如在几个研究（例如，Erös & Ehmann，1997；Erös et al.，1998；Joffe，1996；Jovchelovitch，1996；Peley，2002）中显示的那样，之前讨论的生命故事的分析追求在文本中个体普遍的系统价值特点，并没有排除这些文本源于个体之外的社会群体、文化背景的可能性。事实上，认同的社会具象概念通过生命故事能对个体和群体提供许多精确的预测作用来表现。

生命故事或生命中的故事：重大生活事件

另外，构建生命故事的社会传统甚至会使得接触深层次的认同更为困难，这些认同是根据经验的意义来组织的。艾柯（Eco，1994）曾说道，生活更像《尤利西斯》（*Ulysses*）而不是《三个火枪手》（*The Three*

Musketeers），然而我们更倾向于把它想象为《三个火枪手》，而不是《尤利西斯》。

根据之前讨论的巴尔泰斯（Barthes，1977）的类型学，生命故事是"库存"有限的"可读"文本。突发事件、错误及误解固然存在，但是故事在传统意义上应该是理性的、一致的、意向性的，这是其基本情况（Baumeister，1987；McAdams，2001）。类型有限的叙事清单给人们表达传统意义提供了帮助。尽管现代和后现代小说做了很多创新，但是就平常人（非专业作家）的自我传记叙事的情节结构而言，我们仍生活在浪漫故事、连环画和"肥皂剧"的世界里。我们有一个意义明确的叙事剧目库可供使用，我们从自传模式清单中选择（叙事类型）。

布罗克迈尔（Brockmeier，2001）注意到这样的事实：回溯性目的论（retrospective teleology）呈现在传记中。生命故事就像一个生命，从某地出发，从出生开始向某地进发，直到死亡。我们需要有意义的和舒适的生活，因此，我们被驱使着克服人生中遇到的困难，我们可以通过解释、有意识的反思来实现这一点。但事实是，如同前面所见，我们在面对严重创伤时，并不总是能够为它提供理性化的解释。由于它具有"全面性"（roundedness）、传统性（conventionality）和意识反思性（conscious reflexivity），一个完整的生命故事无论在何种情况下都不适宜用来分析自我的发展、认同的组织和认同的状态。整合（integration）和连贯性（coherence）只是认同的其中一个方面，它也许会出现在故事**情节层面**（plane of the plot）。不过，认同的发展状态及特质可以在**经验层面**（plane of experience）最先得到研究。经验层面最容易出现在具有强烈积极或消极情绪的叙述中。关于生命中重要事件的叙事技巧，菲茨杰拉德（Fitzgerald，1988，1996）已经在自传记忆研究中做了介绍。当菲茨杰拉德要求被试讲述故事时，他会给下列指导语：

　　　　给我们讲讲你自己生命中的三个故事，我们希望你选择那些对你很重要的事件。通常这些是栩栩如生的记忆，但不一定必须这样。想象这三个故事来自一本关于你生命的书。

(Fitzgerald，1988)

使用另一个类似上述研究方法的实证性和描述性研究结果显示，生命中的重要事件可以分成四类（Pataki，2001）。最常见的事件是那些与某种成就有关的事件，常伴着原型体验（如出生、死亡等）的故事、私人关系的故事（朋友、爱）及失败的故事。帕塔基（Pataki，2001）从认同接受和拒绝的类型角度分析了材料，不过这些故事类型也有与基于经验的个人意义组织有关的认同生成的信息。这是因为这些故事明显暗示非常强烈的情绪。通过对他们的情绪和感觉的识别，我们能够获得自我组织的更深层次的理解。

一些研究者在生命叙事领域探讨"自定义记忆"。他们定义这类记忆为：形象的、令人记忆深刻的、对个人非常重要的、至少一年以前的并有力地传达个人是怎样成为现在的自己的记忆（McLean & Pasupathi，2006；Singer & Salovey，1993）。一个类似的方法是找出转折性叙事，即要求被试写下一件关于他们理解自己的重要转换或改变的事件（McAdams，1993；McLean & Pratt，2006）。

与完整的生命故事相比，生命故事的片段有一个更大的优势，尽管它是以故事的形式出现，但它可以解释自我的分散性并突出自我的某些特殊方面。其本性真实，较少反思内容，较少受习俗的约束，充其量是被叙事规范所支配。任何对这些叙事规范的背离都可以根据事件的情绪意义进行解释。因此，对于自我发展及认同状态特质的有意义结论，完整的生命故事不是必需的。自我表征及内在精神状态的特质在重要的自传情节中表现出来。不过，它需要生活潜在重要事件的叙述，这影响情绪意义创造的基础。在佩利（Péley，2002）对正常和不正常的年轻人的研究中，防御和安全的自我表征特性通过成功的卷入威胁情境及被试无法克服的情境所引发。**分离**和**独立**的需要，以及与这两者相关的经验通过首次分离事件的有关情节体现出来，与其相关的自我评价、内在努力和支持表征被(让个体感觉自豪的成就)故事所激发。

除了质性分析，研究者们还可以利用复杂的编码方案(McAdams et al.，1996)或等级评定(McAdams et al.，1996)对与自我有关的故事进行量的分析。不过，所有这些故事都有它的**成分**(composition)，因此可供在语言水平上进行分析。如果我们能揭示生命故事的成分特点(compositional characteristics)与叙事者的个体认同之间的关系，那么我们就朝将叙事心理学转变为真实科学迈进了重要的一步。

总　结

本章讲述了生命叙事的不同形式与自我以及认同的不同形式之间的关系。为了推断叙事认同的不同特征和通过叙事构建认同的过程，出现了更为广泛的实证研究，理论研究当然也有发展。这些途径的全部特点是他们都处理叙事内容。当对认同下结论时，他们最多只考虑内容结构。本章也讨论了生命叙事中的社会约束及叙事在心理治疗中扮演的角色，尤其是创伤叙事。

第八章 语言和心灵

本章的标题意指这样一个事实：正如第二章中讨论心理学的认识论时分析的那样，语言不仅与认知和意识有着紧密的联系，还与人类的全部精神生活息息相关。与现实的关系范畴在语言中形成，也通过语言来阐释。语言也以同样的方式中介了情感对动机的影响，从而产生这两者之间以个体和一群个体为特点的关系模式。

语言和世界观

现实是通过语言这个中介传达给人们的，而且人们的世界观是语言所决定的。这种认识可以追溯到威廉·洪堡（Wilhelm von Humboldt）。洪堡认为人们活在一个由语言界定的世界里。冯特的《民族心理学》（*Elements of Folk Psychology*）十卷本的第一本也是关于语言内容的。当剖析上述观点时，该书在语言特征、词汇和语法结构的基础上得出一些关于用语言来表示不同民族的心态和他们的心理框架的结论。这种观点将语言作为一种文化载体形式，它可以通过解释的方式来揭示其心理，但无法采用实证方法去验证语言资料和心理现象之间的关系。同样地，也无法用实证方法来探索集体认同与构成集体认同的个人心理过程之间的关系。语言决定论（第二章中讨论过）不是由早期的民族心理学引发的，而是起源于法兰兹·鲍亚士（Franz Boas）创始的文化人类学的语言观察，它也试图去捕获文化与语言之间的关系。

桑德尔·卡拉克索尼（Sándor Karácsony）在对匈牙利语言和匈牙利人心理结构之间关系的分析中已经清晰地阐述了民族心理学研究方法的不可靠之处。据观察，匈牙利人更喜欢用并列的句子结构（coordinative sentence structures），如和、但是、而且、因此等，而不是从句，因此，可以得知它是一种并列语言（coordinative language）。卡拉克索尼从中得知匈牙利人的特质如权威关联的概念或消极抵抗的倾向。他认为，在某种意义上，这些倾向是匈牙利人的本质属性，是他们从亚洲的荒蛮之地带来的。

> 因此，如果在暴风雨来临时匈牙利人压皱了他们高帽的顶端，这不是落后，不是走向灭亡，恰恰相反，这是为了生存。对他来说，这是生存的唯一途径（即使冰块儿从他的帽子里弹出去）。那应该是一个混合性的暗喻，暗示他应该去找一个庇护，否则他会被天上掉下来的石头砸死。在那个世界盛行的观点（世界观）是：没有在这么短的时间内可以到达的庇护所。在那种情境下需要的是挣扎而不是采取行动（因为没有办法采取行动）。这种观点显然消除了语言和文化改变的任何可能性，相比于一个可能从来不存在的黄金年代，这是他们堕落的例证。只有一个办法可以让亚洲灵魂为没用的事情浪费时间，那就是让它去接受一个与他本质不同的形式，并让它保持活跃状态，每隔一小时去摘一次花，并测量出其路线。在这样的情况下，亚洲人到处闲聊、虚度时光、浪费珍贵的时间、勒索未开垦的土壤和树木，专注于这样的任务，却仍然没有成功。如果可以更换灵魂的金色梁柱，我们甚至可以确信匈牙利灵魂应该毁灭、腐烂和死亡。我们唯一的希望是这种情况永远不会发生。匈牙利灵魂可以被束

缚，但永远不会变成印度-日耳曼的。

（Karácsony，1976）

暂时忽视卡拉克索尼民族特性里的浪漫特征，我们想要强调的是他从语言的表面语法特征上得出了以下结论：一方面是关于语言进化的环境系统；另一方面是关于一个民族的社会心理倾向。在这两种情况下，完全没有对两者之间假定关系调节过程的分析，因此排除了提供任何形式的科学验证的理论可能性。

语言形式与思维形式

伊万·方纳吉（Iván Fónagy，1989）简要陈述了语言形式和思维形式之间关系的实证检验假设。他以分析声音的情感价值为开端。比如，在他的一些早期工作中，他认为坚硬、紧张的声音如"k、g、r"的发音与攻击性有关，而"m、l、j"的发音与温柔的情感更加相关。然后他对比了 19 世纪伟大的匈牙利诗人裴多菲（Petöfi）的爱情诗和其他关于战斗诗歌中的发音频率，发现坚硬的辅音在攻击性的诗歌中出现的频率更高，而缓和的辅音在爱情诗中更为普遍。

基于以上方法，他也分析了人物讲话的心理内涵。例如，通过使用偏离正常逻辑的语言顺序，将某些元素插入句子当中（被称为倒置修辞法）来拉开密切相关的讲话内容，这被他解释为积极主动的干预，因为这种插入打断式的句子在激烈的争论和激情的演讲过程中经常用到。韦尔莱讷（Verlaine）的两种诗歌形式的对比说明，事实上，倒置和重叠（诗句的连续）在激进的诗歌当中比田园诗歌里出现的频率要高很多。同时，由于倒置法的使用，对普鲁斯特（Proust）散文的分析提出了另一种心理含义的可能性。普鲁斯特的作品喜欢在引文中插入冗长的句子。方纳吉认为倒置法代表了若即若离（meeting-departing）的动力学。这种理念认为，这些人物讲话就是一种探索隐藏在内容背后的深层次心理内容的工具。

内容分析

语言、口头或书面（形象化的）交流的实际使用也可以从心理学的角度来分析，所以，内容分析作为一种程序，在心理学中已经应用了很长时间（Ehmann，2000；Holsti，1968）。心理学的内容分析致力于寻找文本中可以被归于心理过程的那些内容（性格、动机、评价、意图等），其发生频率可以用来推断讲话者的心理过程或者对他们一般行为的影响。一个典型的心理学内容分析的例子是麦克莱兰等人（McClelland et al.，1953）在成就动机（achievement motivation）方面做的一个研究。在这项涉及二十多个不同国家的研究中，与成就主题（不说别的主题）相关的频率通过不同的媒介进行分析。这项研究最引人注目的结果涉及内容分析。在过去 25～30 年中，一个国家经济的繁荣与儿童文学著作中成就主题出现的次数有着密切的联系。

语言和人格

20 世纪 50 年代，戈特沙尔克（Gottschalk）和他的研究小组（Gottschalk & Gleser，1969；Gottschalk & Hambridge，1955；Gottschalk et al.，1958）开始对语言行为的不同方面与人格的稳定性、波动性状态进行内容分析。这项研究有诊断目的，科学家希望用他们的发现为人格障碍和精神疾病做鉴定。在对语音样本的内容类别加权评估的基础上，他们试图编制一个可以测得说话者状态特征的量表。根据自我卷入度和情感表达的直接性来计算加权。比如，焦虑量表的最大分数一般与死亡焦虑、切割（阉割）焦虑、分离焦虑、罪恶感和羞愧这些与自我有着直接的、密切的联系的内容有关。较低的分数一般是他人提到的焦虑体验或者焦虑的象征形式。最后，焦虑的最低分是否认焦虑。讲话样本是在控制条件下通过标准程序获得的，程序中用于不同量表的一个指令如下：

当你在医院接受治疗的时候，我每周都会对你做一些测试。我解释一下其中的一项：我会请你拿起一个电话并对着它说话 3 分钟，你说什么都无所谓，只要是进入你头脑中的东西。关键是说出一切进入你头脑的东西，时间到了我会告诉你。你可能会好奇这通电话接到哪里，它那头接着口述器，我们的一个助理会将你所说的记录下来。我们会以这种方式进行一周的记录，该记录是保密的，它会保存在你的病历中，你有什么问题吗？

（Gottschalk & Gleser，1969）

戈特沙尔克和他的同事通过人格问卷和投射测验来检验和改进言语量表的效度。评分系统制定了不同形式的焦虑和攻击性的内容分析，大多数最终用于药物测试，其中药物对情绪状态的影响必须反复测量，而人格测验的重复使用会因习惯和适应的可能性而受到限制。

除了自由想象来自自发的言语表达之外，戈特沙尔克和他的同事没有明确阐述任何关于语言使用和人格的稳定状态之间关系的假设，至于语言，他们只考虑了直接或象征性的讲话内容。尽管他们竭尽全力使编码清晰，但由于内容类别的抽象性，编码工作仍然是一个需要特殊专业知识的、非常复杂的任务。这是该程序没有被普遍接受的主要原因。

温特劳布（Weintraub，1981，1989）从轻度压力情境下得到的自发讲话样本以及这些样本中某些特定词语出现的频率推断出个体的防御机制。调查的词语涵盖了十五种不同的语言维度。除此以外，他还研究了第一人称代词的单数和复数形式、否定、情绪表达、形容词和副词形式的比较。与他在文献中发现的数据相符，除此以外，抑郁和第一人称代词的使用频率存在负相关，这反映了抑郁个体对世界的回避。

语言和情境

在第四章讨论语言类别模型（linguistic category model；Semin &
Fiedler，1988，1991）和信息调节模型（message modulation model；
Semin，2000)时，我们已经提到过，信息的表面语言形式表达了人际
间以及组别间的联系。符号互动论者，特别是戈夫曼（Goffman，
1959)的自我表征理论强调语言使用中与社会和情境相关的变化。社
会语言学（Sociolinguistics）作为一个研究趋势用于描述依赖社会情境
的语言使用规则。在他们的经典研究中，布朗（Brown）和吉尔曼（Gil-
man，1960)阐述了在对人们演讲时，合作伙伴之间的权力和团结关系
是如何表达的。同样的方式，正式—非正式或诚实—不诚实等维度也
可根据特殊的语用域（register）来描述。

内容分析的自动化

词频分析

20 世纪 60 年代，电脑开始使用打孔卡，这使词频分析（word fre-
quency ancelysis)变得可能。这种方法的实质是，研究人员选择一个
单词类别，然后将所有他们认为属于这一类别的单词做一个目录。这
样的类别数目众多，实际上几乎任何词语都能归类于这些类别中。例
如，哈佛一般调查者（the Harvard General Inquirer；Stone et al.，
1966)的情感词典能识别一个文本中的情感表达。有些词典已经编辑
用来识别如弗洛伊德所描述的初级的（朦胧的）和次级的（有逻辑的、
不得要领的）思考内容（回归意象词典，regressive imagery dictionary；
Martindale，1975）。还有其他词典从乐观性、确定性、真实性和陈腐
等维度来测量政治文本的"基调"。这些字典可用于内容分析，以检验
各种各样的假设。例如，马丁代尔（Martindale）就利用回归意象词典
证实了以下假设：彼此平衡的形式和语义复杂性的矛盾活动能够预测

艺术中的周期性变化。鉴于内容分析程序能够把握叙事意义的几个方面，马丁代尔甚至建议把这种类型的内容分析称作**定量的诠释学**（quantitative hermeneutics；Martindale & West，2002）。

　　传统的词频内容分析程序包含一个单词类别目录，即"词典文件"和一个"执行"文件。后者将词语目录里的每个单词与所分析文本的单词匹配，每个类别会产生一个数目及该类别在所分析文本中的百分比。尽管在内容分析的典型形式中，给文本元素赋予心理学内容依赖于对给定的文本模块敏感的独立编码者的协商一致，自动化的内容分析对背景依然是盲目的。解决同形同音异义词和同一个词的不同形态也是一个非常困难的任务，尤其是在曲折变化的语言中。

关于人格的词频程序

　　彭尼贝克（Pennebaker）和他的同事（Pennebaker & Francis，1996；Pennebaker et al.，1997a；Pennebaker et al.，2001)起初为分析生活中的负性事件和病人对负性事件不断重写的解释而开发了语言探索和词汇计数程序（linguistic Inquiry and Word Count，LIWC）。LIWC 搜索单词或者词干。词汇项目事先根据独立的判断标准被划分进 70 个不同的维度。这些类别包括语言概念（如词级）、心理学类别（积极的或者消极的情感、认知过程，如文字表达的因果关系）和传统的内容（性、家庭和工作）。LIWC 的结果可以用来协助研究者推断病人克服压力的认知过程，而不是成功应对压力。最近 LIWC 程序已经被用来研究个体差异的几种形式（综述请参考 Pennebaker et al.，2003）。

主题分析

　　传统上，主题分析涉及这样一个程序，即当分析者想要了解一个心理类别（如焦虑）时，他要去读冗长的语言资料，然后手动选择出相关的句子和段落并将其整理到一个文件夹中，分析者认为这些句子或段落就是说话者对焦虑的主题分析。最终的结果是一些句子的集合，然而它们可以解释和评论却不能用来做统计分析。对于主题分析，这里有几个可用的程序，他们当中最普遍的是 ATLAS. ti（Muhr，1991）。

背景分析

背景（context）分析是上述两个极端的结合，它仅在一定程度上得到自动化。传统计算内容分析的实质是，我们用单词搜索功能来寻找所有包含——不要离开我们举的例子——焦虑的主题化（thematization）的背景（行、段落、子句或句子）。因此，这些程序有两种输出：一方面是不同的数据结果；另一方面是单独列入一个文件的由所搜索到的词组成的背景。这样的程序有 TACT（Bradley，1990），ATLAS. ti 也可以执行该功能。所以后者除了能够进行概念分析（conceptual analysis）外，也可以做主题分析。

目标访谈

戈特沙尔克和他的团队（Gottschalk & Gleser，1969；Gottschalk & Hambidge，1955；Gottschalk et al. ，1958），还有温特劳布（Weintraub，1981，1989）从随机谈话样本的内容特点推断出人格特质和状态。全面考虑的话，精神分析的解释也建立在病人自由联想谈话的内容分析基础之上。当然这里使用了明确定义的人格动力学概念。然而，心理学不仅对自发的谈话，也对涉及某些具体主题的会话进行分析，由此对与人格相关的不同心理构想进行研究。这些对话或多或少被称为有针对性的结构性面谈。部分结构性面谈的经典例子是皮亚杰的临床对话（clinical conversation）。在临床对话中，皮亚杰对那些孩子提出一些他们已经有所认识的问题。他的问题如：为什么晚上天就变黑了？月亮总是圆的吗？你能叫桌子其他名字吗？顺着儿童提出的答案开展，而不是向他们提建议，他向他们提出新的问题，然后基于他们的答案，就可以识别儿童的认识和世界观的一些心理特征，如泛灵论（animism）、人为主义（artificialism）和现实主义。

　　在过去几十年，访谈技术，包括一些长时间深度访谈，被广泛应用到对心理内容的研究中。但是，针对话语形式的内容分析和半结构式访谈的标准化直到 20 世纪 90 年代的成人依恋(adult attachment)访谈中才出现。

　　在梅茵(Main)和她同事的跨代效应的研究中，**成人依恋访谈**技巧曾被详尽阐述。(例如，Main & Hesse，1990)。该访谈揭示了依恋关系的表征水平。梅茵认为，访谈可以用来探索与依恋有关的父母的"心理状态"，尤其是从自反性(reflexivity)和详述(elaboration)这一角度出发。

　　在调查的过程中，有个半结构式访谈是针对家长的。被采访者要求用五个形容词分别描述他们父亲和母亲的性格特征，这些描述特征应该能够被故事所证实，还有单独的交谈时关于受访者的分离或丧失创伤(loss trauma)、关于他们自己被抚养的方式和他们抚养自己小孩的方式之间的关系。

　　所以在访谈中，父母应该会记起他们的早期经历以及对潜在的创伤性事件的回忆和反应。同时，他们应该能够保持连贯的谈话。内容分析的主要标准是精确谈话的连贯性，它通过格莱斯(Gricean)会话准则如相关性、质量、数量和方式等指标进行测量。一个**自由的自主型依恋关系**(autonomous attachment relationship)具有活跃的语法结构和"建构主义"定位。主体能够将过去的交互作用及其影响分离开。他们可以对儿时的经历、想法和感觉与现在对当时种种的看法做出区分。排斥型依恋关系(rejecting attachment relationship)有质量问题(矛盾被忽视)也有数量问题(较少的事件、记忆和"我不记得了"这种回答)。最后，创伤型依恋关系(overwhelmed attachment relationship)除数量问题(冗长、语法不明的句子)外，还有方式问题(运用心理学的专业术语、用儿童的讲话方式)(Main & Hesse，1990)。

叙事访谈

近年来，叙事访谈（narrative interview）技术作为一个探寻个体认同的质性程序已被广泛应用（Lucius-Hoene & Deppermann，2002）。在叙事访谈中，要求被访者讲述他们的生活故事。跟传记不一样，现在的焦点是叙述的故事性特征。这里有几个技巧可以增强叙述的故事性特征。一个常见的做法是在故事说明中提出一个时间表来支持故事的时间变化过程。经过入门指导之后，提问者进一步提出问题以引导故事继续，给被试反馈表示已经理解了他的故事，当被访者忘了之前说的，有点迷失的时候就重复他说的最后一句话，但是永远不要问他原因，不要请求额外的信息，不要引进新的主题，这些是常见的半结构访谈或深入访谈的做法。

叙事访谈并非只能用于认同研究。事实上，20世纪70年代，叙事访谈在德国被开发出来并首次应用于社会心理学研究。这些研究是调查受访者生活中非常重要的紧迫的社会问题，对于这些问题受访者不愿意公开发表个人观点（Schütze，1977）。这种访谈技巧建立在这样的假设之上，即叙事能够将一种知识带到受访者在访谈时不曾意识到的层面。这可能是因为防御的不同情形，也可能是因为受访者的经历还没有汇总到一起形成系统的知识体系。当对会谈内容进行分析时，受访者和采访者的解释视角会进行合并，这就要求深入文本话语表面背后的抽象层面、显著的理论意图和意义建构等方面。

鲍尔（Bauer，1993，1996）进一步改进并公布了叙事访谈技术。在大多数组织当中，抵抗变化是一个微妙的问题，因为它往往与负面属性相关联。因此，归属于某个组织的人们不喜欢被看作组织变革的抵抗者。问卷调查或访谈很有可能得到的都是满足社会需求的反应，换句话说，被试低估了他们对变化的抵抗。相反，当他们讲述涉及这些变化的事件时，他们隐藏的评估和态度有可能浮现出来。

涉及自传和社会问题的叙事分析，可能会出现这样的问题：受访者是否会有意或无意地讲述伪造或虚构的而非真实的故事。一个人对一件事情了解的知识和经历越多，关于它的叙述就越丰富。从分析的角度来看这是令人满意的，但也会有这种风险：受访者会根据某种策略来讲述故事。知识丰富的受访者所讲述的涉及社会问题的故事（如政治家，详见 Jovchelovitch，1996）中应该也包含一些代表其他背景知识的观点。在那些可以确保每个人对他们自己的生活最了解的生活故事案例中，这个解决方案效果较差。在接受访谈的情况下，自我呈现（self-presentation）的可能性会降低。同时，即使与交际意图无关，在受访情况下的事件回忆及其回忆方式可能会为认同的推断创造机会。

总　结

心理学从一开始就被语言与人类意识之间的关系所吸引。这个领域最突出的理论是冯特的民族心理学和萨皮尔（Sapir）和沃尔夫（Whorf）的语言相对论（theory of linguistic relativity）。已有人尝试建立不同语言形式的使用与心理状态或特性之间的关系。从 20 世纪 50 年代起，心理内容分析就占据了主导地位。本章回顾了心理学中内容分析作品的类型，并且讨论了内容分析自动化的问题。然而，在内容分析的经典形式中，将心理内容赋予文本要素取决于独立编码者们的协商一致。他们可能对给定文本模块的背景（context）敏感，而自动化的内容分析对背景一无所知。如何处理同形异义词（homonym）和一个词的不同形态也是一个艰巨的任务。

第九章　叙事心理学的内容分析

　　如同我们在前言中所强调的那样，叙事学是对组成叙事的有限个数的成分以及有限个数的这些成分的变体的描述。我们可以在叙述的文本层面可靠地区分出每一种成分及其不同版本。同时，通过这些我们定义了的成分，我们可以联系到位于叙述者体验层面的意义。**尽管叙述的文本在表面上多种多样，但是叙事只包含了有限个数的结构性的"插槽"，有限个数的具有心理意义的内容就填充在这些插槽里**。这些内容就是叙事心理学的内容分析所要充分利用的。接下来，我们并不会详尽介绍所有的成分，而是将逐一介绍那些能够承载心理意义的叙事成分。

人物及其功能

　　在任何故事中，受访者述说的情节中包含执行不同情节活动的人物。普洛普（Propp，1968）分析了大量俄国的童话故事。他发现，从这些情节活动所代表的意义来看，人物及其功能在这些故事集里是稳定的要素：童话故事是有限数量的功能或情节单位的组合。而且，组合的模式是有规则可循的。功能（function）是对人物活动的一般化概括。虽然背后的功能相同，但是其呈现出来的活动的形式可能是完全不同的。例如，伤害行为（harm-doing）在故事中会有 20 种不同的执行方式，比如：

> 坏人绑架了一个人，坏人抢走了魔法药剂，坏人对某些
> 人或物施以魔法，坏人囚禁了某人，坏人夺去了日光，
> 等等。

（Propp，1968）

普洛普一共区分了 33 种功能，如某个家庭成员离家出走，英雄人物被实施禁令，坏人在执行侦察任务，等等。普洛普还注意到，许多功能在逻辑上集合为某一类别。这些功能的集合与它们各自的执行者相对应。普洛普把这些功能类别称为**活动范围**（spheres of action），并且区分了七种活动范围，这些活动范围由对应的人物类型来实现，如**英雄**、**坏人**（villain）、**捐赠者**（donor）、**帮助者**（helper），等等（Propp，1968）。这些活动范围在人物中的分布有三种可能：某活动范围与一种人物相对应；一种人物涉及多种活动范围；某活动范围涉及多种人物。

下面四个小故事可以说明普洛普的分析和概念框架。

> •沙皇把一只老鹰给了一位英雄，这只老鹰带着英雄飞越了山峦。
> •一个老人买了匹马给苏森科（Sucenko），苏森科骑着这匹马到达了龙的巢穴。
> •巫师借给伊万（Ivan）一只小船，伊万划着它漂流到了另一个王国。
> •公主向勇士展示了一枚戒指，许多年轻人突然出现，带领着勇士杀向战场。

（Propp，1968）

很明显，这四个故事摘要中没有相同的人物和活动。但是，这四

个情节在两种功能上是相同的：**英雄获得了魔法药剂，英雄被送到他要寻找的事物所在的地点**。并且，这里使用了三种活动范围或者说人物类型：**英雄、捐赠者**和**帮助者**。

尽管普洛普的分析并非没有心理启示（每种功能后面有动机、性格和人物的特质；功能可以按照因果关系进行排序——这是 20 世纪七八十年代故事编写者们喜欢运用的一种故事特征），但它是针对特定的故事材料库（在此是俄罗斯童话故事）进行的结构化描述。不过，通过一定的修改，普洛普所探索的叙事的属性也让我们有可能分析内在心理层面的事件。

在自传式事件的叙事中，人物的范围可以很容易地从心理层面进行分类。当然，在这方面叙事不是唯一的。例如，梅瑞（Mérei，1984）通过显性梦的内容来推断依恋中意义的顺序。但是，叙事，尤其是生命史的叙事，有一种自有的特征，即里面人物的同伴不仅会通过社会行为影响情节进程（也就是说，他们不仅具有与情节相关的功能），还承载着对人格发展和人格状态具有重要影响的人际功能和心理功能。**"提供帮助或保护"**这个情节功能也可以用"心理防御或安全感"来解释。并且，这种功能无论是通过父母反对孩子，或者反过来通过孩子反对父母来实现，都是很重要的事情。在随后的案例中，我们会讨论这种角色的反转，这使得父母和孩子之间的关系对孩子来说是一种情绪负担和损害。

因此，对人物及其功能的心理内容分析不是简单地从文章中随意选择文本单元进行观察和估量，而是以构成文本本质的属性、人物及其活动为基础，对这些属性进行心理学解释。

至于人物的心理功能，佩利（Péley，2002）、埃曼（Ehmann，2000）和哈其泰（Hargitai，2007）等人做了一些有趣的研究。通过社会人口统计学指标，佩利区分出两组年轻人，一组人是使用药物的，一组人是"正常人"，并且采用叙事访谈（narrative interview）的技术对这两组人都进行了访谈。在这个研究中，她希望能够澄清这样一种假设：青少年的不正常行为是源自早期客体关系混乱以及对这些障碍的错误补偿。因此，她要求被试诉说一些情节，在这些故事中自我—客体的早期表征会呈现出来（例如，与父母有关的第一次美好的或糟糕的记忆），并且，心理防卫机制和安全感（危险的情境被成功控制，危险的情境失去控制）、自我评价、价值观和相应的自身努力及帮助（对成就的记忆）也会表现出来。她把叙述中的人物分成四类（角色）：父母（父亲和母亲）、小家庭（narrow family）、大家庭（extended family）和非亲属（non-relatives）。通过采用 21 种分布于不同维度的描述语：自信—不信任（如"叛徒""敌人"）、无助（如"可能离开或焦虑"）和提供安全感（如"保护的""支持的"），她分析了这些人物的心理功能。根据这些人物在所有故事中的分布以及这些人物在每个故事中被赋予的功能，她可以得出支持她的最初假设的结论。

通过分析对自体免疫性的女性病人的自传式访谈，埃曼发现，生命故事中的人物在受访者的经历中可以被归类为三种明显的角色，并且这些角色在受访者经历中具有不同的心理功能。这三种角色中的两种角色类型（支持的和导致伤害的）同时也是普洛普故事戏剧作法中的角色类型，而另外一种角色类型是这一特定的叙事样本中所特有，即可能离开的人，包括由于离婚、搬出家庭独立生活，或者死亡而离开受访者生命经历的人。属于不同角色类型的人的出现遵循下面的模式。叙述者发病前的生活圈以可能会离开或伤害者为主，尽管也存在一个主要支持性的人和几个较为不重要的支持性人物。当疾病确诊后，可能离开或者伤害者在叙述中的主位化迅速降低或者全部停止，并且此时一般会有一个或更多新的、主要是支持性的人出现。从被确诊起到叙述这段时间，被试不再把可能离开或者导致伤害的人主位化，或者只在疏远他们或将他们与过去联系起来时才这么做；取而代之的是，被试提到越来越多支持性角色的人。对这种情境（曾经支持自己的人的离开或者致使自己受伤害）的疏远和轻视的态度尤其适合描绘自体免疫性的女性病人的"分裂"世界观。从结果上看，似乎为了使自己的生命故事连贯，进而使内在心理过程可控，该研究中的被试强调把角色分成三类，并且使支持性角色占据自己的世界。她们在知觉层面无法防止支持者的流失，不过在体验的层面感觉有很多支持自己的人。

哈其泰等人（Hargitai et al.，2007）分析了患有结直肠癌和患有抑郁症依据松迪测验（Szondi test）的病人的生命故事。松迪测验分数与生命故事中的人物的心理功能在多个方面具有一致性。例如，在抑郁患者中，具有"非支持性"和"非帮助性"功能的同伴数量居多，这与抑郁患者在阳性 h 反应（positive h-reaction）上表现出的高饱和度一致。也就是说，她们无法摆脱这种本能的需要，继而造成的是力比多的积累。抑郁的病人持续地寻找爱和温柔，但是无法在自己非支持性、非帮助性的人际关系中找到这些。类似地，抑郁病人在这个因素上的反应——就情绪反应而言，粗野的脾气、愤怒、报复心，嫉妒等——在他们的生命故事中也有反映：这些病人的生命故事具有更多数量的人物具有敌对情绪（抑郁病人生命故事中具有敌对情绪的同伴的数量是肿瘤病人的三倍）。

对空间—情绪距离的控制

一些 20 世纪杰出的叙事学家注意到实体或象征性的空间关系在文学文本构成中所扮演的角色。通过一套可以用空间关系来记述的周期性主题模式，巴赫金（Bakhtin，1981）描绘了浪漫的时间主题（chronotopos）：爱人**相遇**，一些阻碍使得他们无法结合，他们彼此**分开**了，最后他们再次相遇并**结婚**。弗赖伊（Frye，1957）把主角被社会孤立的小说与主角融入社会的小说区别开来。前者相当于悲剧而后者是喜剧。在这种观点下，原型的空间象征意义等同于原型的体验品质。

但是，原型的空间模式只构成文本组织的一部分空间，并且可以在文中被找出来。通过分析文学的、虚构的叙事，法拉格（Faragó，2001）尝试定义文本中的实体空间和隐喻空间，以及它们的意义。她强调了文本中的传统主题（topoi），指出它们能够映射到空间动机（spatial motives）上，它一方面是指文中从属或上下的空间关系；另一方面是指并列的空间关系。上下空间关系的反复出现可以根据极度贫困的神话主题来制定：起—落、赞颂、天堂—地狱。但是，根据人际关系的观点，并列空间关系也十分重要：来自/趋向某人或某事的游戏，是在趋近—疏远的空间—情绪关系中实现的。弗赖伊认为，情绪运动的两个主要方向表现在趋近一个事物（如在同情的时候）和远离一个事物（如在害怕的时候）。生命故事叙述中的趋近—疏远动力学暗示着，作为故事主角的叙事者与作为同伴的其他人物之间关系是如何受到控制的，以及叙事者情绪是如何受到控制的。

依据客体关系理论（Mahler et al.，1975）和自我发展理论（Stern，1995），波哈诺克等人（Pohárnok et al.，2007）证实了关于趋近—疏远的心理意义的假设。据此，自我和其他事物之间存在一个人际空间：自我和其他事物各占据了这个空间的两端，自我和其他事物相互间的运动可以看作它们之间关系的主要特征。一方面，自我和其他事物间的关系可以用物理空间中的运动来描述：通过靠近（与它一起）—远离（与它分开）的维度。这里的运动一方面可以根据另外一个人的动作来描述（例如，"他走过来"或者"他离开"）；另一方面，自我和其他人之间的关系也可以根据主体间关系（intersubjective aspect）来描述：即通过赞同（谅解）与缺乏赞同（没有谅解）。这个时候主角对另外一个人的精神状态的体验——欲望、情绪、目的——表明他们之间是亲近还是疏远，如"我喜欢这样"和"他无法原谅"。

波哈诺克等人（Pohárnok et al.，2007）对比了相同年龄的边缘型人格障碍女性病人和患有抑郁症女性病人的生命故事。在研究人格结构的心理动力学时，波哈诺克开始采用马勒(Mahler)的解释。马勒认为，病理是由分离—个体化(separation-individuation)进程的损伤造成。在这个研究案例中，与母亲的分离使这些病人陷入危机(crisis)：与母亲分离的企图激起当事人一种从此会永远孤单的感觉。但是，亲近会使病人自我的边界变得模糊从而威胁到他们，使得他们失去自己的认同。边缘型病人在他们的成人关系中再次体验这种分离—个体化的危机。研究结果符合波哈诺克的预期。虽然两组病人在趋近—远离的绝对次数上没有差别，但是边缘型病人在趋近—远离的变化次数上显著较多。这些变化通常表现在一个个陈述中，例如，"那是坚定的爱，但是我知道当它来临时(**趋近**)，我会感觉到它是非常陌生的(**回避**)"。

叙事的视角

一般地，叙事者不仅描述事件和故事中人物的行动，而且有可能从不同的角度来描述同样的人和事。叙事视角这个概念有双重含义，一方面，它是指能够从心理学上进行解释的现象；另一方面，它可以被定义为一个语言学的概念。叙事视角的语言学概念包括联结故事世界的那些语言学标记(linguistic marker)——事件、行动、人物和相关环境——和叙事者所认为的故事中人物所持有的观点。叙事视角在分析叙事中的事件时扮演至关重要的角色，因为它包含关于事件和人物特点的意识状态。因此，一些研究者(Bakhtin，1981；Bal，1985；Friedman，1955；Genette，1980)已经把叙事视角看作叙事构成成分的重点(见 van Peer & Chatman，2001 的综述)。

乌斯宾斯基(Uspensky，1974)采用两种独立的维度来使不同形式的叙事视角系统化。一方面，他区分了四种在概念上相互独立的叙事视角：评价的、措辞的、时空的和心理的(evaluative, phraseological, spatio-temporal and psychological)；另一方面，乌斯宾斯基主要基于视角的心理形式，又分成了内部视角和外部视角。内部和外部的二元性适用于上述四种视角的维度。乌斯宾斯基认为，通过文学文本的语言学分析，我们可以研究多种形式的视角。与评价维度的抽象性不同，叙事视角的时空维度相对简单。通过视角的空间隐喻，我们可以确定时空维度：理解叙事者对眼前景象的描述，我们能够推断叙事者的空间位置。时间视角是指确定故事中事件的推理顺序。这可能呈现出两种不同的类型：同步地或者回溯地描述事件，这表现在动词时态（现在时对过去时）或动词体（完成时对未完成时）的变化上。

视角的心理层面意指介绍人物的方法。叙事者——叙事者不一定就是作者——可以选择多种介绍人物的方法。人物的刻画可能局限于对行为的描述。与外部介绍形成鲜明对比的是，万能的叙事者会引导读者了解人物的内部世界，描述人物的情绪、体验和思想。综合这些方法，作者可能会通过人物的内在状态来描写人物，不过这一描述是从一个观察者的视角来进行的。通过感受那些状态的动作，叙事者在这种情况下仅仅是推测它们的存在（例如，"看上去他在想 X"）。我们刚刚提到的对人物的描绘——从外在视角到内在状态——通过文本中动词的构成展现出来。叙事者用动作动词来描述人物的行为，但是在描述人物的心理状态时，使用的是能够说明心理状态的动词（verb asentiendi）。第三种视角形式是，叙事者把难以觉察到的心理内容与疏远表达（alienating expressions）联系起来，即暗示一个观察者知觉到了人物的心理状态（例如，"有人看到 X"）。心理层面的视角还有一种选择是，叙事者直接把人物的情绪和思想交错在一起，而在文中没有清晰地区分它们。在这种情况下，叙事者的陈述不是对某个人物的相关描述，而是从该人物的角度来描述人物自己。

波利亚（Pólya，2007）试图在叙事心理学的背景下去阐明和界定自传体叙事中叙事视角的心理意义（对评价和时空维度的分析，即使在自传体材料中也有多种心理内涵，其中的一些会在文中稍后提及）。

虚构的和非虚构的自传式叙事者所扮演的双重角色——叙事者同时又是故事中的人物——具有独一无二的特点。在特定时间所承担的角色和从一个角色到另一个角色的思考可以在文中识别出来。这使得具有自我反思特性的麦克亚当斯（McAdams）的叙事认同（narrative identity）概念的外延成为可能，它同时也提供了一种观察认同状态的方法，这种方法比麦克亚当斯（McAdams，1985）采用的心理内容分析方法更加客观。波利亚分析的前提是生命故事的叙事者可能会选择两种叙事立场（narrative position）中的一种：叙事者作为"故事的发声者"可能从回溯的立场上回忆并讲述事件；当叙事者作为"故事中人物的发声者"时，其讲述的是在经历那些事件时候的情况。为了分离这两种立场，波利亚运用与叙事者相联系的时空系统（Harré，1983a；Lee，1997；Lyons，1995）。例如，这意味着自传体材料的叙事者可能从语言学上被看作一个处于三维坐标系统中心的被试。涉及时间、人或地方的指示语（deictic expression）是这个系统的维度，因而其中包括人称代词、空间和时间的副词以及动词时态。分析时基于这样一个事实：指示语的意义可能仅可以通过它们被使用时所处的情境来决定。以"I'm here now"为例，除非我们知道这个句子最初使用时所处的情境，否则我们无法确定人称代词"I"指代的是谁、副词"here"和"now"以及句子中的现在式时态动词"am"所指代的时间、地点或状态是什么。通过三维指示系统的帮助，我们也许可定义自传叙事者的立场。它帮助我们确定叙事者是以"故事的叙事者"还是"部分故事的叙事者"身份出现。当叙事者开始讲述故事时，文本的指示中心通常与叙事的情境有关。这意味着，文中涉及叙事者立场的第一人称代词，以及涉及时间和地点的指示语可能是"邻近的"（如此时、这儿等），并且与叙事的当前立场有关，也可能是遥远的（如然后、在那时、那儿等），这种情况下它们指向的事件是回忆起来的。但是，当叙事者取代故事中人物的位置时，表示时间和地点的"邻近的"指示语和现在式时态是指回忆的和被告知的事件，而非叙事或回忆的当前状况。与时间和空间副词以及动词时态不同，人称代词无法划分为两种能够区分开的类别——邻近的和遥远的——所以我们根据副词的邻近和遥远之分与动词时态的变化来推断人称代词在叙事者立场和叙事者作为故事人物的立场两者间的转换。

最近，与体验和自我反思之构造（organization of experience and self-reflexivity）的功能研究的标准一致，波利亚等人（Pólya et al.，2007）强调叙事视角的时间层面而非叙事的立场。生命故事的叙事最低程度地涉及事件的两个时间层面（有些例外地，它们除此之外再无更多涉及）。其中一个是叙事情境的时间层面；另外一个是生命故事中所诉说的事件的叙事层面。根据这两个时间层面，叙事视角有四个版本。在回溯的（retrospective）叙事视角中，叙事视角暂时与叙事情境有关，而叙事内容适时地与所叙事的事件有关。在体验的（experiencing）叙事视角中，无论叙事视角还是叙事内容都定位于所叙事的事件发生的时间。在重新体验的（re-experiencing）叙事视角中，无论叙事视角还是叙事内容都与叙事情境有关。第四种版本实际上不会出现。

通过捕捉建立在精准定义的文本语言学属性上的叙事视角，一些分析工具被用来描述进入意识的传记事件是如何被嵌入的。由此，提供了一种去探索认同状态的可能性。波利亚提供了一个年轻同性恋者和一个参与了试管婴儿项目的女性的叙事访谈，内容涉及他们生活中的一些重要事件。在第一个案例中，被试被要求讲述当他们告知自己家人自己是同性恋时的情形。在第二个案例中，被试讲述当她们知道自己无法生育时的情形。两个案例都关系到认同的核心类别，所以通过分析叙事者如何组织与自己相关的事件，我们可以推论他们的认同状态，尤其是认同的情绪内容。为了核实推论的正确性，波利亚在进行访谈的时候也使用问卷来测量认同状态。两个数据集，一个涉及讲生命故事时对叙事视角的使用，一个涉及认同状态，两者存在高度相关。回溯的叙事视角涉及情绪平衡的认同状态，而体验和重新体验的视角则在问卷数据上显示出认同的不安全性和非平衡的情绪状态。

叙事中时间的角色

我们从两方面来研究叙事文本的时间方面与心理过程的关系。从读者的方面来看，故事情绪和阅读时间的错综复杂关系已被证实（Cupchik ＆ László，1994；László ＆ Cupchik，1995），并且这被用来描述读者脑中创造意义的过程。从故事叙事者或者作者的方面来看，这些研究是在现代精神分析艺术心理学的范围内进行的，因此，其兴趣更多地在于心理态度的来源，它导致了不同叙事形式的使用，而非故事内容的个人来源。例如，在普鲁斯特（Proust）这个案例中——除了对自传、人格发展方面与生命写作流之间的关系进行解释外——这种解释也被用于特殊的叙事技术中，这种技术打破了故事中"通常的"或标准的时间次序，而专注于被无意识联想记忆所驱动的作者（主要人物）的体验和内在状态。这些研究发现，表露自己过去的体验及相关的时间处理所起到的作用是反复回忆母亲的爱和积极的自我感觉（Kohut，1971）。

叙事的时间结构也是非文学性自传故事的一个内在属性。这种属性，如同前面讨论的叙事特点，看上去表现为内在心理过程和状况的一种指标。对于时间结构可以从以下方面进行分析：

• 所叙述的事件与生命故事中真实的（生理、心理和社会的）年表之间的关系。事件来自人生的哪个时段？

• 故事的"密度"。真实的时间和所叙述的事件的时间外延之间的关系（如抑制或者扩张时间流）。

• 故事的时间视角和它的变化（现在、过去、未来）。

· 故事的时间顺序：线性序列的偏离和与时间波动相关的现象。

接下来，我们引用与上述最后两点有关的两个研究。故事的时间视角可以相对容易地在文本的层面被识别，如通过副词、动词时态和动词的作用方向（例如，计划：未来取向，结束：过去取向）。基于此，以及基于故事的一种特征（能够被识别，见下文）——它们总是暗示某种判断——我们从成瘾病人是否允许就其康复或治愈前景进行诊断判定这点上对他们的治疗日记进行内容分析（Stephenson et al.，1997）。实际的康复改进由精神病学家和心理学家在一个五点量表上进行判定，判定的时间点分别是疗程结束时和结束一个月后，这个判定是独立于上述内容分析的。

病人在治疗过程中写了 32 天的日记。因此，我们把每个病人的每个文本分成四个时间顺序上相同的部分，并且分别对这四部分进行编码，包括时间取向（过去、现在、未来）和评价的质量（积极、中性、消极）。日记的评价可以归类为三个主要的组别，如自我、治疗和"外部"人士（如家庭成员）。就改善的可能性和永久的康复而言，分析显示不同病人在时间视角和评价的主旋律上存在显著的差异。现在和未来取向以及积极评价的病人具有最高的康复可能性。在三种评价主旋律内容上的波动更加清晰明确地说明了结果：自我指向评价（self-referred evaluation）的消极性的降低，及其向积极性的转变（假如这一转变伴随着对治疗项目的积极评价的增加）预示着治愈可能性的提升。

就叙事的时间模式而言，对大屠杀犹太人幸存者的第二代进行访谈分析（Ehmann & Erös，2002）显示，当被试想到在故事中披露创伤性事件时，故事的时间线性（chronological linearity）会被打破。这时，叙事事件会"跳跃"，甚至在同一个句子里面叙事的时钟也会在几十年间来回"摆动"。因此，自传故事的年表和创伤处理看上去紧密地相互联系着（这要求我们对叙事连贯性的问题予以新的关注）。

另外一个相关的生命叙事的时间特征是主观的时间体验（time experience），也就是人体验时间的方式。时间体验已经可以通过 LIWC 分析软件来测量（Pennebaker et al.，2001）。但是，时间类别在 LIWC 获得极少强调。它处在"相关性"领域下，与"空间"（上、下、内含的、排外的）和"运动"在一起。

尽管还没有人构思出一个令人信服的关于词语使用的心理学理论，但是词语使用的研究取向是当今心理测量的前沿（Pennebaker et al.，2003）。在我们的研究路径中，个人生活经历的叙事指向自我和认同。追随从生命叙事中获得自我的非本质主义（non-essentialist）自我理论（例如，Bruner，1990；Erikson，1968），我们可以用这些叙事的时间特征来描绘叙事自我的个性。因而，我们可以用叙事的自我理论来对尚未被解释的心理测量上的相关关系进行理论性解释。此外，叙事或多或少毕竟是有组织的文本，所以我们可能不仅要分析词语的层次，还要分析描述时间体验的语言模式（Ehmann et al.，2007）。

在心理学文献中，时间体验的多种方面都有相应解释。

·时间和无意识之间的关系。尽管精神分析理论的基石是"无意识是不受时间影响的"，但是大部分关于时间病理学的论文都参考弗洛伊德和玛丽·波拿巴（Marie Bonaparte）的一篇文章和他们之间接下来的一次交谈（Bonaparte，1940），其中弗洛伊德认为，意识系统运转的线性的和抽象的暂时性特征在无意识系统中不是普遍存在的，但是后来他又说他不能排除其他形式的暂时性在无意识中存在的可能性（Boschan，1990）。这个事件对我们来说是有趣的，不是因为它被精神分析作者用来充当自己考虑任何时间病理学的无意识方面的正当理由。更重要的是，在书面文本中能够被实证地分析的叙事年代学的非线性性质可能也可以用讲述者的无意识过程的影响来解释。例如，当被试通过多重时间回到之前的事件或者通过嵌入式的子故事来回忆生命故事时，这可能对详细阐述创伤的心理过程是非常有用的。

·**马特·布兰科(Matte-Blanco)关于意识和无意识的"对称—非对称双逻辑结构"的理论**。这些双逻辑结构的构成如下：①对称性，它忽视时间和空间；②非对称性，它的所有事物的区分由时间、空间和整体及其部分的清晰区别所给予，这使得过去、现在和未来可以概念化(Fink，1993；Matte-Blanco，1988，1989)。

·**弗雷泽(Fraser)关于时间的外在和内在现实的"客观世界(Umwelts)"理论**。这个理论用时矢(time arrow)的视觉隐喻来使主观时间体验的形式和病理学概念化。时矢顺着这样的阶段：理智时间(Nootemporal)、生物时间(Biotemporal)、初始时间(Eotemporal)、原始时间(Prototemporal)和无时间(Atemporal)的"客观世界"，这就是"感受到的现实"(Fraser，1981)。

·**周年反应**(Anniversary reactions)。与反复出现的日期，如个人的、宗教的和国家的节日，以及重大心理创伤的周年纪念日相关的病理学是心理治疗领域喜欢的话题(Mintz，1971)。

·**碎片时间**(Fragmented time)。哈托科利斯(Hartocollis)声称很多边缘型或者自恋型病人会遭受这样的病理情形：对过去和未来的主观感受与现在分裂开了，甚至现在也会被分成更多小的碎片(Hartocollis，1978)。这种现象与弗雷泽的初始时间的客观世界类似。

·**心理受创伤时间的类型**。特尔(Terr，1984)总结了极端严重的创伤性事件的幸存者的主观时间体验的类型和障碍。最主要的障碍和扭曲被描述为缺乏时间感觉、持续性、同步性和连续性，以及时间视角。

根据生活经历调查表（experiential world inventory）中的时间体验量表（time perception scale）的调查研究，时间体验与心理病理学相关。这个调查表是埃尔-梅利基（El-Meligi）开发的心理诊断测验。该测验测量被试在时间流、时间取向和经验年龄上的体验的变化。随后的主观时间体验研究的一般结果是，人格的病态性越强，被试的主观时间体验就越不正常。

叙事评价

评价—意识形态面（evaluative-ideological plane）是乌斯宾斯基系统中叙事视角的一方面。它显示了叙事者如何以及从哪个位置来评价他们所描述的世界。优势位置可以是作者的、叙事者（与作者不是同一个人）的，或者故事中任意一个人物的。如同乌斯宾斯基（Uspensky，1974）所提出的那样，评价—意识形态视角是最不能经受实证研究考验的，它的分析需要大量直觉。例如，当我们基于评价性形容词而把某些评价与某些位置联系起来时，我们经常会受到自己过往经历——自己以前遇到的此种情况下不同的人或机构如何使用形容词——的影响。

但是，叙事评价（narrative evaluation）具有另外一面，这一面同样是故事的必要成分。拉波夫（Labov）问青少年这样的问题："你是否曾经与比你大的人打架？"或者"你的生活中是否曾经陷入危险？"如果他们回答"是"，那么让他们讲这些故事。尽管拉波夫主要感兴趣的是事件顺序和故事顺序之间的关系，但是他同时注意到，叙事者不断地努力以使得他们故事的意义鲜明。他们并不介意报告一系列事件，而是担心故事是否看上去没有意义。叙事者让故事变得有意义的方式是把评价渗入故事，把评价性从句插入叙事性从句的序列中。但是最强有力的评价性因素并不是从外部对行为进行的评论，而是嵌进行为本身的评价。被试通过把一个评价性评论叙述成一个事件来强调故事的可报告性："并且当我们走到那里的时候，她的哥哥转过身来对我耳语道'约翰，我觉得她死了！'"(Labov & Waletzky，1967)。甚至一个叙事从句本身也可以成为一个评价，如同接下来的这个句子呈现的那样："我绝不如此快而努力地向上帝祈祷！"(Labov & Waletzky，1967)。

　　尽管对叙事中一个事件的情绪性和认知性评价难以从文本层面发现和识别，但是它们可以成为与该事件相关的内部加工和状态的指标。对事件的评价暗示了事件对人具有何种意义(Linde，1993)。对叙事评价进行分析的一个初步形式是使用情绪词典，如哈佛一般咨询情绪词典(Harvard General Inquirer Emotion Dictionary)或者 LIWC 文本分析软件的相关词典(Pennebaker et al.，2001)。考虑到这些程序一般都缺少叙事者的视角，并且无法将评价与评价的对象联系起来，因此，在对评价进行的内容分析中紧紧贴住文本似乎才是更恰当的做法。因此，专注于所有那些指向自我的、同伴的和行为情境的评价性言辞是合理的。正如斯蒂芬森等人(Stephenson et al.，1997)所做的那样，他们分析了参加治疗项目中成瘾病人的日记。他们编码了这些叙事：自我积极(例如，"今天我比以往感觉更好")、自我消极(例如，"我觉得毫无希望了，我非常累，想就此长眠不醒")、项目积极(例如，"我喜欢 K 氏拼图")、项目消极(例如，"由于今天早上的会面，我几乎准备退出这个项目")、外部世界积极(例如，"我收到妻子的情人节卡片，很高兴像我这样子她仍然爱我")和外部世界消极(例如，"我不再期待家人对我会有什么积极变化")。根据这些陈述在时间上的分布和变化，他们能够推断病人康复的机会和复发的概率，且其预测具有很高的信度。

　　最后，研究叙事评价的一个可能的方法是，在请求进行叙事访谈或开始叙事任务时，通过指导语来引入评价的视角。在一个研究（László et al. 2002）中，我们通过问被试关于匈牙利历史上积极和消极的事件的故事来研究其国家认同感的发展。通过将他们所叙述的事件与两种评价联系起来，揭露了在他们对历史的表征中，积极和消极分别意味着什么。这个研究还表明，叙事性心理内容分析不仅可以应用于生命历史叙事——指向个人认同感，还可以用于对国家历史的社会表征的研究，而这种社会表征是社会认同的一部分。

叙事连贯性

故事以一种理性的秩序来表现内部世界和外部世界的事件。否认传统行为逻辑的后现代文学的叙事技巧并不反对这个观点，因为个人想象中的、可能发生的世界总是以某种方式参考了所有人共享的、共同感知到的世界。这就是为什么即使最荒谬的故事也可以被赋予连贯性。

对故事连贯性的研究是记忆心理学的一个议题。金兹齐（Kintsch，1974）认为，文本连贯性的最低标准是文本陈述中要存在共同的事物、人和概念。但是，如同布莱克等人（Black et al.，1984）所指出的，对于叙事来说这是不够的。尽管接下来这一连串续发事件中存在三次概念的重复，但这连串事件是不连贯的："约翰在耶鲁大学学习心理学课程；苏珊在耶鲁大学注册了心理学课程；丽塔在耶鲁大学放弃了心理学课程。"原因是我们很难在每个句子之间做出因果推论。

布莱克等人（Black et al.，1979）提出，持续保持同样的视角有助于连贯性感受。约翰在前院工作，然后他走进（went）屋里。这个续发事件（sequences）保持了视角的延续性，因为约翰在两个句子中都是演员，并且对行为的描述是站在前院的位置进行的。阅读这个续发事件只需要很短时间，但是阅读一个转变视角的类似的续发事件，试想一下将"走进"（went）换做"回到"（came），则需要较长时间。

　　生命故事情节及其叙事本身的叙事连贯性的程度是内部精神事件的敏感指标。安东诺维斯基（Antonovsky，1987）认为，人的总体健康状态与他们所经历的生命故事的连贯性程度有关。

　　同时，很明显地，要想在文本层面操作性地抓住生命故事叙事的连贯性是相当困难的，因为即使在情节层面也有很多复杂的因果链条将多个非常简单的故事联结起来，并且在这个层面我们还没有考虑到之前分析过的连贯性更深层的因素或者行为面和意识面的调和关系。巴克利（Barclay，1996）提出了一个建立生命故事文本连贯性的分析图式，但是，这种图式主要用于识别那些对产生连贯性有影响的文本成分，而不是测量文本连贯性的程度。孟菲斯大学的格雷泽（Graesser）领导了一个研究团队来研究如何测量叙事中文本的连贯性。他们开发的 COH-METRIX 文本分析程序建立在金兹齐和范迪克（van Dijk，1978）的文本模型之上。这个正处于实验阶段的程序包含一个连贯性分析模块，可用于测量因果的、目的性的、暂时的、空间的和结构的连贯性。它对文本特征的连贯性指标分析基于 250 个语言标记语（Dufty et al.，2004）。然而，当前建立故事连贯性的唯一可用程序可能是总体评估，通过各个独立的评价者从连贯性的角度对文本进行评定。当彭尼贝克（Pennebaker，1993）要求情绪障碍病人通过写的方式来讲述一些创伤性或者焦虑的事件时，他使用了这种程序来分析。病人被要求在 3～5 天内每天重复写。彭尼贝克通过几个变量来观察他们心理和生理健康状态的变化，并将其与写中性主题的控制组进行对比。例如，他检查了免疫活动、病假天数等的变化。除了对所写的文本进行内容分析，寻找指向认知和情感的单词外，他让独立的评价者对每天所写的内容进行故事连贯性评定。通过书写紧张焦虑的经历，病人组在健康状态上普遍地向积极方向转变，其中最显著的改善在于，有些病人的故事在第五天的时候已经从情绪性消极和缺乏连贯性转变成向积极靠拢，并且更加具有连贯性。

我们在一个研究中使用了类似的范式。这个研究测量了被试对待失业情境的态度和他们职业潜能的心理成分，被试包括刚开始职业生涯的年轻人、长期失业的年轻人，以及之前失业但最终找到工作的年轻人（László et al.，1998）。在这个研究中，我们要求被试讲述一个生活中与他们父母的工作有关的情节，然后讲述一个与成就感有关的和一个与失败感有关的生活情节（情节的选择由在家庭中的工作动机模式及其与成就的关系来决定），我们对故事的连贯性进行评价。结果显示，找工作是与故事的连贯性和结构性质高度相关的。几乎一半的职业生涯起步者的故事连贯性结果——与其他结果，如归因模式一致——与那些已经工作的被试的结果相似；另一半职业生涯起步者的故事连贯性和故事结构与那些长期失业者的相匹配。这个结果与他们随后找到工作的指数高度相关。

在匈牙利，梅斯扎罗斯和帕珀（Mészáros & Papp，2006）试图在文本层面识别生命故事的连贯性。他们的模型依赖于共同指称性（co-referentiality）原则；也就是说，文本连贯性的程度由文本中具有相似或相同指向性的单词的密度来决定。即使在单词的层面，测量连贯性也是非常困难的。重复的语句是理解共同指称性的最明显的方式，但是它们也有很多隐藏的形式，从各种变体到其对立面等（Fónagy，1990）。

自我指涉的心理学解释

生命故事的叙事是一种自我叙事，叙事者和主要人物是一种界定的自我。叙事是关于自我的经历。但是，叙事者在回忆他们生命事件的时候以及忽视他们同伴的体验的时候，不是必然会给他们自己的主观体验一个解释的。然而，一个叙事很可能缺乏自我的体验，自我似乎被抛弃了。在叙事的文本层面，自我的存在是通过自我指涉（self-reference)来显现出来的。哈其泰等人（Hargitai et al.，2007）回顾了对自我存在与否的可能的心理学解释，这是依赖于松迪（Szondi）的命运分析（fate analysis）的。命运分析的自我理论在自我本能因素的两个相对的极上建立自我：一个是**对占有的本能欲望**（instinctive desire for possession），也就是自我的收缩；另外一个是"成为所有事物"，也就是由**本能的存在欲望**（instinctive desire for being）引起的自我的扩张。在以上因素中，有两对相互矛盾的趋势（内向投射对否认；投射对自命不凡）确保了一个人的自我保护、自主性、适应性和对现实的整合。

某种趋势处于强势且缺乏补偿，会导致精神障碍的特别形式。例如，内向投射的亢进——积累到了一个极端的程度——会表现出对所有事物（价值、概念、内部和外部的内容）的过度占有。而且，它也可能预示着个体在自恋和自闭程度上的过度增强。自命不凡（inflation）——即对自我存在的外部延伸的支配——也可能是危险的：它可能表现出自大狂、爱发牢骚、宗教谬见和偏执狂等。

就上述而言，仅仅通过考虑关于自我的语言标记词的精确比率，我们就可以区别以占有欲主导为特征的精神状态与自我感觉的剧烈下降、与自我耗竭的加剧以及与作为事实表征的生命故事之叙事等之间的关系。

否　认

否认形式（forms of negation）经常在生命故事叙事中突然出现。对时间进行否认（如从未、从不）的心理学解释已经被研究认为与创伤性经历有关。在某些案例中，否认代表了情绪矛盾。例如，它突出强调特定结构（construction）的一极，但是它并不否认现象本身。**矛盾否认**（ambivalent negation；例如，不、也不、具有否定前缀的词）暗示了一个备择视角的存在，从而表征了一个类似压抑的心理适应。相反地，根除——使用巴赫金（Bakhtin）的术语——或**抽象否认**（abstract negation；例如，任何地方都不、从未、没有人）并不否认其中一极，而是根除、删除结构（construction）本身。这类根除式的否认暗示着自我毁灭的危险。

在自杀的话语理论（discursive theory）中，凯兹迪（Kézdi，1995）把否认看作一种心理危机的语言学标记。否认是凯兹迪描述的消极编码的一部分，它在匈牙利文化中控制与危机相联系的活动域（fields of action）。凯兹迪认为，自杀预防和危机干预中出现的问题源自某些对危机检测的阻碍：处在心理危机中的人原本在交流中会使用更多数量的否认的表现形式，但是在匈牙利文化中，消极编码（negative code）的背景噪声（background noise）掩盖了这一点。

哈其泰等人（Hargitai et al.，2007）回顾了对否认的深度心理学解释，这些解释无法统一。弗洛伊德把否认看作做出判断（judgement）的明智的和意识的功能，而**判断是压抑（suppression）的明智的替代者**。也就是说，否认在某种方式上是被压抑的意识内容的明智接受。在他后来的研究中，否认表现为日常生活中常见的最基本和原始的自我防卫模式。弗洛伊德对否定（Verneinung）和否认（Verleugnung）做了区分。前者是人以否定形式表达观点，后者能用于我们认为事物不存在的而事实上又觉察得到的情况。

根据松迪的命运分析自我理论，否认不是一种明智的（intellectual）加工，而是自我采取的最普遍、最人性和在某些情况下最致命的态度（position）。这种"说不"的形式，尤其是它的程度，往往决定了个体和社区的关系：否认功能确保对健康环境和道德标准的调节；正是它通过压抑（suppression）、抑制（inhibition）和对一些本能渴望的疏离（alienation）保证了社会的功能性。但是，"说不"也可能表现为一种极端：否认背后的支配力量可能是对世界的蔑视，这在任何情况下对自我来说都是危险的。在这种情况下，否认的主导力量相当于自杀前症状的收缩（contraction）和由酗酒或药物成瘾导致的自动攻击

（auto-aggression）的消极性（negativism）。这时，心理分析和命运分析理论相互贯通，因为根据弗洛伊德的理论，否认——作为置换（replacement）的继承者——满足了破坏性本能（destructive instinct）。

叙事心理学中内容分析的计算机化

基于叙事心理学内容分析的研究和理论策略的一个重要现状是开发计算机程序，以能够在大的数据库中相对稳定地识别承载心理内容的叙事类型。程序应该能够以一种有序的格式来登记命中频率并且使数据可供统计分析。最重要的是，程序不仅要能够识别单个单词（以及它们的形态上的变体），还要识别携带心理内容的叙事构成成分的语言学模式。在开发这些匈牙利语程序的时候，我们使用形态学（MorphoLogic）公司的语言技术装置，它提供了完整的词态学和语法。本书附录中有技术细节，可供感兴趣的读者参阅。这种程序开发需要计算机语言学家的强力支持。最近，一个叫作努级（Nooj）的公共语言技术装置在互联网上可供使用（Silberztein，2006），它使用户能够以一种相当简单的方式来创建本地语法。当然，为了使程序能够捕捉文本的叙事成分，用户无法保存一个指定语言的形态学上有注释的词典，不过给本地语法添加注释和结构在该系统中是相对简单的。

叙事内容分析程序的信度和效度研究

到目前为止，已经谈到的生命故事中叙事类别与叙事者组织自身经历的方式之间的关系无论看上去多么合乎逻辑，它们终究还是一个假设。这是一个需要核实的设想。同样，我们要核实，开发出来用于测量叙事类别的内容分析程序是否能够在不同的文本中发现与目标叙事类别相对应的语言结构；也就是说，这些程序的信度如何。对于测量叙事视角、时间体验、空间—情绪距离（spatial-emotional distance）控制、自我指涉和否认的程序，我们的研究团队已经进行了一系列的研究来检验其信度和效度（Ehmann et al. , 2007；Hargitai et al. , 2007；László et al. , 2007；Pohárnok et al. , 2007；Pólya et al. , 2007）。

检验效度时我们测量什么

从将生命经历作为主题性目标的特定叙事模式来看，我们想得出叙事者认同的几点结论。这些可以是诸如连贯性、复杂性、稳定性或者情绪调节等一般性的结论，也可以是具体的结论。例如，人如何体验时间或者在多大程度上这个人可以被冠以抑郁的特征。因此，我们用于效度研究的心理构想和测量工具部分来自认同研究，部分来自人格特质和人格障碍研究。对于后者，我们假定，以人格问卷和人格测验测量到的人格特质和状态与认同结构有关系，因此它们适用于研究我们测量的外部效度。换句话说，我们不想把认同，即作为一种心理社会适应的概念（Erikson，1959）与人格概念（它指向的是生物心理适应的个体方式）混为一谈，但是我们认为前者与后者相关，并且这种关系提供了效度研究的基础（McAdams，2001；McLean&Pasupathi，2006）。为了说明效度检验的程序，我们的一些结果展示在本书之后的附录中。

总　结

本章概述了叙事心理内容分析的类别，介绍了搜索这些类别的自动化操作的观点，并且论证了效度和信度研究的必要性。叙事类别的样本（其种类可以并且将会被无限拓展），如人物的功能、叙事视角、叙事事件、空间—情绪距离控制、自我指涉、否认、叙事评价和叙事复杂性等，在概念上与认同建构的心理过程有关。当谈到叙事心理内容分析的自动化时，必须强调的是，与其他种类的内容分析不同，上述内容类别并不完全，或者说仅仅中度地对情境敏感。构成情境的内容词之间的相关性可以通过本地语法的调节来适应指定的语法或主题情境。

　　叙事心理内容分析的研究进展也可以多方向进行。这个会在接下来的章节中给予详细的说明。至今，叙事心理内容分析已经被用来深入了解个体的精神生活及其认同和人格状态。但是，我们在绪论中已经强调过，我们把科学的叙事心理学看作适用于解释社会—文化进程和社会群体心理现象。在接下来的章节中，叙事分析会被拓展到一种群体认同的具体形式——国家认同的研究。

第十章　社会记忆和社会认同

　　心理学和历史科学之间有着密切的关系，虽然有细小的差别，但是它们都研究人类行为的主要驱动力。几个世纪以来，历史都是历史科学的领域。当然，这并不是说我们完全没有开展将社会心理学现象与历史进程联系起来的研究，即对社会群体的心理状态进行社会心理学性质的分析。就这一点而言，只需引用一个例子就足够了，也就是伊斯特万·毕波(István Bibó)的研究工作，尤其是他的论文选集《民主、革命、自我决定》(Bibó，1991)。对历史事件、历史时期和历史人物已有一些研究，这些研究探索当时社会对这些历史对象所持有的观点，它们假定我们能够从这些观点的组织中推论出社会的倾向性和某种论断，以及预期最终的行为(Hunyady，1998；McGuire，1993)。这些例子表明，历史科学想解释的对象是历史进程本身(社会心理学偶尔也会在解释中占有一席之地)。与历史科学不同，社会心理学中呈现的历史是作为一种不考虑历史演进的表征形式，这种知识的组织形式可用来预测和解释预期的社会行为模式。

解释的类型

　　社会心理学主流中的理论构建和研究是以科学的因果解释原则为基础的。它假定，一个被解释的事件，如做判断或者行为，是为数几个有限的起因造成的，如由历史观点的组织模式造成。这种因果关系的思考也可以在历史科学中观察到，除了展现历史事件之外，我们也要呈现各种历史事件之间的关系。历史编纂学中一个经典的因果解释例子是来自亚历西斯·德·托克维尔（Alexis de Tocqueville，1969/1935）对美国民主的研究工作。在其研究中，大量因果解释的例子源自实证性规律的推广。例如，美国民主建立的因果链条中的因素包括对于定居者来说艰难的物理环境、他们必须面对的简单的社交生活以及政府机构的缺乏等。这些因素都要求市民联合起来相互支持。为了实现共同目标而自愿建立起来的社团创造了对民主来说十分重要的技能和技术。托克维尔的研究也并非没有进行心理学的一般化（generalization）。例如，他捕捉到了社团联合的好处之一，即如下的心理影响：

> 如果目标信念要从社团的角度表达出来，那么它必须是清晰和精确的。它使它的支持者融入团队，并使他们成为整个事业的一部分；这些支持者互相了解，人数的增加也提升了向目标发起冲击的热情。社团组织集合了多元思想的能量并将其用于清晰指定的目标。
>
> （Tocqueville，1969）

所谓科学解释的"理性"形式，不是采用实证规律对历史事件进行解释，而是把我们对事件中表达出来的思想的理解看作对事件的解释，这出现在狄尔泰（Dilthey）的思想史研究中。科林伍德（Collingwood，1947）认为，历史编纂学的主题并不是历史事件，而是事件所表达的思想。发现思想就意味着理解它，这种理解不仅以事件之间的关系为目标，还包括人物的性格与意图之间的关系；也就是说，主要的目标是确定什么使这些历史行为是合理的。当思想史在历史科学中成为一种主要的潮流后，狄尔泰的基于理解的心理学并没有更多的东西可期待，因而两个学科间的相互辉映在理性解释的范式中实际上做不到。

在第一章我们已经澄清了这个问题，而在此我们将更加详细地讨论它，即历史科学也越来越强调在对历史知识进行解释时的叙述特征。海登·怀特（Hayden White，1981）以一种极化的方式来说明叙事解释的原则，这些事件的现实（reality）并不存在于它们发生的事实（fact）中，而是在于：首先，它们被记住；其次，它们能在一系列按时间排序的续发事件中占有一席之地。在这个意义上，历史学家的叙事本身是一个历史上的解释。

综上所述，历史叙事是社会建构（social construction）的产品，但是它是一种把叙事当作认知工具的建构，而叙事本身有自己的原则和规律。叙事的有效性取决于它的可信性、真实性和连贯性，而这些又反过来依赖于对叙事的合理使用——时间、情节、人物、视角、叙事意图和评价。叙事的矛盾在于，它是普遍有效的人类认知机制，同时，又是一种由该机制所创造的被社会所验证和保存的知识形式。狄尔泰研究思想史的时候，叙述的这种双重性质在历史学和社会心理学之间首次建立了一些富有成效的接触点。它使得在历史叙事分析中引入认知结构以及心理内容作为某种说明或解释成为可能，对历史话语的分析被反馈到实证数据上来。

集体记忆理论及其相关研究领域的短板是，他们没有建立一种可以重复、对比和验证的研究方法。我们团队研究的一个重要目标是把历史记忆的过程和认同建构与文本层面上能够识别的历史叙事的准确属性联系起来。

历史、叙事、认同：建构与现实

由于小说是叙事的一种合理类别，所以对历史事件的叙述受到了质疑；基于叙事的"精华"（goodness）的美学标准这一思想，它会将小说虚构和所描述的事件的现实混合在一起。有人指出，把在历史科学中使用的叙事因果（narrative causation）解释替换成科学的（Hempel，1942）或者理性的（Collingwood，1947）解释的尝试并不非常成功。毫无疑问，这是一个事实：自从历史抛弃了编年史和历代记，并且将简单事实纳入关于人类意图和目标的叙事系统（narrative network）后，对历史的重建无可避免地带入了建构成分。问题在于历史是否会因此迫不得已地失去与现实的联系，进而通过无边界和无法核实的建构，最终变成一个虚构性（fictionality）的领域。

根据连续论（continuity theory；Carr，1986），历史编纂学不会把事件强塞进不现实的虚构结构中，因为叙事功能处于实际叙事之前；它在历史叙事层面以体验时间的基本模式存在（Ricoeur，1984—1989）。在叙事之前或者在叙事之外，没有"原始的"现实：无论是在常识中还是在历史编纂学中，事件通过叙事结构来被人们感知和理解。如同明克（Mink，1978）所写的：叙事是一种无法简化的人类理解的形式，一篇对常识进行建构的文章。

当代心理学理论与上述观点一致。进化心理学指出，人对他人精神状态——意图、目标、信念、情绪——进行归因的进化能力，是发展叙事思维的前提（Pléh，2003b；Tomasello，1999）。发展心理学研究表明，人在婴儿期已带有目的性地"阅读"环境事件（Gergely et al.，1995；Leslie，1991），在早期母婴互动中也可以观察到最初的叙事结构（Péley，2002；Stern，1995）。

布鲁纳（Bruner，1986）谈到人类认知的两种自然形式：逻辑—科学思维和叙事思维。他认为两者没有孰优孰劣的问题，它们是互补的，无法还原为其中任意一个。它们以不同的方式组织经验和表征现实。典范的或者逻辑—科学的思维以抽象的分类、形式逻辑的程序为运作基础，并且努力满足科学的因果关系和通用的真理条件（truth condition）。叙事思维更加世俗化，它建立在对人类现状的关心上。

叙事思维的因果关系是在两个事件之间看上去合理的或者生动的关联。它建立起来的不是真理，而是逼真的事物和连贯性。如果你接受叙事作为一种体验世界的特殊模式，那么你会同意布鲁纳（Bruner，1986）的观点，他把叙事看作一种建构心理和文化现实的媒介，而历史人物实际上生活在这里面。研究人们如何讲述和理解故事，包括历史故事，能够启发我们认识到他们是如何创造自己的现实的。

社会的、集体的和文化的表征

我们已经在第六章详细地讨论过集体表征和社会表征的理论。我们指出，社会表征理论是迪尔凯姆的精神理念（intellectual tradition）的延续，尽管它实质上偏离了集体表征理论。迪尔凯姆通过引入社会事实和集体表征的概念来建立社会学学科，并借此根除了在对社会行为的解释中的心理学事实。莫斯科维奇在社会行为组织的中等水平上发展了他的理论，认为表征会进化并且被社会动力进程所塑造。为了强调表征的这个社会心理方面，他用社会表征（social representation）这个术语来代替集体表征（collective representation）。

因此，社会表征理论对发现不同水平——个体、群体、社会——的表征加工的条件感兴趣（Doise et al.，1992）。柏格森（Bergson）和迪尔凯姆的学生哈布瓦赫（Halbwachs）在更早的时候已经开始整合心理和社会现象水平的表征。但他所说的是集体记忆（collective memory）或者记忆的社会框架，而不是集体表征。

集体记忆和社会表征

如果说哈布瓦赫的集体记忆和莫斯科维奇的社会表征能够相互转译，那么这并不仅仅是文字游戏。两个概念都跟随在迪尔凯姆的背后，并且明显地与迪尔凯姆的集体表征概念不同（Durkheim，1947/1893）。集体表征是一种社会事实，是迪尔凯姆把社会学从心理学中分离的工具，而哈布瓦赫和莫斯科维奇两个人都试图将社会的和心理的现象之间的交互作用概念化。这种心理学倾向反映在术语的创造上，他使用"记忆"（memory）而不是哈布瓦赫所用的表征（representation），他用"社会"（social）表征而不是莫斯科维奇所用的集体（社会学的）和个体（认知的）表征。

当谈及表征的材料时，他们或多或少明确地引证人类的认知能力。这个时候心理学立场很明显。哈布瓦赫强调，与思维的抽象性不同，记忆总是具体的。哈布瓦赫（Halbwachs，1941）说："任何事实应该具有特定的、具体的事件或人的形式，或者空间、概念和图像应该融合，从而能够保存在集体记忆里。"莫斯科维奇（Moscovici，1984）强调，概念和图像在社会表征中如同一个硬币的两面无法分离。

对于哈布瓦赫和莫斯科维奇来说，表征围绕着一个中心模式来构建。哈布瓦赫把它描述为图像，莫斯科维奇则描述它为比喻核心。但是，很明显，他们也允许其他组织形式的存在。哈布瓦赫明显地写到叙事的保存和组织驱动力，莫斯科维奇在对于叙事功能的态度上比较含蓄。但是，当谈到"终结性"（finalities）或社会表征加工的目标时，他引用了一个核心的叙事类别，即有目的的和目的导向的行动（László，1997）。

然而，这两种途径之间存在重要的区别。我认为，其中一种区别解释了在面对群体认同问题时两种理论与群体认同建立的不同关系。尽管两种理论都认为记忆或表征是在社会交流中被建构起来的，但是哈布瓦赫的集体记忆包含群体的整个过去，而莫斯科维奇的社会表征明显指向"新"的现象，即群体现在的生活。哈布瓦赫认为，集体记忆与科学知识不同，但是他对这两种知识之间的交流不感兴趣。他专门关注群体经验的积累和保存。反之，社会表征理论专注于科学知识向日常知识的转化（或者说"通俗化"）。如莫斯科维奇所说，新的现象是由现代社会的科学催生的。这种知识通过社会表征来转化为日常知识

（在以前，这个路径是反过来的：科学知识是被常识所点燃的）。

　　莫斯科维奇和哈布瓦赫都暗指群体表征加工与建构和保持群体认同的功能之间的关系。但是，直到阿斯曼（Assmann，1992)才对此提出了一个综合的理论框架。它明确地把过去和现在的表征加工与群体认同联系起来。阿斯曼把文化记忆(cultural memory)和交流记忆区分开来(见表 10-1)。交流记忆(communicative memory)包括来自与同辈人共享的不久前的记忆，一个典型的例子是年代记忆(generation memory)。它应运而生，又随着它的载体的消失而消失。交流记忆的跨度大约是 80 年，三或四代人。研究者在自传体记忆研究中观察到几个有趣的至今未解的现象，这些研究从个体的角度来研究社会的交流记忆。例如，对于每代人来说，那些最能被记住的事件是他们在青少年晚期和成年早期(在 15～20 岁；Rubin，1996)所经历的，而与事件的类型无关。40 年是交流记忆时期的一半长，又是一个关键的临界值。40 年过去后，那些在他们成年期经历过重大事件的人，由于害怕自己离开时这些记忆会消失，所以有动力去记录和传播他们的经历。一个例子是关于大屠杀的文献大量产生于 20 世纪 80 年代中期。

表 10-1　交流记忆和文化记忆的特点

	交流记忆	文化记忆
内容	个体生命历程中的历史经验	起源的神话，古老的历史和遥远的过去
形式	非正式的、自然的、基于个体间的交流	正式的、节日的、纪念的
媒介	人类记忆、直接的经验、口头传统	记录的，具体化于写作、舞蹈和绘画等
时间结构	80～100 年，3～4 代人	遥远的过去直到神话时代
载体	当代人	研究传统的专业人士

文化记忆可追溯到群体的起源时期。文化使群体记忆客观化（ob-jectify），这对群体来说很重要（例如，把记忆编码到故事里），并且通过这种方式来保存，它使得群体的新成员能够分享群体的历史。

依照交流记忆和文化记忆的特点，哈布瓦赫的理论更多地指向文化记忆，而莫斯科维奇的理论更多地与交流记忆有关。

群体叙事和认同

认同（identity）这个概念至少有两种意思。它源自拉丁语"**idem**"和"**ipse**"类别，一方面意味着认同或者与某些东西十分相似；另一方面是在时间和空间上相同或者"千篇一律"。为了区分认同的这两方面，利科（Ricoeur，1991）建议对后者使用"**ipseity**"类别。在社会心理学中，类似的区分通过形容词构造来实现。**社会认同**标出对一个社会群体的归属感，赞同它的规范，从群体中获得价值和安全感。尽管一个人的生命历程有多重变化，但是自我的稳定性和持续性通过个人认同来表达。**个人认同**（personal identity）是埃里克森（Erikson，1968）提出的概念。

个人认同和群体认同是相互联系的。达泽维多（d'Azevedo，1962）提供了一个例子，说明以跨年代流传的口头式群体叙事为方式的群体历史如何促进群体和个人认同的建构。非洲的戈拉（Gola）对于家庭成员或者知道祖先家谱的家庭群体来说具有特殊的地位。这些特殊的家庭成员能够讲述故事，使得当前在世的家庭成员联合起来，并从祖上那里世袭地获得这些故事。这些故事不仅是简单地列举有哪些祖先，还赋予他们历史意义。在戈拉，一般认为，除非家庭成员熟悉自己家庭的家谱，否则他们不清楚自己在社会中的位置，也不能充分认识到自己是什么样的人。一个群体里的成员不仅要认识很多活着的同族人，从这个大家庭中获得安全感，还要知道人来自一个这样的家庭：它按照清晰定义的传统给予它的成员们一种自豪感和安全感。戈拉家谱叙事提供了一个群体建立的例子：群体通过它们自己的故事而建立（d'Azevedo，1962）。

专家，如非洲部落中的格里奥（griots），被委以保存和叙述群体故事的信任。证实的历史叙事仪式通常伴有音乐和舞蹈（Assmann，1992）。这些群体记忆的专家们在群体阶级中享有特权地位。他们在青少年的成年礼中扮演中心角色。青少年在成年礼中通过"融入"群体的历史，从而获得成年人身份（Leach，1976）。可见，历史意识或者说"对过去的感觉"（Shils，1981）并不只是存在于具有读写能力的社会中。

在具有读写能力的文化中，文化记忆主要是通过文本来传播的。这些文本一般由专家来创作，如历史学家和作家。尽管随着读写能力的出现，解释的需要也随即出现（有时候在历史中这导致对事件的改写），但是作为一个反作用，承认圣典的压力也是存在的。然而，成文的群体历史叙事对群体认同的建构的影响持续存在。国家历史或政治历史问题，包括权力、领导力和领土等问题，已经成为历史编纂学的主要话题，不仅因为它们比较容易被讲述，同时也因为它们通过影响一个国家的文化记忆进而影响国家认同。但是，众所周知，这种体现在历史教科书、历史遗迹和庆典中的历史文化记忆，它们本身是暴露于社交和意识形态上组织缜密的社会变化之中的，也就是在以变化为导向的被列维-施特劳斯称为"热"的文化中。近期发生的事件不仅成为实际社会交流的一部分并且往文化记忆的圣典形式发展，埋藏在文化记忆中几个世纪前的故事也可能时不时被修改和改变，经常不提供新的证据或文件以证明。历史学家已经指出，虽然林肯在葛底斯堡（Gettysburg）发表的演讲给予美国一段新的历史，但是其演讲并未包含新意——例如，关于美国宪法（constitution of the states）的独立宣言（declaration of independence）思想早在1830年被丹尼尔·韦伯斯特（Daniel Webster）所诠释（Carr，1986）——然而，这地点、这时间和修辞的力量还是让这次演讲成为美国历史的基本纲领。

　　另外一个例子也来自人类学，以一种相当极端的方式表现了一个群体的需求是如何重塑历史的。人类学家在 20 世纪初就开始研究非洲古代的贡扎（Gonja）国。贡扎国土由七个主要的区域组成。人类学家记录了贡扎国产生的历史。根据这段历史，曾经有一个强大而著名的首领征服了这片土地，并且将其划分给自己的七个儿子。接着，英国殖民当局把七个区域减少为五个。几十年后，贡扎人民仍然自豪地讲述着那段征服的历史，但是稍微不同的是，首领不再有七个儿子，而是五个（Goody & Watt，1963，Hilton et al.，1996）。这类"重写"在欧洲国家历史上也相当常见，可以在剧烈的社会变革时期观察到。

历史镜像中的国家认同

　　传记式叙事或者叙事性的生命史是个人认同的很好反映；事实上，它们有时无法从个人认同中分离开来（Bruner & Lucariello，1989；Erös & Ehmann，1997；Greenwald，1980；McAdams，1988）。麦克亚当斯（McAdams，1985）认为，个体认同可以根据故事归类为不同的种类，所以认同的稳定性与叙事式生命故事的纵向一致性是紧密联系在一起的。认同的转变——认同的危机和改变——导致自传故事的修改。重写的最温和方式是在一个人生命故事的不重要章节中进行小范围的改动。而在极端的例子中，甚至整个故事都可能被重写：主题、角色、场景、情节和主旋律可能都会改变。作者同时指出，认同问题预示着与生命故事最终呈现的方向一致，个人生命历史应该在一个镶嵌在更大框架中的社会历史矩阵中获得意义。生命历史的参数是由个体的世界来设定的。在这个意义上，认同完全是一种心理现象。

　　另外一个限制是，生命叙事对社会的影响源自个体自身所在的群体。个体必须面对面地与自己群体的成员分享生命叙事。正如布鲁纳和弗莱舍·费尔德曼所说的：

> 一个生命故事，其所说所为，要与其"微文化"及该个体
> 的文化存在依赖的邻近群体分享……很明显，群体内个体对
> 这些故事的解释在某种意义上构成了这个群体的认同。
>
> （Bruner & Fleischer-Feldmann，1996）

国家认同和历史叙事

我们当前的观点并不需要对国家这个概念的争议进行详细的讨论：以什么标准来定义一个国家？历史上它是什么时候出现的？这个术语究竟是否合理？我们所认为的作为一个国家的东西是一种精神上的集合体，它通过语言、文化和一个共同的过去来提供给人们一种归属感。国家主义这个概念源于法国革命和德国浪漫主义，尤其是黑格尔（Hegel）和赫德（Herder）。国家主义是推动 19 世纪和 20 世纪进程的积极力量，有助于一些欧洲国家的独立，但是，它也导致了战争和人类的极端痛苦。在西方世界乃至全世界，国家主义者思想及对语言、文化和往事的依恋是社会生活和人格发展的一个重要方面。

国家是界限明确的社会群体，他们生活在国界之内。一些欧洲国家已经发展了几个世纪，有些是 19 世纪或 20 世纪才产生。在 15—17 世纪西欧现代国家的发展进程中，象征性的前中央政权越来越牢固地控制新兴国家的政治生活。借助这种统一进程，国家不仅在政治和法律上成为一个整体，而且在管理和经济上亦是如此。在这个过程中，慢慢地国家意识不再是贵族的特权。成长中的资产阶级和知识分子逐渐参与到国家发展中。同时，他们赋予国家以温暖和即时的情绪。这些情绪是他们在亲密的社区中发展出来的。通过这种方式，国家的和民主的感觉与西欧的社会发展紧密相连，并且民主的感觉相比于国家的感觉更加占优势。

伊斯特万·毕波的工作阐明了中欧和东欧的情况完全不同于西

欧。现代民主国家主义没有力量也没有意志去占领现存的国家框架（如哈布斯堡帝国、德国和意大利的小型州、奥斯曼帝国等）。反而，国家主义求助于历史性质的框架（德意志帝国、统一的意大利、波兰、捷克、匈牙利和其他王国）。这些历史性质的框架仅以一种虚无的制度而续存，并且很大程度上以象征和记忆为依存。所以，国家框架在中欧和东欧并不是稳定的、理所当然的、无可争辩的实体。它需要人们创建、修复和斗争，是人们焦虑担心的东西。这些历史先例对国家和国民的认同发展具有重要意义。其认同反过来也表现在国家历史中。其他更新和更令人瞩目的例子是苏联和南斯拉夫的分裂（László & Farkas，1997）。

至少从 19 世纪开始，关于国家过去的故事就由专业的史料编纂者来编写（White，1981），但是从国家认同的角度看，民间传说——往事在国家内部不同群体中的表征——更加具有信息价值。这些表征，如同"官方历史"，以叙事的方式呈现。他们包含背景、角色、冲突的目标、实现目标的工具、结果、道德评价和一些其他叙事品质，这些都与认同有关。从认同的角度看，民间传说是同等重要的：

> 因为它使得史实值得拥有，它使得史实成为人们想要的对象（在拉康的意义上），能够做到这样是因为它赋予那些表征为史实的事件以故事所特有的条理性和凝聚性。认识到民间传说的这些重要性，我们就能够理解历史进程的诉求。

（White，1981）

尽管国家历史和国家认同的存在关系看上去是合理的，但是揭开这种关系的研究工作却很少。虽然社会心理学研究已经认识到国家概念的凸显性（salience），但是关于它的研究直到现在仍局限于研究其发展的方面（例如，Jahoda，1963；Piaget and Weil，1951），或者局限于研究国家认同在喜好和态度中的表达（Lawson，1963；Tajfel et al.，1970；Vaughan，1964）。希尔顿等人（Hilton et al.，1996）假定国家历史是支撑社会政治态度的社会表征，并且研究人们对历史的社会表征如何预测人们对欧洲统一的态度。他们回顾了这个研究领域，他们评论道，即使最全面的对个人认同、国家认同和国际关系之间关系的研究（Bloom，1992）也对历史表征可能如何塑造国家认同这个问题没有参考意义。他们发现，历史在塑造当前态度中的角色这个问题上可以参考霍布斯鲍姆（Hobsbawm，1992）和休斯通（Hewstone，1986）的研究，但是这些研究途径与国家历史的表征特性和认同功能都没有关系。

有这样一个特点，关于在群体的历史中什么是可以并且应该传播的，从国家历史的角度看哪些事件和人士是重要的，不同的民族群体间都具有一致的意见（László et al.，2002a；Liu et al.，1999）。类似地，在世界历史上也有同样的现象，只不过文化多样性在一定程度上使得它更加生动（Liu et al.，2005；Pennebaker et al.，2006）。同时，每个事件的意义对于当前和未来的关联性可能在不同的社会群体中有不同的看法，而国家认同的形成发生于它们的争论中。事件的社会表征很大程度上取决于群体对于特定事件的兴趣和了解。因此，我们能够区分争论表征（不同社会群体社会表征的竞争）、解放表征（适应一些标准的社会表征）和支配表征（社会中被广泛认可的统一的社会表征）。与巴赫金（Bakhtin，1984，1986）的看法一致，沃茨齐（Wertsch，2002）也认为，表征在对话中发展：它们被社会上同时出现的各种各样的"声音"或表征所塑造。

当前社会所持有的社会表征并不是静止不变的，而是动态的实体，它们会根据当前的需求发生变化。如同刘和希尔顿（Liu & Hilton，2005）所说的，过去重压于现在。对于与消极历史事件相关的表征来说，更是如此。这些表征以动态性为特点。根据格雷戈里奥·马拉农（Gregorio Marañon）的说法，创伤事件会影响三代人（Pennebaker et al.，2006）。一代人需要花 80～90 年，才能充分地从情绪和时间上远离创伤性事件，继而才能恰当地面对这种事件。对西班牙内战研究的结果表明，持有不同政治观点的群体对于内战具有不同的（争论的）表征。但是，这些表征往往在第三代人的时候聚合，争论表征转为支配表征（Páez et al.，2004）。

支配性的历史表征也会被人为地制造出来。乔治·奥威尔（George Orwell）的小说《一九八四》（*Nineteen Eighty-Four*）是一个例证。小说中，历史真相部门的职责是确保所创建的历史是统治阶级所喜欢的。但是，根据特定的社会需要而塑造历史并非只是极权系统的特权。霍布斯鲍姆（Hobsbawm，1992）把另外的情况称为"被虚构的传统（invented traditions）"。《当代历史杂志》（*Journal of Contemporary History*）在 2003 年出版的一期特刊关注的是政治转型中历史的改编。所有作者一致同意：历史服务于政权的合法化是一种世界普遍现象，并且在政治转型期间表现得最明显。贾尼（Gyáni）整理出了可以被利用的历史的标准：

1. 通过国家神话和虚构的传统，历史编纂学应该满足精英们使自己的政权合法化的需要。

2. 有时，历史编纂学应该为精英们提供一个参考框架和一些积极的原型，以便能够提升不可避免的且通常不受欢迎的变革在民众中的接受度。

3. 历史编纂学的任务是呈现社会过去的行为模型，以便能够让人们尽可能清晰而明白地跟从，因而当前的特定发展可能被看作传统美德和价值观的体现。

4. 同时，历史编纂学承认，基于历史主权使得政治诉求合法化是其责任，以防与其他国家发生领土争端。

5. 最后，就其政治可用性来说，历史编纂学具有几乎不受限制的可能性，这一部分源于过去历史的过度可塑性，因而每个年代和每代人都能够根据自己的利益来塑造历史。黄金时代的概念就是这样，历史的作用是修复国民的"根"、连续性、可信性和尊严，因而成为国家命运的准则和模型。

(Gyáni，2003)

历史事件的"可供性"（Liu & Liu，2003）就是历史事件可能表达出来的认同的象征性内容和情绪特性。它与社会的认同政策和真正的认同需要一起决定了当前的历史表征。在新西兰进行的一个研究中，刘等人（Liu et al.，1999）发现，由于毛利土著人的文化复兴和他们为公平的政治权利做出的斗争，土著和欧洲移民者的共同历史以及对这些历史的解释整合成了当前的社会表征，以适应每个社会群体的社会目标[倾向于种族融合的毛利人（Maori）、倾向于独立的毛利人、倾向于种族融合的欧洲人、倾向于独立的欧洲人]和社会认同，从而以一种在所有可能中最好的解决方式为这些社会表征提供了基础。

叙事重构的一个经典例子是，以色列建国时对马察达（Masada）城堡历史的修订。罗马人进攻马察达城堡时该城堡由犹太人驻守。犹太人英勇地保卫他们的城堡，抵抗了几个月。当他们没有机会抵抗敌人的强大攻势后，他们集体自杀以避免成为俘虏。在很长一段时间里，这个事件在犹太人的历史记忆中占据了主导地位，在以色列1948年建国的时候，建国元勋们使它成为犹太历史的奠基石。犹太人的社会心理学需要也刺激他们推出这样的认同政策，即在遭受大屠杀后恢复犹太国家的自尊。换句话说，这样犹太人能够使自己与顽强和英雄主义连接在一起。这种解释被简单的事实所证实，例如，马察达事件纪念碑的建立比第一次犹太人大屠杀事件纪念碑的建立更早（Klar et al.，2004；Zerubavel，1994）。

国家历史和国家认同之间的关系之所以被忽视，有两个原因。一方面，对现象的研究已经非常透彻的两个领域，即社会表征理论（Moscovici，1984）和社会认同理论（Tajfel，1981），一直是独立地发展；另一方面，叙事方法学(J. Bruner，1986；Sarbin，1986b)以前对社会心理学理论的影响有限。但是，现在一些研究者开始尝试整合社会表征理论和社会认同理论。一些思想慢慢获得研究者们的支持：存在于群体中的表征可以实现某些认同功能(Breakwell，1993；de Rosa，1996；Elejabarrieta，1994；Vala，1992)。我们在第一章已经详细地讨论过，叙事演讲无处不在(Bahtyin，1981；Barthes，1977；Halbwachs，1925)，人的思维是叙事式的(J. Bruner，1986)。从这些观点出发，我们可以从叙事的视角来看社会表征(Flick，1995；Jovchelovitch，1996，2001，2006；László，1997，2003)。这种整合的研究途径认为，社会心理学中的国家认同可以通过历史故事来研究(Liu & László，2007)。对国家的历史进行基于叙事的内容分析，我们能够探索所有社会表征——符号构建。这些社会表征标记了一个群体在世界上的位置和角色，并且这种分析也许能够以一种明确的方式来描述群体认同的情绪结构。在这本书中，我们为实现这些研究目的提供了一些概念上的和叙事上的内容分析工具。通过这些工具我们能够分辨国家认同的一些相对稳定的属性以及它们的实际状态：**认同建构在历史中的社会心理学过程**。

我们已经很清楚，对历史的集体记忆和社会表征在社交记忆(communicative memory)中随时间而不断地被修改。这些表征按照群体的实际认同需要，以某种叙事形式出现，并且在作用上像单纯的历史故事和民间故事一样。但是，故事通常不只是揭示认同。叙事不仅仅是一种用来保存信息的自然而简约的认知工具，还是一种适于建立人际关系和使自己认同于某些事物的形式。如同利科（Ricoeur，1991)所写的，在认同我们自己之前先要认同其他事物——真实的历史和虚构的叙事。借助于实证研究，我们能够从专业的和民间的历史故事(文字描述的历史或者图画的叙事)中用社会心理学的语言来揭示群体认同的特点。所以，这些故事通过什么方式或者在多大程度上与科学地重构的现实相对应，并不是问题(尽管从其他方面看它也可能是一个有趣的问题)。我们想要知道的是故事所反映的那些平衡的或不平衡的心理状态、安全感或威胁感、连续性和非连续性、时间取向、群体内关系、动机和评价等。

两个例子：根据民间历史叙事和历史教科书来研究匈牙利的国家认同

为了展示如何从历史叙事中推断认同状态和认同过程，我们在此呈现两个关于匈牙利国家认同的研究。第一个研究基于民间历史叙事，由学生讲述匈牙利历史上的积极和消极事件(László et al.，2002a)。第二个研究对比了现今奥地利和匈牙利的历史课本中关于奥匈帝国君主制的故事(Vincze et al.，2007)。

在第一个研究中，三个年龄组(10～12 岁的初中生占 30％；14～16 岁的高中生占 40％；20～25 岁的大学生占 30％)共 132 名匈牙利学生要回答两个关于匈牙利历史的问题，问题如下。

1. 请描述一个你最喜欢的历史事件，它让你引以为豪，如果可以，你愿意参与到其中(积极事件)。

2. 请描述一个对你来说最可怕的历史事件，它对国家来说是最糟糕的，如果可以，绝对不应该发生(消极事件)。

一些小插图作为文本的说明也一起呈现给了被试(全部文卷备份在匈牙利科学院心理学研究所的口述历史档案馆)。

高中 * 女性 * 积极　我很愿意生活在马加什一世时代，因为他是值得信任的。我听过很多关于他的故事，他对善良的民众很慷慨，会惩罚邪恶的民众。他援助穷人。他假扮成穷人在国内暗中巡视，因而他能够体验到农民的疾苦。

初中 * 男性 * 积极　1456 年，贝尔格莱德之围，奥斯曼攻击匈牙利。我们的领导是匈雅提（Hunyadi）。我们的城镇几乎要陷落了，新月旗已经插在城墙上，这时英雄诞生，蒂图斯·杜戈尼奇（Titusz Dugonics）跳下城墙，拖住奥斯曼旗帜，并连同他自己，一起掉进了深渊。他用这样的行动保卫祖国，保卫自己的荣誉和匈牙利的未来。

高中 * 男性 * 积极　最好的是 1848 年的自由战争，因为匈牙利为自己的家园而斗争。虽然在人数和武器上不敌奥地利和俄罗斯，但是他们并不惧怕。甚至连诗人也英勇地作战。他们主要的武器是笔。

大学 * 男性 * 消极　特里亚农条约。作为第一次世界大战的战败国，我们国家的领土成了战胜国口中的美食。他们完全不顾经济结构、民族分布和劳动力分布，随意地将匈牙利的国界重新划分。因此，家人、朋友和经济区域被完全分离了。真正的问题是国界的残酷无情。

高中 * 男性 * 消极　我认为第二次世界大战是最可怕的事情。我的祖母告诉我很多事情，因为她在那恐怖的时期幸存下来了。入侵的军队对所到之处进行了掠夺。我的祖父被抓到前线参战并牺牲了。我的母亲躲开了很多士兵和狼狗。我无法想象无辜的人们竟被冷血的士兵处决。人们失去了很多东西。我的母亲说，这些可怕的事情本不该发生。

分析方法

第一步是将被试手写的故事键入电脑，分成两个"大文件"：积极故事和消极故事。对每个故事进行年龄、性别和故事类型编码。用基于计算机的内容分析软件来加工这两个大文件（ATLAS. ti software；Muhr，1991）。通过这个软件，我们简单地计算样本中历史故事的类型和频率。每个故事被当作一个整体来处理。初步分配的编码合并入更高级的编码（例如，把"斯蒂芬王""路易斯大帝""马加什一世"都合并编码为"中世纪国王"，对"反奥斯曼胜利"等的编码也是类似的这种方式）。我们用计算机根据更高级的编码从文本中提取信息，并计算其频率。

对于积极的历史事件，一共合并产生五种编码。

对家园的征服：在 21% 的样本中出现了自发的这类叙事。其频率分布基本上随年龄的增长而下降（高中生 31.1%，初中生 19.2%，大学生 11.4%）。

中世纪国王：在 17.4% 的样本中出现，大部分出现在初中生中（21.2%）；其频率在高中生和大学生中差不多（分别为 15.6% 和 14.3%）。

反奥斯曼战争：在 26.5% 的样本中出现，大部分出现于高中生中（高中生、初中生、大学生分别为 37.8%，21.2% 和 20.0%）。

反奥地利战争：在所有样本中出现的频率是 24.2%（在递增年龄组中的频率分别是 15.6%、28.8% 和 28.6%）。

1956 年反苏联起义和 1989 年政治制度改革：这两个编码合并在了一起，因为他们各自在样本中出现的频率并不显著。不过，合并后，他们都带有反苏联的性质，并且它们是所引用的时间距离最近的历史事件（其分布频率是 0，7.7% 和 14.3%；总频率是 6.8%）。

对消极历史事件自发的主题化共产生六种编码。

奥斯曼的占领：出现在 21% 的样本中；随年龄增长而下降（31.1%，9.2% 和 11.4%）。

1848 年反奥地利自由战争失败：仅被 4.5% 的被试提及；在大学生组中没有出现。

第一次世界大战：总频率是 25.0%（各组分别是 1.6%，38.5% 和 17.1%）。

　　特里亚农条约：这个事件出现的频率（28％）在消极事件中仅次于第二次世界大战；随着年龄的增长而剧烈增加（8.9％，32.7％和45.7％）。

　　第二次世界大战：在消极事件中频率最高（41.7％）；在不同年龄组的分布是44.4％，46.2％和31.％。

　　苏联在匈牙利的统治：频率是10.6％；高中生组中没有出现（0，17.5％和14.5％）。

国家的生命轨迹

　　通过频率分布我们可以看到，匈牙利历史事件中的积极事件依次是反奥斯曼斗争、两次反奥地利自由斗争、对家园的征服、中世纪国王、1956年反苏联起义和1989年政治制度改革。消极事件的排序是第二次世界大战、特里亚农条约、第一次世界大战、奥斯曼的占领、苏联在匈牙利的统治和1848年反奥地利自由战争失败。

　　与年龄相关的特征在积极和消极事件的分类中出现了一个有趣的年龄趋向。年轻的学生更加关注更久远的历史，而较年长的学生无论对积极事件还是消极事件都更加关注不那么遥远的、时间距离较近的历史。一个很明确的例子是，三分之一的高中生和近一半的大学生把特里亚农条约作为最消极的历史事件，而在初中生中，这一比例仅为9％。

　　积极和消极事件的频率分布展示在图10-1中。该图表明，大部分积极事件发生在较远的国家历史中。看上去不仅个体，还有国家也有一种"生命轨迹"（Frye，1957；Gergen & Gergen，1988）。如果这些自发的主题化的频率被看作积极性和消极性的指标（第二次世界大战的消极性是第一次世界大战的两倍，特里亚农条约几乎与第二次世界大战一样消极），那么我们可以根据数据勾画出国家的历史轨迹。这表明，根据民间历史，积极的事件属于中世纪历史，而度过漫长的消极世纪后，匈牙利历史自 1990 年苏联统治结束后再次呈现出上升的趋势——尽管只是稍微上升。

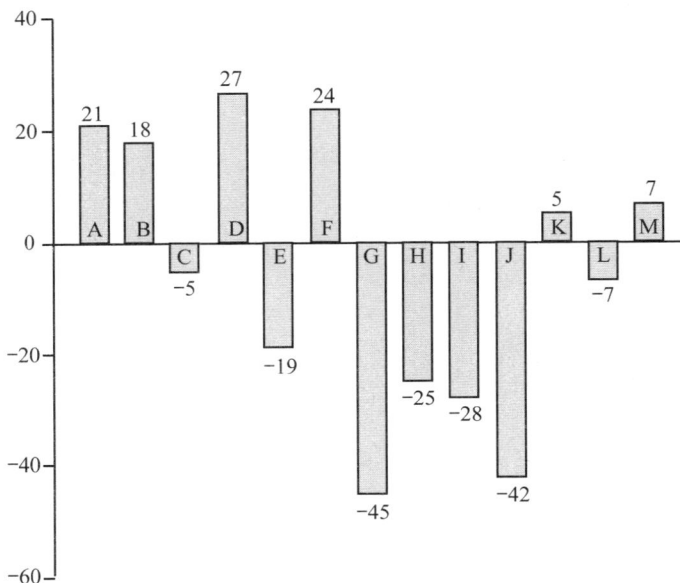

图中柱状图数据：A. 21，B. 18，C. -5，D. 27，E. -19，F. 24，G. -45，H. -25，I. -28，J. -42，K. 5，L. -7，M. 7

事件：

A. 对家园的征服　　　　　B. 伟大的国王们　　　　　C. 蒙古入侵

D. 对土耳其的胜利　　　　E. 被土耳其打败　　　　　F. 反奥地利叛乱

G. 反奥地利叛乱失败　　　H. 第一次世界大战　　　　I. 特里亚农条约

J. 第二次世界大战　　　　K. 1956 年起义　　　　　L. 1956 年起义失败

M. 苏联统治结束

图 10-1　匈牙利历史上的积极和消极事件在学生回忆中的出现频率

民间历史中所反映的这个历史轨迹与我们熟悉的匈牙利悲观主义具有相关关系。除了 1848—1849 年的起义外，积极的事件看上去在 16 世纪停止出现了。尽管否认过去三四个世纪匈牙利发生过很多消极甚至悲惨的事件是困难的，但是这段时期也发生了一些成功的事件，如同凌晨包括黎明。这些事件，如奥斯曼入侵，如果只考虑局部的胜利，可以被看作积极的。有趣的是，19 世纪唯一的积极事件，即 1848—1849 年起义最终被镇压了，然而这并没有反映在故事里。这些结果与伊斯特万·毕波的观点一致：匈牙利国家认同的特点是历史幻想主义而不是历史现实主义。

民间历史图式

数据中一个更有趣的特征是，有几个事件是可以配对的。

表 10-2 划分了四种类别：①**只是胜利**（征服家园、伟大的中世纪国王们）；②**只是失败**（世界大战、特里亚农条约）；③**先是胜利然后失败**（奥斯曼、奥地利）；④**先是失败然后胜利**（苏联）。这些结果可以根据民间历史的框架来分析。沃茨齐（Wertsch，2002）提出，对于那些贯穿历史的一直要面对的历史困境，一些人会用认知叙事模板以一种普遍的方式来总结它们。沃茨齐认为，学校、大众媒体等对历史的介绍会采用标准的叙事方式，这些方式的反复出现就形成了概要的叙事模板。在这种过程中出现的叙事模板很容易塑造我们的所说所想，因为人们几乎不会留意模板的存在，它们几乎是"透明"的，并且是一个群体认同声明的基础部分。可以说，它们将一种情节结构强加于一系列特定的角色、事件和环境。沃茨齐的工作专注于苏联，并识别了俄罗斯历史的一个认知叙事模板，其叙事步骤是这样的：首先，开始情境是俄罗斯人民生活在和平的环境中，对别人没有威胁，然后这种情况被打破，因为接着外部势力开始制造麻烦和侵略，这就导致了下一步，人民面临危机时刻和遭受巨大的痛苦，最终独立且英雄般地战胜外来势力。这个叙事模板已经被用于解释俄罗斯在第二次世界大战开始时与德国签订的里宾特洛甫条约。斯大林并不是恶毒或攻击性的，只是为了俄罗斯人民的生命而做出这一种防卫行为并等待与希特勒决一死战的机会。这个模板能够应用于任何有关俄罗斯的冲突，从第二次世界大战到拿破仑战争到与蒙古、波兰和瑞典的战争，从而使

得这些冲突有理有据。

表 10-2　匈牙利历史上积极和消极事件的分类

积极事件	消极事件
征服家园	
伟大的中世纪国王们	
奥斯曼人	奥斯曼人
奥地利人	奥地利人
	第一次世界大战
	特里亚农条约
	第二次世界大战
苏联统治结束	苏联统治

特别地，如果我们考虑到故事中**自由和独立斗争的核心**，那么对苏联时期的不注意也值得解释。苏联统治的结束可能是一个历史的里程碑，因为它为国家未来的发展打开了一个新的视角。为何在积极事件中较少提及这段时期呢？部分解释是，当代的历史还没有进入儿童的历史意识里面，但是这个解释对高中生和大学生并不适用。一方面，苏联时期在消极事件中较少出现，以及苏联统治结束在积极事件中也较少出现，可能是因为其和平非剧烈转型的结果；另一方面，可能人们对该时期的整体评价不是非黑即白的，或者其结束所打开的新前景并不是那么吸引人。

不过，在解释的时候我们还有第三个选择。它与民间历史图式有关。前面我们描述了四种主观类别，我们认为，1989 年的政治制度改革在匈牙利历史上并没有前车可鉴，因为 1956 年起义很好地被归类为传统的"先是胜利然后失败"，但是其反面"先是失败然后成功"这种叙事模式则在历史意识中是没有的。在社会表征理论的术语中，我们也许可以说第四种类别只是无法被锚定到任何更早的图式中。而且，这个历史事件没有形成形象化的核心和中央核。即使我们塑造中央核——例如，"最后一辆苏联坦克离开了匈牙利东部的边界"——这个中央核纯粹缺少了某个东西，并且没有故事能够建立在缺失上，即"零叙事"上。

政治转型缺少叙事模板以及缺少一个类似图像的核心（image-like core）也出于同样的原因。为何类似图像的核心没有建立起来并非完全因为事件在时间距离上太近，而是因为这类历史事件——"我们失败了但是最终我们赢了"这种叙事模板——在匈牙利民间历史上是没有前例的。如果这样的叙事模板能够在接下来几十年内发展出来，将有助于匈牙利国家认同的平衡性质和安全感，而群体内部的成员在构建自己的认同时也能依赖这个故事。

故事中缺失了什么

在符号领域，故事所缺失的部分是有信息价值的。从这个角度出发，所有年龄群体都缺失合作的主题。所有民族群体，除了他们自己的国家群体，都被描画为敌对者或敌人。没有人能够帮助或者与匈牙利人合作。尽管竞争群体的出现和冲突的主题可以被叙事的引人注目的要求所解释，但是我们材料中缺失的"帮助者"的角色［如同普洛普（Propp，1968）通过俄罗斯民间故事所展示的那样］，在故事中也是一个引人注目的功能。

"生活在和平中"这一象征域也是缺失的。为了解释这个结果，我们可能又要引用彭尼贝克的研究（Pennebaker & Banasik，1997）。他们认为，保存社会政治变革的社会记忆具有长期的影响。尽管我们知道匈牙利历史发生过非常重大的改变，而导致长期的和平（例如，1867年与奥地利的和解）。但是和平的主题在我们的样本中是未被充分代表的。这是引起争议的，因为我们看到，和平不是在积极历史事件中被明显提及而是在消极事件中。它就是特里亚农条约以及它对国家的影响。因此，彭尼贝克和巴纳西克（Pennebaker & Banasik，

1997)是正确的：集体记忆维持了政治事件的长期影响。所以，和平的例证是特里亚农和平条约所造成的创伤性经历。随着年龄的增长，它越来越多地成为被提及的最消极的历史事件。这个特殊的匈牙利历史事件的意义看上去反映了最初的和平所隐含的意义，并将其符号表征从积极转变为消极。

群体动因和责任

在前面的分析中我们探讨了叙事图式（narrative schemas）的内容，并且根据叙事图式，我们从国家历史表征和国家认同之间的关系中引出间接的研究结论。在接下来的分析中，我们将用消极历史事件来展示，基于叙事结构的基本特征的叙事心理内容分析，我们可以获得关于认同的社会心理方面的第一手信息。当我们要求被试谈论欧洲历史中的积极或消极事件时，第二次世界大战在消极事件中出现的频率非常高，是欧洲也是匈牙利历史中的消极事件。关于世界大战的叙事也包括大屠杀，但是它的出现频率在匈牙利历史和欧洲历史回忆中是显著不同的（见表 10-3）。

表 10-3　大屠杀故事中的主动力

欧洲		匈牙利	
22%		6%	
是主动力	不是主动力	是主动力	不是主动力
64%	36%	12%	88%

第二次世界大战是匈牙利和欧洲历史中出现频率最高的消极事件。但是，提及第二次世界大战中的大屠杀的人数在欧洲历史故事和匈牙利史中非常不同。在"欧洲"第二次世界大战故事中，22%的被试提到了大屠杀，但是在"匈牙利"的第二次世界大战故事中，仅有6%的被试提到。如果进一步的叙事分析无法提供解释，那么这个结果只

能自己为自己辩护。叙事必然包含对行为的因果解释，它暗示着对行为的责任归因（attribution of responsibility）。与经典的海德归因理论的观点一致，这种归因是内部的（自己群体的，也就是匈牙利人自己的责任）或者外部的（其他群体或者外部环境该为屠杀负责）。无论是对于欧洲还是匈牙利的第二次世界大战故事来说，大屠杀的原因（如果第二次世界大战的所有因素都被谈及）几乎完全是德国法西斯主义：匈牙利人，甚至匈牙利的法西斯分子，都不会负有责任。由于动因（agency）是群体认同（Castro & Rosa，2007）和群体知觉（Hamilton，2007）的核心要素，所以我们当然可以进一步思考这种辩护的生产力和功能，但是它肯定阻碍了群体的动因潜能。在这个例子中，匈牙利人是作为一个群体的。

更进一步：自动化的叙事心理内容分析

考虑到动因大部分是通过动词来表达的，我们基于这类动词而创建了程序来测量一段叙事中的动因。首先，我们用主动的语义内容（如促发）编辑了一个动词词典和另外一个被动动词词典（如接受）。我们围绕这些动词建立本地语法，因而确保只有在它们用于主动和被动意义时才被考虑到。我们也在程序中并入主动和被动的语法特征（例如，主动的声音和被动的声音）。最后，我们赋予程序这样的语法：它分配给角色以不同的主题任务（例如，动作者和接受者），并且能够解决指代和省略问题（分别是当角色的名字被代词所替代或者省略时）。在大屠杀文本中运行这个程序产生的结果与人工编码的结果具有 87% 的重合度。

共同历史的表征

学校历史课本（history books）并不仅仅提供国家历史知识，也提供认同的方式，而且它们能实现国民情绪调节的功能。并不需要通过大段讨论历史进程是否依赖于特定的个体行为或机构行动，而且在悬而未决的历史问题上公开宣称什么是正确的，也是错误的。这类功能是由修辞来实现的，即历史叙事的正式结构属性。为了说明上面所说的，我们看看对有关奥匈帝国的章节的三本奥地利和三本匈牙利初中历史教科书的一些内容分析结果（Vincze et al.，2007）。我们分析了关于1860—1914年的文段，也把导致这段时期的事件考虑进来。这些文段并不长，所以教科书仅用几页来讨论这段时期。在有些教科书中，政治历史和文化历史混合在一起，我们只专注于与政治历史有关的文段。首先，我们对涉及行为动作或意识的叙事感兴趣。例如，"因为没有议会奥匈帝国促发了这次战争，并因而很快变为世界大战"和"他知道弗朗茨·约瑟夫（Franz Joseph）完全是一个小肚鸡肠的角色，肯定会拒绝这个提议"。针对后者，1861年的《二月专利》（*February Patent*）是一个中央集权宪法，不仅适用于各省，也适用于整个君主国。表10-4的首行表明，奥地利历史课本比匈牙利历史课本提供了更多的事实。

表 10-4　学校历史课本分析结果

编码	频率	
	奥地利历史课本	匈牙利历史课本
事实、陈述	120	78
匈牙利机构的行动	2	52
奥地利机构的行动	30	11
匈牙利人的行动	1	57
奥地利人的行动	38	15
其他国家的行动	15	10
匈牙利人的心智行为	1	21
奥地利人的心智行为	12	5

当动作者计划行动或者采取一些措施时，这个动作者是谁也存在显著差异。表 10-4 的第二行到第五行表明，匈牙利的历史课本中个体或机构所执行的行动数量比奥地利多得多。第七行和第八行数据也说明了奥地利历史课本的客观性，它涉及一些描写历史人物内心状态的叙事语句出现的频率。这类陈述在匈牙利历史课本中出现的次数正好是奥地利历史课本的两倍。但是，如第六行数据所示，在奥地利历史课本中，其他君主国或者他们的代表在执行某种行为上更为频繁，并且也更加频繁地与其他君主国或他们的代表为伴或行为上更有耐性。

这个小样本的结果表明，同样的历史在匈牙利和奥地利的历史课本中的呈现是不同的。因此，我们之于历史的关系也被塑造成不一样的。奥地利历史课本很好地体现了民主发展的观点，而匈牙利历史课本更强调独立性。如果对这些结果加以评价，那么我们可以看到匈牙利历史课本较少关注其他国家的立场，而是将历史人格化，从而使其更容易被读者所体验。在这方面它们促进了传统国家认同的传播和深化。相反地，奥地利历史课本倾向于强化学生的公民认同。

我们对这些结果进行了一个方法上的修正。与动因程序类似地，我们收集了不同类型的心智表达（mental expression），并将它们加入词典中，为它们创建本地语法，以此来确保这些表达仅在目标情境中被测量。通过语法工具，我们还将这些心智动作分配到主题角色（thematic roles）中（被奥地利人或匈牙利人填入每个句子中）。这样一种程序运行得出的结果与人工编码具有 85％的重合度。

总　　结

本章讨论了社会心理学和历史科学之间的紧密关系。叙事方法学近几十年在这两个领域内的兴起很大程度上强化了两者之前几乎没有存在或者很少有知识上的联系。本章认为，群体历史是一种以叙事的方式来构建和表征的社会记忆，且是群体认同的组成部分。在展示社会记忆的不同形式和不同理论时，本章指出，历史表征的发展与群体的认同需要有关，因此，历史表征的内容和形式体现了群体认同。本章纳入了一个对匈牙利国家认同的研究，它应用了叙事心理学中的概念和方法。与探索国家概念的形成（例如，Jahoda，1963；Piaget & Weil，1951）或国家认同在偏好和态度上的表达（Lawson，1963；Tajfel et al.，1970；Vaughan，1964）等研究不同，这里采用了社会表征的研究途径。我们假设社会知识体现在民间历史中，并且在人社会化的过程中被获取和改造。共享的民间国家历史叙事**构建**并且**反映**了人们对国家的社会认同。这些历史的结构和内容的变化与发展是社会群体的特点，所以民间历史也许能说明群体的现实和情感生活。

让被试讲述他们自己的国家历史的方法被证实是一种可用的研究方法。对这些故事的分析揭示了匈牙利国人认同的一些显著特征。

第十一章　科学叙事心理学的起源与展望

　　虽然本书临近尾声，但是科学叙事心理学的研究才刚刚开始，第十章介绍的研究和不同心理建构（例如，这些研究里讨论到的心理化和个体性）的语言分析软件仍然在发展。同样地，科学叙事心理学中已有的内容分析软件需要进一步改进。前几章提出的主要历史问题和文化演变问题要想在具体的研究项目中得到解决，还有很多技术工作要做。这些技术工作影响着心理学和语言科技中的基本问题。但是，我们已经实现了主要的目标。我们的初始假设是：人们在故事中并且通过故事在多个重要方面构建自我。他们在叙事中表达他们的经历与社会环境的关系是如何在意义建构的过程中组织起来的，以及如何创建自己的认同的。此外，我们认为，经历的属性提供给我们关于叙事者的行为适应的重要信息，并且能告诉我们他们在生活中是如何应对不同的情境的。为了更好地理解这些经历的属性和他们组织自己经历的方式，我们发展了叙事心理内容分析的方法，从而使我们可以可靠地根据叙事的语言特征来揭示与心理有关的意义内容。也就是说，我们非常重视语言和人类心理过程之间的关系与叙事和认同之间的关系，并通过分析**叙事语言**（承载着心理内容的复杂模式），我们在个体和群体水平上科学地认识了人类社会适应的心理过程。

　　与其对本书的各章内容进行科学叙事心理学的理论立场和研究方

法的总结概述，不如对叙事心理学与其相应的研究取向之间的关系进行概述有用(见表 11-1)。除了科学叙事心理学，在这个领域还有三种不同的研究取向：叙事的认知研究、叙事的心理测量学研究及诠释叙事心理学。科学叙事心理学与诠释叙事心理学都认为：叙事建构传达和反映认同。从这个意义上说，叙事不仅有语义或者实用价值，而且也有心理意义。不过，心理意义(我们称为认同状态或认同特质)能够在生命历史或者群体历史中映射出，不仅仅是通过诠释学的解释，而且在很大程度及数量上，可以通过叙事心理内容分析的计算机程序系统进行分析。叙事的认知研究对叙事的理解进入了一个更高水平，这些研究关注语义加工和语用信息加工过程，但与科学叙事心理学截然相反，他们忽视心理意义和认同，他们没有利用计算机技术获得的研究结果进行认同过程的研究。另外，叙事的心理测量学研究主要的兴趣是叙事语言(narrative language)与叙事组织之间的心理联系。他们用计算机技术来测量词汇频次并将其与人格变量、情绪状态等相联系。科学叙事心理学对这一研究取向的拓展可为叙事语言和心理过程之间关系的建立(也包括复杂的叙事模式以及计算机分析中相应的心理维度)提供一个理论框架。

似乎对叙事心理内容分析的变革进行总结是值得的。叙事心理内容分析既不同于"定量诠释学"，从根本上讲也不同于任何流行的叙事分析类型。受后现代思潮的影响，质性分析的趋势已渗透到实证社会科学的许多领域(Denzin & Lincoln，1994；Flick，2000；Hoshmand，2000；Polkinghorne，1997)。不过，从科学的角度来看，叙事心理内容分析不应只是对实证数据进行某种渗透理论的解释，不管是采用归纳的方式还是演绎的方式。

表 11-1　科学叙事心理学与其他叙事研究的关系

科学叙事 心理学	叙事的 认知研究	叙事的心理 测量学研究	诠释叙事 心理学
量化研究法	量化研究法	量化研究法	质性研究法
叙事作为个体和团体经验的表达媒介	叙事作为信息的载体	语言使用的心理联系或叙事组织对心理生活的影响	在社会、文化和文本语境中的意义
生命故事的叙事构成反映心理状态和认同特质	叙事结构与理解和记忆组织有关	对叙事成分和叙事结构没有兴趣	案例是基于对叙事构成的兴趣
使用计算机技术来识别和测量叙事成分和模式的心理意义	使用计算机技术测量故事组织和模拟故事理解	使用计算机技术测量词语频次	没有测量

科学叙事心理学如其他叙事研究方式一样，主要是针对文本和故事进行研究，文本和故事可能是来自个人的私人文件、访谈，甚至是来自专业人士的文献资料、电影艺术作品、美术作品。它不仅包括大故事，如整个生命历史或者是个人经历中精选的故事（Freeman，2006），也包括小故事，如个体在谈话中为了构建或展现参与者的认同而使用的叙事（Bamberg，2006；Georgakopoulou，2006；Schiffrin，1994）。叙事心理的内容分析，就如同任何内容分析研究一样，从质性维度开始，把一些意义归属到某些文本元素中。在心理学中，这种意义通常是心理意义。不过，在质性分析阶段，分析是不会停止的。叙事心理的内容分析有一个重要的新颖之处就是它把内容分析编码作为心理变量的价值标准。反过来，这就使叙事内容分析变得可以量化并且在统计上是可处理的。另一个显著的创新之处来自叙事组织和心

理组织之间一致性的识别，也就是这个事实，自我叙事的叙事特征，如角色的功能（character's functions）、故事的时间特性及叙事者的观点都会提供自我表征的特点和条件。同样地，关于外部世界的故事会透露社会表征的心理特性。

叙事心理内容分析一个更加新颖的地方是，它基于文本特征来分类。无论这些文本特征多么复杂，都或多或少能以一种精确的方式被识别出来（László et al.，2002b，2007）。但是，从叙事心理内容分析得来的定量数据，也就是心理变量的测量值，无论它们在多大程度上从心理变量和叙事变量的理论联系中推导而来，将只有表面效度（face validity）。研究结果的外部效度可以通过控制组的使用或者通过与其他心理学研究方法获得的结果进行比较而达到。

因此，科学叙事心理学把叙事构建的后现代观点带到心理表征和文本的物质世界。尽管它赋予文本元素以意义，但是这种意义是投射到心理演变和理论操作的心理意义，该心理意义不仅可通过叙事谈话的质性内容分析映射出来，而且也可通过其他方式体现。最后，作为一种科学的理解模式，叙事心理学追求系统的数据收集及对结果的可验证性概括。

现在有两种情况有力地支持叙事中的意义构建的实证研究。两者都有诸多讨论，不过，他们对科学思维的影响很小，其中之一是我们称为全球化（globalization）的过程。更准确地讲，全球化的结果是，那些文化差异及伴随的行为，早期被视为难懂和非理性的，现已成为我们每天生活经验的一部分。他们挑战了"西方中心普遍主义"这种舒适性的论题。当然，非理性行为与西方文明是格格不入的。心理学历史上最卓越的人物是从邦德（Le Bon）到卢因（Lewin）或从弗洛伊德到塔吉费尔，以后可能还有许多人，都忙于揭示这种非理性的心理状态。

另一个因素就是技术进步，它在科学历史中发生过许多次。一些信息技术的研究结果为对文本进行计算机质性研究提供了机会（Denzin & Lincoln，1994；Miles & Huberman，1994）。在叙事分析中和一些其他调查领域中，证明这些折中的工具比单一的质性分析或单一的量化分析要有效得多。当前存在并不断发展的复杂计算机程序可以非常快速地进行超文本分析。这使得把特定人群产生的文集当作一个巨大的数据库成为可能。

技术革新的科技效应也包括一些不利影响。大型数据库使用的便捷会导致科学研究通过精确和机械的方式进行，大脑的创造性自然被削弱了。我们对任何社会现象都进行研究，我们的研究不能只受自下而上的理论构建影响。因为叙事心理的内容分析一直建立在心理理论（theory of mind）的基础上且也使用自上而下的法则，它利用计算机容量来处理复杂的语言形式，所以叙事心理的内容分析结合了质性研究和量化研究两方面的优势，它为松散的叙事内容提供结构。有许多类型的叙事，且所有这些叙事都可以进一步根据社会现象研究的不同方法分成亚类型。找到最好的叙事并为之找到最好的分析工具一直是研究者的任务，这一创新活动绝不应该任由复杂的统计探索控制。

与这个问题紧密联系的观点是：技术进步不仅使建立新的方法成为可能，而且也使建立新的模型成为可能。在 20 世纪中期，控制论的发展使心理学中人类心理的交换机模型出现，研究直接指向联想关系和反馈。在 20 世纪下半叶，计算机成为重要隐喻。人类的模式越来越像一个智力信息的处理器。早期阶段的计算机受到处理速度和储存容量的限制，不允许对整个人类心理过程的丰富内容进行建模，尤其不适合在建构意义和运用意义的过程中包含社会和文化的心理过程。第四代计算机已经允许处理大量栩栩如生的数据，它可以作为构建和验证模型的基础，至少能够匹配某些复杂性意义。当它转向故事，并从叙事文本结构性特征的丰富且可识别的模式中努力去重构和解释人类心理时，叙事心理学就在尝试构建一种实证可检验的活在意义中的人类的心理模型。

最后，我们应该再次强调，科学叙事心理学是一种对人类心智（psyche）发展在历史和个体维度进行重构的工具。我们使用心智这个词，而不是心理（mind）或认知（cognition），是因为认知和意义构建与文化历程的历史和个体调查研究是分不开的。意义构建包含于情绪丰富的经历（experiences）中，且这些经历是与个人认同和集体认同有关的。个人叙事和集体叙事要么来自口述史料，要么来自书面材料，由于它们包含经历的组织形式（organizational forms）和现象特征（phenomenal character），所以使得我们能够获知认同建构中的历史变化和个体发展变化，并因此使研究者能够对文化的演变进行科学研究。

附　录

关于软件 Lin-Tag

Lin-Tag 是一款由 MorphoLogic 公司研发的软件，它用来对匈牙利语的心理叙事进行语言预分析。该程序对语句进行语法分析，从而识别可供心理学研究使用的语言标记。语言模块（linguistic modules）的目的是在文本分析中识别和标出那些与特定叙事范畴或心理内容有关的语言形式。它支持以下叙事范畴：

- 叙事视角；
- 趋近—回避（Approach-avoidance）；
- 主要角色的功能；
- 主观的时间体验；
- 自我参照；
- 否定。

在这些分类中，前三类需要进一步的分析，而对于其他类别则只需标出关键词和相关表述。

在英语文献中，简单的词形识别工具也用于处理类似问题，它们也分析这些单词形式是否共同出现（co-occurrence）。对于匈牙利语来说，这一方法远远不够。一方面，我们无法简单地罗列单词的不同形式(一个单词在文本中可能出现的形式平均能达到几千种)；另一方面，分析的重点通常不是词干而是不同的语言形式。在英语中，语言形式是通过单词的顺序和组成短语的单词(孤立语)来表达的，且大多数独立的单词都属于一个词组。而匈牙利语则通过各种词缀来标记句子中相隔很远的单词之间的语法关系。所以，在匈牙利语的文本评估中，单词水平上的分析和单词间语法关系的识别都是不可或缺的。

程序开发的过程见图 A-1。Lin-Tag 程序建立在 HUMOR 和 HU-MORESK 之上，这是由 MorphoLogic 公司研发的两个软件包。HU-MOR 单词分析程序(word analyser)可对匈牙利单词形式进行详细的分析。HUMOR 将单词形式分解成功能块(词素)并指定它们的语法特征，这些对后面的分析是必要的(Prószéky & Kis，1999)。例如，单词"almát""apple＋ACC"或"litter＋his"被指派以下描述：

alma{N}＝"almá"＋t{ACC}＝"t"

"apple"

alom{N}＝"alm"＋a{Pse3}＝"á"＋t{ACC}＝"t"

"litter"

同理，该程序也可以从名词和形容词两个方面对"legerosebbik"进行分析：

leg{SUP}＝"leg"＋eros{Adj}＝"eros"＋ebb{COMP}＝"ebb"＋ik{HIGHL}＝"ik"＋et{ACC}＝"et"

"strong"

leg{SUP}＝"leg"＋ero{N}＝"ero"＋s{SSUFF}＝"s"＋ebb{COMP}＝"ebb"＋ik{HIGHL}＝"ik"＋et{ACC}＝"et"

"strength"

单词自身的形态分析(morphological analysis)是内容分析中必不

图 A-1　程序开发过程

可少的，例如，"apát"（father＋ACC 或"abbot"）的单词形式，就取决于我们是采用宾格谈论一个父亲还是采用主格谈论一个教区执事。这毫无疑问取决于形态分析中的语法分析程序。

HUMORESK 是一款用于语法分析的语言分析程序（Prószéky et al.，2004），它是一种基于格语法且包含禁止性法则的后缀语法。该语法不生成一个完整的句子，但它适用于名词短语和动词短语的分析。HUMORESK 并没有执行任何革命性的语法运算，它执行的是一个从下至上的文本分析，它指定每个符号的简单特征阵列，随着语法分析树的建立，这些特征被选中和继承。

HUMORESK 程序的创新之处在于规则的方式是匹配和制定的。这些规则是指模式有限集合的形式，因此系统有了一个匹配规则的词典，这类似于形态分析程序的词典。每个模式都建立在部分指定的元素或符号之上：对于某些单词只知道那些标记句法功能的标签，而另外一些单词的词干甚至是词形都给出了。

基于上述原因，很难分辨 HUMORESK 是一种基于规则的系统，还是基于词典的系统，又或是（使用机器翻译的术语来说）基于案例的系统：一方面，用于分析的数据，即语法的首要成分，是一种规则，且其元素是受约束的；另一方面，HUMORESK 是一个模型（范例），其组成部分在单次续发事件的表层水平上并未完全被指定。

HUMOR 和 HUMORESK 通过一个中间程序——单词自动机发

生联系。这个程序从 HUMOR 的输出格式产生一个描述，这个描述与 HUMORESK 的分类特征是匹配的。HUMORESK 的分类特征由语法产生，但是也有可能存在心理学上的"有趣"内容。这是心理分析的出发点。接近—回避的例子用来说明在 Lin-Tag 中写程序的步骤。第一步是建立语法分析程序和 Lin-Tag 之间的桥接。这个桥接——制表表格（Tabs Table）——描述了在语法项目中的心理分类。例如，网页的语法描述中可能包含趋近内容：如 **jön** 或者 **ad＋DAT**，但它也许是一个语言前缀或者是一些副词。借助于制表表格和语法，Lin-Tag 收集了所有趋近分类的表述。接下来的一步是宏创建，它既可以过滤那些在制表表格分类中不需要的内容，同时也进一步补充了分类标准。这是因为它从心理学的视角确定趋近描述是与故事的主角、自我还是一些其他人物有关。这可以通过宏来实现，宏只考虑与自我相关的趋近描述。Lin-Tag 的操作见图 A-2。

程序的语言操作化

语言类型学也许会将语言归为三类（Greenberg，1974）：由单音节词汇构成的孤立语（isolating language）（如汉语）、在单词加上前缀和后缀的黏着语（agglutinative language）（如芬兰语、爱沙尼亚语、土耳其语、匈牙利语）以及屈折语（inflected language），即单词本身通过转调而变化，如德语、意大利语、波兰语和俄语。需要提及的是语言并不能明确地归入这些类型，它们可能依据自己的主要属性特征而归属于某一确定的类型。英语更可能属于孤立语。反之，匈牙利语则属于黏着语，这意味着其语法联系是通过词缀的累积来表现的；受此影响，该语言使用后缀来替代介词。因此，考虑到词汇的结构，匈牙利语比大部分印欧语系要困难。匈牙利词汇可以被大大扩展：词尾可能相继出现。因此，根据我们的计算，匈牙利语每个单词有超过一万个词汇形式，如此假设则其可行的后缀词汇形式能够达到 50 亿

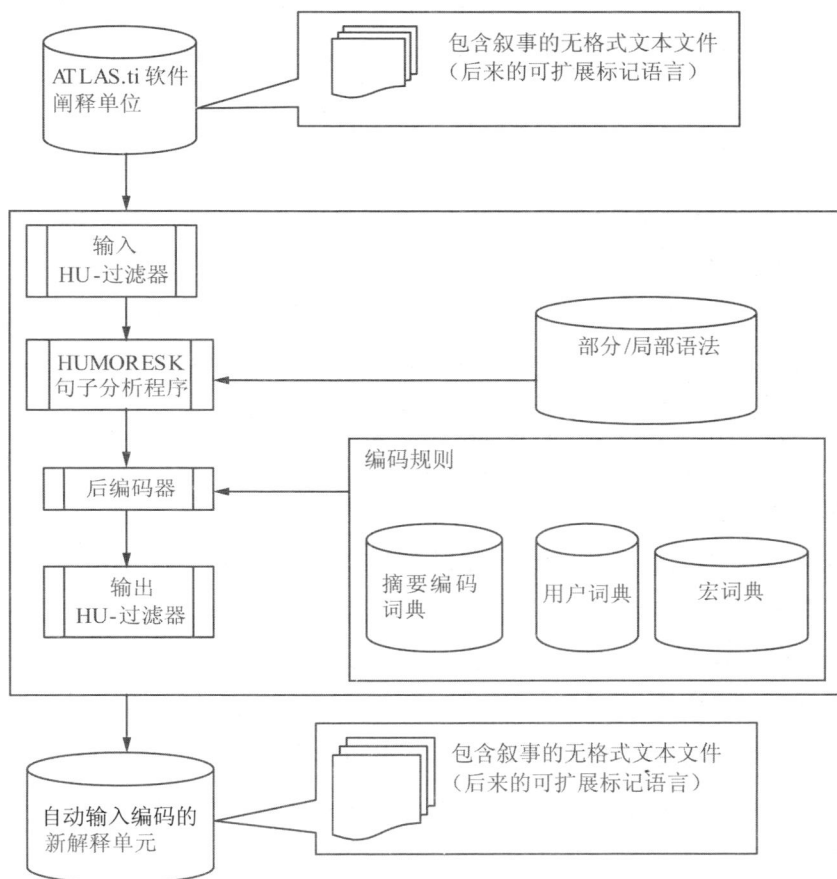

图 A-2　Lin-Tag 的操作概述

（Kenesei，2004）（相比较而言，所有英语词汇形式估计有 50 万）。在上述方法的帮助下，通过设置词汇的可能词形作为字典的要素，技术上能够有效实现和操作匈牙利语的词频分析程序。之前他们曾遭遇一些困难，如关于存储和访问时间乃至计算机容量的问题。且该系统的操作本身是基于词汇形态学的单元分析，因此，这类技术理应被应用。形态学的目的是将词汇分解成元件、词素，且揭示和标记元件的某些语法特征。

叙事的构造特征的语言操作化基于形态学和词汇化的本地语法，它抓住了目标语言化模型。作为示范，我们会呈现叙事视角形式和空间—情绪距离控制的语言化操作（趋近—回避）。

视角形式的语言操作化

考虑到那些语言标记在时空位置上的作用，自我叙事的视角概念可以从语言上进行定义。有叙事内容和叙事立场两种定位空间和时间的方式。叙述者可能只是根据他的实际位置完成自己的定位。在这种情况下，叙述者会使用涉及地方（如城镇或街道的名称）或日期（某月或某日的名称）的特定术语。或者，叙述者只是考虑到他的实际位置来完成自己的定位。在这种情况下，叙述者使用空间（如那里、这里）或时间（如当时、现在）指示词来进行时空定位。自我叙事中，独立的方式和依赖的方式都能够定义一个特定的空间或时间位置。不过，他们的使用存在重大差别。用于描述独立位置的术语是基于对空间和时间系统的详细阐述，而指示语则与更模糊的空间和时间系统有关，因为它们要么远要么近地定位彼此的内容和位置。另一个区别反映了它们在自我叙事中的频率，指示词出现的频率大大多于关于地点和时间的术语。

三种视角形式的语言操作化包括四组语言标记。最常见的一组语言标记是时间指示语标记，因为它是由动词时态来标记的。动词现在时的使用定位了彼此最近的叙事内容和位置，而使用动词过去时则将它们定位在较远的位置。此外，有几个时间副词能够定位彼此近端或远端的叙述内容和位置（如现在、当时）。语言标记的第二组包括那些空间副词和指示代词，这些也可以用于近端或远端的定位（如这里、这个、那里、那个）。语言标记的第三组包括与三种视角形式之一有关的专有名词。这些术语是用于描述叙事者位置的独立方式，且与回顾形式有关，因为这些专有名词意指远侧的空间或时间位置。感叹词与体验模式有关，因为这些术语的内容和位置都彼此接近（Wilkins，1995）。最后，有少数动词和修饰语与元叙事形式相关，因为这些词要么指代叙事者当前的心理活动（如我记得）要么表达叙事者当时对叙事内容的立场（如大概）。语言标记的最后一组由句子类型构成。回顾式的句子总是陈述句形式。然而，体验或元叙事形式的句子则可以是陈述句、疑问句、感叹句或者是祈使句。叙事视角算法的语言编码摘要见表 A-1。

表 A-1　叙事视角算法的语言编码

语言标记		回顾式	体验式	元叙事式
时间指示	时态	动词的过去式	动词现在时 其它的动词	动词现在时
	时间副词	距离时间	趋近的时间 （PROXTIME）	趋近的时间 （PROXTIME）
空间指示	空间副词	距离代码 （DISTLOC）	趋近代码 （PROXLOC）	趋近代码 （PROXLOC）
	指示代词	距离代码 （DISTLOC）	趋近代码 （PROXLOC）	趋近代码 （PROXLOC）
专有名词		—	SPEC_INT	SPEC_VERB SPEC_MOD
句子		标点标记 （PUNCMARK_.）	标点标记 （PUNCMARK_!?）	标点标记 （PUNCMARK_!?）

　　叙事句子中采用的视角形式是通过这些语言编码组合的形式来确定的。以下面的句子为例，这些句子来自某位假想的叙述者讲述的一件交通事故。

　　（1）我在去杂货店的路上。

　　（2）我看到一辆车正撞向我！

　　（3）其他的事我都不记得了。

因为第一个句子中，叙事者使用了过去动词时态（VERB_PAST），所以叙述者采用的是回顾式视角。在第二句中，下列三个语言标记表明叙事者采用的是体验式视角：动词的现在时态（VERB_PRESENT）、近空间副词（PROXLOC）和感叹号（PUNCMARK_!?）。最后，第三句中，叙事者采用的是元叙事式视角，它也是由三种标记表明：记忆动词的出现（SPEC_VERB）、动词现在时态（VERB_PRESENT）和近时间副词（PROXTIME）。

趋近—回避维度的语言操作化

动作趋近—回避的语言操作化包括三组语言标记。第一组语言标记由涉及躯体动作的动词组成。这个算法通过将它们归类进十二种辅助语义类别来区别第一人称和第三人称的单数及复数动词。由于匈牙利语是一种词缀语言，所以通过表层的词法分析，我们足以识别动词的数量和人称。类别如下：

APPR_FARVD1 ＝表语，第一人称动词指动作（如 go）；

APPR_FARVD3 ＝表语，第三人称动词指动作（如 runs）；

APPR_FARVI1 ＝表语，第一人称动词指"移动某物"（如 gave）；

APPR_FARVI3 ＝表语，第三人称动词指"移动某物"—接近（如 sends）；

APPR_FARVS1 ＝表语，第一人称动词，宾格中接名词（如 know）；

APPR_FARVS3 ＝表语，第三人称动词，宾格中接名词（如 kissed）；

AVOID_NEARVI1 ＝否定，第一人称动词，宾格中接名词（如 I did not kiss）；

　　AVOID_NEARV3 ＝否定，第三人称动词，宾格中接名词（如 she does not know）；

　　AVOID_FARVIX1 ＝表语，第三人称动词指"移动某物"—避免（如 lose）；

　　AVOID_FARVIX3 ＝表语，第三人称动词指"移动某物"—避免（如 lost）；

　　AVOID_NEXIST1 ＝否定，第一人称存在动词（如 I was not）；

　　AVOID_NEXIST3 ＝否定，第三人称存在动词（如 he will not）。

　　第二组语言代码由名词组成，这里包括第一人称代词和其后缀形式以及指代重要他人的名词。所谓重要他人，是那些在叙事者生命故事中扮演重要角色的人。根据前人研究（例如，Péley，2002），家族成员、伴侣和朋友都属于这一类。这些标记代码列在字典文件中。然而，在试验分析的过程中我们意识到在大多数案例中，这些重要他人仅是通过代词来标记的。因此，无论是第三人称还是第一人称代词以及它们的后缀形式都应包括在分析中。名词据其语义功能可归成六类。各类示例如下：

　　APPR_NEARNI1 ＝与格（注：间接宾语形式）中的第一人称代词（如 for me）；

　　APPR_NEARNI3 ＝与格中的第三人称代词或与格中的重要他人（如 for mom）；

　　APPR_NEARN1 ＝第一人称代词用作空间副词回答WHERE TO？（如 to me）；

　　APPR_NEARN3 ＝第三人称代词用作空间副词或来自名词的动词回答 WHERE TO？（如 to her，to my friend）；

APPR_NHOME1 ＝第一人称代词回答 WHERE？（如 at my house）；

APPR_NHOME 3 ＝第三人称代词或词尾变化的名词指代重要他人回答 WHERE？（如 by dad）；

AVOID_FARND1 ＝第一人称代词用作空间副词回答 WHERE FROM？（如 from me）；

AVOID_FARND3 ＝第三人称代词用作空间副词或来自名词的动词回答 WHERE FROM？（如 from her）；

AVOID_FARVS1 ＝宾格中的第一人称代词（如 me）；

AVOID_FARVS3 ＝宾格中第三人称代词或重要他人（如 him）。

动词和名词的编码建立在近似和回避的宏指令上。动词和名词的关系由名词性结构提供的动词介词确定。元素的表语或否定形式是实质性的，因为趋近的否定能够表示回避，它不等于回避的否定。回避的否定并非只是表示趋近。因此，趋近和回避的语言标记是动词和名词组合出现构成的文本单元。

程序的效度和信度研究

测验的效度采用三种不同的技术进行检验。首先，采用 83 名正常被试，根据年龄和性别分类，对程序的每个模块进行效度研究。在这项研究中要求被试讲述六件重要的生命片段。同时要求完成简要版本的主题统觉测验和一个由 94 道题目组成的问卷，问卷的内容包括标准化的认同量表和人格问卷，该量表与程序模块都是为了测试相同的心理结构。样本描述见表 A-2。

表 A-2　样本描述

性别	青壮年(18～35 岁)	成年人(45 岁以上)
女	33	17
男	21	12

其次，我们还为部分程序模块设置了控制组，控制组被试是根据 DSM IV 筛选出的精神障碍患者。我们有三组精神障碍患者：重度抑郁症患者(20 例)、边缘患者(22 例)和药物滥用(drug abuse)者(20 例)。我们用近似—变化(approx-change)、自我参照(self-reference)和否定模块(negation modules)来分析结果。

最后，叙事视角模块的效度也通过社会知觉实验来检验(Pólya et al.，2005)。

生命片段

被试在叙事访谈(narrative interview)中讲述了下述重要的生命片段(life episodes)：

第一记忆

被试回忆的关于早期记忆的故事。

成就故事

关于时至今日被试仍感到骄傲的成就故事。

恐怖故事

依据被试恐怖经历讲述的生命事件。

失败的故事

被试经历失败的生命事件。

人际关系不好的故事

关于被试人际关系不好的故事。

良好人际关系的故事

关于被试人际关系良好的故事。

根据叙事访谈技巧，故事情节会根据半结构化生命访谈的框架来讲述。在访谈过程中，只要涉及与主题相关的内容，主试会针对每种生命事件提出问题。

问卷 94 项题目构成的调查问卷包含以下分量表（相关模块在括号内）：

时间知觉量表（El-Meligi，1972）9 个条目（时间模块）；

贝克抑郁量表（Beck's depression questionnaire；Beck，1974）简短版（否定、自我参照）；

大五问卷（Caprara et al.，1993），情绪稳定性分量表中的情绪控制和冲动控制，24 个条目项 [叙事视角、近似—变化、角色功能（character functions）]；

特质元情绪量表（Salovey et al.，1995），清晰度量表，11 个条目（叙事视角、近似—变化）；

亲密关系的经验（Brennan et al.，1998）伴侣信任分量表，30 个条目（叙事视角、近似—变化）；

生命目的量表（Antonovsky，1987），短版，13 个条目（所有模块）。

程序模块的信度研究

对于每个案例信度研究的做法是对比自动编码和手动编码的结果。每个对比都采用了大量文本（每个文本至少 2000单词）。手动编码是由两个独立的编码者执行的，且一致性系数至少为 0.87。

程序模块的效度研究

通过模块获得相关内容分析的结果进行程序的效度研究，故事中该模块与相关的问卷量表和 TAT 变量获得的结果是一致的。在统计分析中，被试的数量有所变化，因为一方面在访谈的转录过程中会有少部分遗失。另外，在某些情况下，被试给出的故事不能进行叙事内容分析，也不得不忽略这些内容。统计分析中的被试数量在每个案例中都有标明。作为示范，叙事视角和空间—情绪控制（趋—避）项目的信度和效度的研究结果将呈现在下面（更多有关信度和效度研究的细节，可以参阅下列研究：Ehmann et al.，2007；Hargitai et al.，2007；Pohárnok et al.，2007；Pólya et al.，2007）

叙事视角模块的研究

有两项研究探索了视角模块的信度。第一项研究分析了 130 例自我叙述，其中包括 220 个叙事句子。该叙事访谈取自参与体外受精（IVF）治疗的同性恋男性和女性。模块的性能通过回忆率和准确率两个变量进行测量。如这两个变量所示，该模块在识别回顾式中是最成功的，回顾式常伴随在体验式和元叙事式之后（见表 A-3）。

表 A-3　自我叙事视角模块的效能

视角形式	回忆率（%）	准确率（%）
回顾式	88.1	96.7
体验式	84.5	83.3
元叙事式	62.5	71.4

第二项研究分析了来自同一样本的 130 例自我叙述。这些自我叙述的长度为 15696 个句子，句子的编码包括人工编码和视角模块编码。两种编码方法之间的相关系数反映了模块的性能。对于回顾式，它们的相关系数 $r=0.89$，$p<0.01$，对于体验式，它们的相关系数 r

=0.85，$p<0.01$，对于元叙事式，它们的相关系数 $r=0.63$，p <0.01。

总之，视角模式可以可靠地编码回顾模式和体验模式，但是识别元叙事模式未能达到 80% 的标准水平。

叙事视角模块的情绪调节功能的效度研究

两个研究针对叙事视角假设的心理内容进行测试。在这两个研究中，我们对每个视角模式采用相对频数，相对频数是用给定的视角模式数量除以视角化总量来估算的。研究针对 83 名分层抽样的被试进行(男 29 例，女 54 例)。被试的故事至少应包括四个事件。年龄分布：青壮年(18～35 岁：50 人，$M=23.02$，$SD=3.90$)和成年人(45～60 岁：33 人，$M=51.65$，$SD=3.82$)。

因变量测量

情绪体验的特质特征(trait features)可采用问卷来测量。情绪体验的一致性(coherence)是通过特质元情绪量表(Trait Meta-Mood Scale；Salovey et al.，1995)的清晰因子(Clarity factor)来反映的，该因子反映了一个人在多大程度上能够清晰地理解自己的情绪。生命目的量表(Purpose to Life Scale；Antonovsky，1987)被用来测量一致感(sense of coherence)构想。这种构想：

> 是一种整体的定位，表示个体在多大程度上拥有普遍的、持久而动态的自信：①刺激来源于个体内部和外部的环境，在这个过程中，生活被构建，且是可预见可解释的；②个体可用这些资源来满足刺激所造成的需求；③这些需求都是挑战，但是值得投入和参与。
>
> (Antonovsky，1987)

因此，一致感有三个因素，分别是可理解性、可管理性和意义。

用大五人格问卷的情绪稳定因素的管理来反映情绪体验的稳定性
(Caprara et al.，1993)。这个因素包括两个分量表。情绪控制分量表
测量应对焦虑和情绪的能力。冲动控制分量表测量调节易怒、不满和
愤怒的能力。

结　果

我们预期视角模式的频次不存在性别差异，结果也支持了这一预
期。但是，我们有理由认为在年龄上会产生一定的差异。因为人们常
常回忆起青春期中重要的生活事件，所以一般来说，在时间上，青壮
年被试回忆的是近期的事件，而年长的被试报告的则是更为遥远的事
件。年长者想必有更多的机会讨论有关事件，从而塑造了事件的意
义。体验叙事模式一般用于事件发生时的意义塑造，因此，我们预期
这种视角模式常发生在年轻的被试中。与此同时，年长者通常对事件
的情绪部分更为敏感，因此，我们预期元叙事视角在该组出现的频率
更高。结果支持上述预期，年长被试比年轻被试较少使用体验模式
（双尾 t 检验，$t=2.04$，$p<0.05$），但是更多使用元叙事模式（双尾 t
检验 $t=2.54$，$p<0.05$）（见表 A-4）。

表 A-4　在分层正常样本中叙事视角模式的相对频数

	回顾		元叙事		体验	
	M	*SD*	*M*	*SD*	*M*	*SD*
男（*N*=29）	0.241	0.059	0.604	0.065	0.151	0.060
女（*N*=54）	0.237	0.070	0.614	0.075	0.149	0.051
18～35 岁（*N*=50）	0.246	0.064	0.595[a]	0.068	0.159[a]	0.051
45～60 岁（*N*=33）	0.226	0.069	0.634[b]	0.071	0.135[b]	0.056
总计（*N*=83）	0.238	0.066	0.610	0.072	0.149	0.054

注：a、b 指至少在 $p<0.10$ 的水平差异显著。

我们预期事件的主题不存在频次差异，确实，结果也没有显示出
任何这样的差异。然而，有理由假设，关于积极生活事件的叙事与关

于消极生活事件的叙事在讲述者所使用的视角形式上可能存在差异。积极事件的叙事者在事件情绪卷入的强度中有增加的趋势，而负性事件叙事者则有下降的趋势。因此，我们可以预期积极事件叙事比消极事件叙事存在更多的元叙事视角（meta-narrative perspectives）以及较少的回顾视角（retrospective perspectives）和体验视角（experiencing perspectives）。表 A-5 表明结果符合这种假设，但是差异没有达到显著水平。

表 A-5 在 5 件不同生活事件中叙事视角模式的相对频数

生活事件	回顾		元叙事		体验	
	M	SD	M	SD	M	SD
成就	0.232	0.101	0.621	0.127	0.146	0.086
恐惧	0.253	0.113	0.601	0.118	0.146	0.094
失败	0.246	0.113	0.606	0.115	0.149	0.092
不良人际关系	0.244	0.126	0.602	0.137	0.154	0.090
良好人际关系	0.224	0.121	0.626	0.124	0.150	0.094

使用问卷测量得到的情绪调节的特征与视角模式的使用有关（见表 A-6）。我们发现了几个趋势和重要结果，这些结果支持特定视角模式的使用反映了情绪调节的特定模式。

表 A-6 情绪体验的稳定性和连贯性与视角模式频次之间的关系

情绪调节		回顾		元叙事		体验	
		M	SD	M	SD	M	SD
TMMS：	L	0.242	0.068	0.607	0.063	0.151	0.060
清晰因子	H	0.236	0.066	0.613	0.079	0.147	0.050
情绪控制	L	0.254[a]	0.072	0.594	0.075	0.152	0.059
因子	H	0.228[b]	0.061	0.620	0.067	0.149	0.051
冲动控制	L	0.235	0.063	0.612	0.076	0.150	0.057
因子	H	0.241	0.069	0.610	0.068	0.149	0.052

续表

情绪调节		回顾		元叙事		体验	
		M	*SD*	*M*	*SD*	*M*	*SD*
抑郁因子	L	0.250[a]	0.069	0.593[a]	0.069	0.154	0.051
	H	0.2223[b]	0.061	0.633[b]	0.070	0.144	0.058
可管理性	L	0.240	0.074	0.613	0.077	0.143	0.061
因子	H	0.237	0.061	0.608	0.068	0.155	0.048
意义因子	L	0.257[a]	0.070	0.595	0.074	0.147	0.056
	H	0.230[b]	0.063	0.617	0.070	0.150	0.054
可理解性	L	0.244	0.070	0.616	0.079	0.137[a]	0.058
因子	H	0.234	0.063	0.606	0.065	0.161[b]	0.048
情绪易变	L	0.242	0.070	0.617	0.075	0.137	0.056
性因子	H	0.232	0.064	0.608	0.072	0.160	0.050

注：a、b 指至少在 $p < 0.10$ 的水平上差异显著，L＝低，H＝高，TMMS：特质元情绪量表。

有意义因子中的结果支持回顾视角的低情绪强度。与低抑郁（双尾 t 检验，$t = 1.87$，$p < 0.10$）和低意义（双尾 t 检验，$t = 1.77$，$p < 0.10$）被试比，具有低情绪强度的被试比那些在这些量表得高分的被试使用更多的回顾视角。但是，有些结果与我们的预期有矛盾，具有高情绪控制的被试比那些低情绪控制的被试较少使用回顾性视角（双尾 t 检验，$t = 1.76$，$p < 0.10$）。结果也支持了体验视角的塑造角色。被试在可理解性因子上得分高，即个体采用一致性结构理解事件，比那些在该因子上得低分的被试更多使用体验模式（双尾 t 检验，$t = 2.08$，$p < 0.05$）。同样，高情绪不稳定的被试比情绪稳定的被试更多地使用体验视角（双尾 t 检验，$t = 1.84$，$p < 0.10$）。

近似—变化程序研究

三个自我叙述（约 2000 字）均通过人工编码和近似—变化程序编码。

如表 A-7 所示，该程序总共有 54% 的回忆率。近似（APPROX）表达的识别显示更高水平的回忆，但准确性较低，且其在回避（AVOID）表述中更不可靠。

表 A-7　近似—变化模块的信度

		正确分数	遗漏	错误分数	共计
近似	手动编码	46	—	—	46
	近似—变化模块	28	18	31	28（60%）
避免	手动编码	27	—	—	27
	近似—变化模块	12	15	5	12（44%）

在临床和正常样本中近似—变化程序的效度检验

根据我们以前的研究结果（Pohárnok et al.，2007），我们认为相对于正常人而言，边缘型人格障碍（BPD）病人自我叙述会出现更多趋近—回避表述。客体关系理论（例如，Kernberg，1975；Mahler et al.，1975）和依恋理论（例如，Fonagy，1998；Holmes，2004）声称，BPD 的主要特征是人际行为的矛盾意向和不稳定的情绪调节。被吞噬（engulfment）的恐惧和希望发生亲密关系同时被激活，因而这些患者具有逃避的强烈欲望。这导致在人际关系调节和情绪调节中出现失败的调节尝试。

这一假设通过两个样本的自我叙述来检验（重要他人的好故事：BPD $N=33$，控制组 $N=33$；重要他人的坏故事：BPD $N=32$，控制组 $N=32$）。据推测趋近—回避表述方式很大比例会出现在 BPD 组中。控制组和 BPD 组会根据被试的年龄和每个故事的字数匹配，并且我们采用独立样本 t 检验来比较趋近—回避表述在两种情况中出现的平均数。

如表 A-8 所示，就良好故事而言，两组之间存在差异倾向。虽然回避元素的差异在统计上是显著的，但是在总的趋近—回避表述上两组不存在显著差异。此外，对于坏的故事，回避表述差异显著，但是在近似表述中只有趋近表述达到差异显著水平。因此，回避表述的结果支持我们的假设，而近似的结果只是部分支持我们的假设。

表 A-8　在自传故事情节中近似和回避的相对频次

话题	近似		回避	
	M	*SD*	*M*	*SD*
成就（*N*=78）	0.900	0.212	0.099	0.212
恐惧（*N*=77）	0.815	0.313	0.185	0.313
失败（*N*=78）	0.856	0.232	0.143	0.232
不良（*N*=66）	0.806	0.301	0.193	0.301
良好（*N*=75）	0.853	0.247	0.146	0.247

分层正常样本中近似—变化模块的效度检验

该研究针对分层正常样本中（平均 *N*=83）的六个生命片段的故事进行。我们采用了以下分量表进行问卷调查。

为了评估人际关系调节质量，我们使用了亲密关系体验的"伴侣信任"量表（Brennan et al.，1998）。为了评估调节特质的自我差异，我们使用了"情感控制"分量表、大五人格问卷中"情绪稳定性中的冲动控制"（BFQ，Caprara et al.，1993）、特质元情绪量表的"清晰度"分量表（Salovey et al.，1995）以及生命目的量表中的"可管理性"量表（Antonovsky，1987）。

首先，我们假设涉及消极情绪状态的叙事（如失败的故事）和涉及积极情绪状态的叙事（如好的故事）之间总体上趋近—回避表述存在差异。采用独立样本 *t* 检验的统计方法，我们发现在坏故事和成就故事中，其结果符合我们的预期。我们发现在成就故事中有大量趋近表述，在坏的故事中有大量回避表述。但是，接下来的配对 t 检验结果显示，不同故事类型之间没有显著差异(见表 A-9)。

表 A-9　近似和回避编码的频次以及在匹配样本中两者的共现

		近似 $p=0.078$ ($p<0.10$)		回避 $p=0.029$ ($p<0.05$)		近似回避 $p=0.081$ ($p<0.10$)	
		M	SD	M	SD	M	SD
好故事	控制组 ($N=33$)	3.121	2.583	0.515	0.972	3.636	2.804
	边缘型人格障碍组 ($N=33$)	4.090	3.521	0.969	1.310	5.060	4.022

		近似 $p=0.0699$ ($p<0.10$)		回避 $p=0.033$ ($p<0.05$)		近似回避 $p=0.237$ (未说明)	
		M	SD	M	SD	M	SD
坏故事	控制组 ($N=32$)	4.281	3.205	0.687	0.965	4.968	3.477
	边缘型人格障碍组 ($N=32$)	4.093	3.401	1.343	2.057	5.437	4.641

为了解释这些结果，我们假设趋近—回避模型是经验组织的深层次特征——一种具有独特色彩的特质，它独立出现，不受叙事的情绪影响，此外，我们必须考虑到近似—变化的功效，它负责某个叙事片段中趋近—回避表述的全部内容。在所有的故事中，回避表述一般存在比较少的回忆内容。

根据我们的第二个假设即近似、回避编码的量越大，趋近—回避运动就越频繁，这证明了讲述故事的人存在情绪调节的适应困难。相对于其他，这些困难更多地出现在趋近—回避运动中且与某些调节机制的类特质特征相关。

为了检验这一假设，我们分析了成就和失败的故事，因为它们两个的情感是明确对立的。我们设置了两个配对的成就和失败的故事组。一组含有最低（L）的近似和回避编码，另一组含有最高（H）的近似和回避编码。然后，我们比较了两组故事中叙事者人格问卷的得分。

如表 A-10 所示，被试在情绪和冲动控制量表中得分越低，就会出现越多的近似和回避编码，并且在成就故事中会有更多的趋近—回避的表述。相反，如果被试能够理解和预期到影响他们的刺激，并且合理地应对这些刺激，那么他们的成就故事中的近似和回避编码就会比较少。

表 A-10　成就故事与失败故事中趋近—回避表述在人格问卷上得分之间的关系

		情绪控制		冲动控制		TMMS：清晰度		PLS：可管理性		ECR：信任	
		M	SD	M	SD	M	SD	M	SD	M	SD
成就趋近回避	L	39.433*	8.740	36.233*	6.073	47.100*	4.978	14.566*	2.699	44.900*	7.063
	H	29.714*	7.010	30.875*	7.579	40.666*	6.365	12.187*	2.948	39.500*	8.082
失败趋近回避	L	38.034	8.033	36.862*	6.864	46.448	3.859	14.241	2.668	45.758*	6.588
	H	33.277	10.554	32.631*	7.197	43.000	7.615	12.947	3.865	40.157*	8.883

注：* 指两组之间存在显著差异（$p < 0.05$）。

这些结果支持了我们的假设，趋近—回避表述越多，意味着自我调节能力越不稳定和不充分，同时趋近—回避表述出现频率越少意味着情绪调节能力越强。在伴侣信任分量表中得高分的被试，无论是失败故事还是成就故事都表现出较少的趋近—回避表述。这可能是因为他们更好地"利用"自己信赖的人来帮助自己进行情绪调节，因此他们不必依赖他们自己不充分的调节能力。

参考文献

Abelson, R. P. (1968) 'Psychological implication', in R. P. Abelson, E. Aronson, W. J. McGuire, T. M. Newcomb, M. J. Rosenberg and P. H. Tannenbaum (eds) *Theories of Cognitive Consistency: A sourcebook*. Skokie, IL: Rand McNally.

——(1975) 'Does a story understander need a point of view?' Paper presented at the Workshop on Theoretical Issues in Natural Language Processing, MIT, Cambridge, MA, June.

——(1976) 'Scripts in attitudes and decisions', in J. S. Carrol and J. W. Payne (eds) *Cognition and Social Behavior*. Hillsdale, NJ: Lawrence Erlbaum.

——(1987) 'Artificial intelligence and literary appreciation: How big is the gap?', in L. Halasz (ed.) *Literary Discourse Aspects of Cognitive and Social Psychological Approaches*. Berlin: de Gruyter.

Abelson, R. P., Aronson, E., McGuire, W. J., Newcomb, T. M., Rosenberg, M. J. and Tannenbaum, P. H. (eds) (1968) *Theories of Cognitive Consistency: A sourcebook. Skokie*, IL: Rand McNally.

Abric, J. C. (2001) 'A structural approach to social representations', in K. Deaux and G. Philogéne (eds) *Representations of the Social*. Oxford: Blackwell.

Allport, G. W. (1935) 'Attitudes', in M. Murchison (ed.)*A Handbook of Social Psychology*. Worcester, MA: Clark University Press.

——(1955) *Becoming: Basic considerations for a psychology of personality*. New Haven, CT: Yale University Press.

Antonovsky, A. (1987) *Unraveling the Mystery of Health*. San Francisco, CA: Jossey-Bass.

Asch, S. (1952) *Social Psychology*. New York: Prentice-Hall.

Assmann, J. (1992) *Das kulturelle Gedachtnis*. Munich: C. H. Beck.

Astington, J. W. (1990) 'Narrative and the child's theory of mind', in

B. K. Britton and A. D. Pellegrini (eds) *Narrative Thought and Narrative Language*. Hillsdale, NJ: Lawrence Erlbaum.

Auerhahn, N. C. and Laub, D. (1998) 'Intergenerational memory of the Holocaust', in Y. Danieli (ed.) *International Handbook of Multigenerational Legacies of Trauma*. New York: Plenum.

Augustinos, M. (1990) 'The mediating role of representations on casual attributions in the social world', *Social Behaviour* 5: 49-62.

Bakhtin, M. M. (1981) 'Discourse in the novel', in M. Holquist (ed.) *The Dialogic Imagination: Four essays by M. M. Bakhtin*. Austin, TX: University of Texas Press.

——(1984) *Problems of Dostoevsky's Poetics*. Minneapolis, MN: University of Minneapolis Press.

——(1986) 'The problem of speech genres', in M. M. Bakhtin, *Speech Genres and Other Late Essays*. Austin, TX: University of Texas Press.

Bal, M. (1985) *Narratology: Introduction to the theory of narrative*. Toronto: University of Toronto Press.

Bamberg, M. (2006) 'Stories: Big or small? Why do we care?', *Narrative Inquiry* 16, 1: 139-147.

Bamberg, M. and Andrews, M. (2004) 'Introduction', in M. Bamberg and M, Andrews (eds) *Considering Counter-Narratives: Narrating, resisting, making sense*. Amsterdam: John Benjamins.

Bannister, D. (1966) 'A new theory of personality', in B. M. Foss (ed.) *New Horizons in Psychology*. Harmondsworth, UK: Penguin.

Barclay, C. R. (1996) 'Autobiographical remembering: Narrative constraints on objectified selves', in D. C. Rubin (ed.) *Remembering Our Past*. Cambridge: Cambridge University Press.

Barclay, C. R. and Smith, T. (1992) 'Autobiographical remembering: Creating personal culture', in M. A. Conway, D. C. Rubin, H. Spinnler and W. Wagenaar (eds) *Theoretical Perspectives on Autobiographical Memory*. Dordrecht, Netherlands: Kluwer Academic.

Barthes, R. (1977) *Image, Music, Text*. New York: Hill & Wang.

Bartlett, F. C. (1923) *Psychology and Primitive Culture*. Cambridge: Cambridge University Press.

——(1932) *Remembering: A study in experimental and social psychology*. Cambridge: Cambridge University Press.

Bauer, M. (1993) 'Resistance to change: a functional analysis of responses to technical change in a Swiss bank'. PhD thesis, London School of Economics.

——(1996) *The Narrative Interview*：*Comments on a technique for qualitative data collection*. London：Methodology Institute，London School of Economics.

Baumeister，R. F. (1987) 'How the self became a problem：A psychological review of historical research'，*Journal of Personality and Social Psychology* 52，1：163-176.

Beck，A，T.，Rial，W. Y. and Rickerts，K. (1974) 'Short form of Depression Inventory：Crossvalidation'，*Psychological Reports* 34，3：1184-1186.

Ben Amos，D. (ed.) (1976) *Folklore Genres*. Austin，TX：University of Texas Press.

Bényei，T. (2002) 'Kiságy-monológok (Crib monologues)'，*Élet és Irodalom* 46，14：25.

Berlyne，D. E，(1971) *Aesthetic and Psychology*，New York：Appleton-Century-Crofts.

Bettelheim，B. (1976) *The Uses of Enchantment*：*The meaning and importance of fairy tales*. London：Thames &. Hudson.

Bibó，I. (1991) *Democracy*，*Revolution*，*Self-determination*：*Selected writings*. New York：Columbia University Press.

Billig，M. (1991) *Ideology and Opinions*. London：Sage.

Binet，A. and Henri，V. (1894) 'La mémoire des phrases (Mémoire des idées)'，*Année Psychologique* 1：24-59.

Bion，W. R. (1952) 'Group dynamics：A review'，*International Journal of Psycho-Analysis* 33：235-247.

——(1961) *Experiences in Groups*. London：Tavistock.

Black，J. B. and Bower，G. H. (1980) 'Story understanding as problem solving'，*Poetics* 9：223-250.

Black，J. B.，Turner，T. J. and Bower，G. H. (1979) 'Point of view in narrative comprehension，memory and production'，*Journal of Verbal Learning and Verbal Behaviour* 18：187-198.

Black，J. B.，Galambos，J. A. and Read，S. (1984) 'Comprehending stories and social situations'，in R. Wyer，T. Srull and J. Hartwick (eds) *Handbook of Social Cognition*. Hillsdale，NJ：Lawrence Erlbaum.

Block，N. (1980) *Readings itl Philosophy of Psychology*，vol. 1. Cambridge，MA：Harvard University Press.

Blonsky，P. P. (1935) *Pamjati i myslenie*. Moscow：Ogiz-Szocegiz.

Bloom，W. (1992) *Personal hlentity*：*National identity and international relations*. Cambridge：Cambridge University Press.

Bobrow，D. G. and Collins，A. (eds) (1975) *Representation and Understanding*：

Studies in cognitive science. New York: Academic Press.

Bolton, D. (2003) 'Meaning and causal explanations in the behavioural sciences', in B. Fulford, K. Morris, J. Sadler and G. Stanghellini (eds) *Nature and Narrative: An introduction to the new philosophy of psychiatry*. Oxford: Oxford University Press.

Bonaiuto, M., Breakwell, G. M. and Cano, I. (1996) 'Identity processes and environmental threat: The effects of nationalism and local identity upon perception of beach pollution', *Journal of Community, and Applied Social Psychology* 6, 3: 157-175.

Bonaparte, M. (1940) 'Time and the unconscious', *International Journal of Psycho-Analysis* 21: 427-468.

Bortolussi, M. and Dixon, P. (2003) *Psychonarratology: Foundations for the empirical study of literary response*. Cambridge: Cambridge University Press.

Boschan, P. (1990) 'Temporality and narcissism', *International Review of Psycho-Analysis* 17: 337-349.

Bourdieu, P. (1980) *Le Sens pratique*. Paris: Minuit.

Bower, G. H. (1976) 'Comprehending and recalling stories', American Psychological Association, Division 3, Presidential Address, Washington, DC, September.

Bower, G. H., Black, J. B. and Turner, T. (1979) 'Scripts in memory for text', *Cognitive Psychology* 11: 177-220.

Bradley, J. (1990) *TACT User Guide: Version* 1. 2. Toronto: University of Toronto.

Branscombe, N. (2004) 'Social psychological antecedents of collective guilt.' Paper presented at the conference Collective Remembering, Collective Emotions and Shared Representations of History: Functions and dynamics, Aix-en-Provence, France, June.

Bransford, J. D. and Johnson, M. K. (1972) 'Contextual prerequisites for understanding: Some investigations of comprehension and recall', *Journal of Verbal Learning and Verbal Behaviour* 11: 717-726.

Breakwell, G. M. (1986) *Coping with Threatened Identities*. New York: Methuen.

——(1993) 'Social representation and social identity', *Papers on Social Representations* 2, 3: 198-217.

Breakwell, G. M. and Canter, D. (1993a) 'Aspects of methodology and their implications for the study of social representations', in G. M. Breakwell and D. Canter (eds) *Empirical Approaches to Social Representations*. Oxford:

Clarendon Press.

Breakwell, G. M. and Canter, D. (eds) (1993b) *Empirical Approaehes to Social Representations*. Oxford: Clarendon Press.

Breakwell, G. M. and Lyons, E. (eds) (1996) *Changing European Identities: Social psychological analyses of social change*. Oxford: Butterworth-Heinemann.

Brennan, K. , Clark, C. L. and Shaver, P. R. (1998) 'Self-report measurement of adult attachment: An integrative overview', in J. A. Simpson and W. S. Rholes (eds) *Attachment Theory and Close Relationships*. New York: Guilford Press.

Brewer, W. F. and Lichtenstein, E. H. (1981) 'Event schemas, story schemas and story grammars', in J. Long and A. Baddeley (eds) *Attention and Performance IX*. Hillsdale, NJ: Lawrence Erlbaum.

Brewer, W. F. and Nakamura, G. V. (1984) 'The nature and functions of schemas', in R. W. Wyer, Jr. and T. K. Srull (eds) *Handbook of Social Cognition*, vol. 1. Hillsdale, NJ: Lawrence Erlbaum.

Brockmeier, J. (2001) 'From the end to the beginning: Retrospective teleology in autobiography', in J. Brockmeier and D. Carbaugh (eds) *Narrative and Identity*. Amsterdam: John Benjamins.

Brockmeier, J. and Carbaugh, D. (eds) (2001) *Narrative and Identity*. Philadelphia, PA: John Benjamins.

Brockmeier, J. and Harré, R. (2001) 'Narrative: Problems and promises of an alternative paradigm', in J. Brockmeier and D. Carbaugh (eds) *Narrative and Identity*. Amsterdam: John Benjamins.

Brown, R. W. and Gilman, A. (1960) 'The pronouns of power and solidarity', in T. A. Sebeok (ed.) *Style in Language*. Cambridge, MA: MIT Press.

Bruner, E. M. (1986) 'Ethnography as narrative', in V. W. Turner and E. M. Bruner (eds) *The Anthropology of Experience*. Urbana, IL: University of Illinois Press.

Bruner, J. (1986) *Actual Minds, Possible Worlds*. Cambridge, MA: Harvard University Press.

——(1987) 'Life as narrative', *Social Research* 54: 11-32.

——(1990) *Acts of Meaning*. Cambridge, MA: Harvard University Press.

——(1991) 'The narrative construction of reality', *Critical Inquiry* 18: 1-21.

——(1996) *The Culture of Education*. Cambridge, MA: Harvard University Press.

Bruner, J. and Fleischer-Feldman, C. (1996) 'Group narrative as a cultural context of autobiography', in D. C. Rubin (ed.) *Remembering Our Past*. Cambridge:

Cambridge University Press.

Bruner, J. and Lucariello, J. (1989) 'Monologue as narrative of the world', in K. Nelson (ed.) *Narratives from the Crib*. Cambridge, MA: Harvard University Press.

Bühler, C. (1933) *Der menschliche Lebenslauf als psychologisches Problem* (*The Human Course of Life as a Psychological Problem*). Leipzig: Hirzel.

Butler, R. (1963) 'The life review: An interpretation of the reminiscence in the aged', *Psychiatry* 26: 65-76.

Cantor, J. (2004) '"I'll never have a clown in my house!" Why movie horror lives on', *Poetics Today* 25: 283-304.

Caprara, G. V., Barbaranelli, C. and Borgogni, L. (1993) 'The Big 5 questionnaire: A new questionnaire to assess the 5 factor model', *Personality and Individual Differences* 15, 3: 281-288.

Carr, D. L. (1986) *Time, Narrative and History*. Bloomington, IN: Indiana University Press.

Castro, P. (2003) 'Dialogues in social psychology: Or, how new are new ideas?', in László, J. and Wagner, W. (eds) *Theories and Controversies in Societal Psychology*. Budapest: New Mandate: 32-55.

Castro, J. and Rosa, A. (2007) 'Psychology within time: Theorising about the making of sociocultural psychology', in J. Valsiner and A. Rosa (eds) *Cambridge Handbook of Sociocultural Psychology*. Cambridge: Cambridge University Press.

Cavalli-Sforza, L. L. and Feldman, M. W. (1981) *Cultural Transmission and Evolution: A quantitative approach*. Princeton, NJ: Princeton University Press.

Chiu, C., Krauss, R. M. and Lan, I. Y. M. (1998) 'Some cognitive consequences of communication', in S. R. Fussell and R. J. Kreuz (eds) *Social and Cognitive Approaches to Interpersonal Communication*. Hillsdale, NJ: Lawrence Erlbaum.

Churchland, P. (1995) *The Engine of Reason, the Seat of the Soul: A philosophical journey into the brain*. Cambridge, MA: MIT.

Codol, J. P. (1984) 'On the system of representations in an artificial social situation', in R. M. Farr and S. Moscovici (eds) *Social Representations*. Cambridge: Cambridge University Press.

Colby, B. N. (1973) 'A partial grammar of Eskimo folktales', *American Anthropologist* 75: 645-662.

Collingwood, R. G. (1947) *The Idea of History*. Oxford: Clarendon Press.

Condor, S. (2003) 'The least doubtful promise for the future?', in J. László and W. Wagner (eds) *Theories and Controversies in Societal Psychology*. Budapest: New Mandate.

Cosmides. L. and Tooby, J. (1992) 'Psychological foundations of culture', in J. H. Barkow, L. Cosmides and J. Tooby (eds) *The Adapted Mind*. New York: Oxford University Press.

Coyle, A. (1991) 'The construction of gay identity'. Unpublished PhD thesis, Department of Psychology, University of Surrey, Guildford.

Crossley, M. L. (2000) *Introducing Narrative Psychology: Self. trauma and the construction of meaning*. Buckingham: Open University Press.

Csabai, M. , Erös, F. and László, J. (1998) 'Az észlelt kontroll szerepe az egészség szociális reprezentációnak szervezodésében' (The role of perceived control in social representation of health), *Pszichológia* 3: 353-375.

Csíkszentmihályi, M. and Beattie, O. (1979) 'Life themes: A theoretical and empirical exploitation of their origins and effects', *Journal of Humanistic Psychology* 19: 45-63.

Cullingford, R. D. (1978) *Script application: Computer understanding of newspaper stories* (Technical report 116). New Haven, CT: Department of Computer Science, Yale University.

Cupchik, G. C. (2004) 'The complementarity of emotion and cognition'. Paper presented at Ninth Congress of the International Society for the Empirical Study of Literature, Edmonton, Alberta, August.

Cupchik, G. C. and László, J. (1994) 'The landscape of time in literary reception: Character experience and narrative action', *Cognition and Emotion* 10: 297-312.

Dawkins, R. (1976) *The Selfish Gene*. Oxford: Oxford University Press.

——(1982) *The Extended Phenotype*. Oxford: Oxford University Press.

D'Azevedo, W. L. (1962) 'Uses of the past in Gola discourse', *Journal of African History* 3, 1: 11-34.

De Fina, A. (2003) 'Crossing borders: Time, space and disorientation in narrative', *Narrative Inquiry* 13, 2: 367-393.

De Fina, A. , Schiffrin, D. and Bamberg, M. (eds) (2006) *Discourse and Identity*. Cambridge: Cambridge University Press.

DeJong, G. F. (1979) 'Prediction and substantiation: A new approach to natural language processing', *Cognitive Science* 3: 251-273.

Dennett, D. (1991) *Consciousness Explained*. Boston: Little, Brown.

Denzin, N. K. (1992) *Symbolic Interactionism and Cultural Studies: The politics of interpretation*. Oxford: Blackwell.

Denzin, N. K. and Lincoln, Y. S. (1994) *Handbook of Qualitative Research*. London: Sage.

de Rosa, A. (1996) 'Reality changes faster than research: National and supranational identity in social representations of the European Comnmnity in the context of changes in international relations', in G. M. Breakwell and E. Lyons (eds) *Changing European Identities*. Oxford: Butterworth Heinemann.

de Rosa, A., Bigazzi, S. and Bocci, E. (2002) 'Forget-never forget: Emotional impact, iconic representational systems and social memory, in the reconstruction of the day who dramatically changed the personal and global risk perception'. Paper presented at Thirteenth EAESP General Meeting, San Sebastian, Spain, 26-29 June.

Dewey, J. A. (1922) *Human Nature and Conduct*. New York: Holt.

Dickins, T. E. (2004) 'Social constructionism as cognitive science', *Journal for the Theory of Social Behaviour* 34, 4: 333-352.

Di Giacomo, J. P. (1980) 'Intergroup alliances and rejections within a protest movement', *European Journal of Social Psychology* 10: 329-344.

Doise, W. (1976) 'Structural homologies, sociology and experimental social psychology', *Social Science Information* 15: 929-942.

——(1993) 'Debating social representations', in G. M. Breakwell and D. Canter (eds) *Empirical Approaches to Social Representations*. Oxford: Clarendon Press.

Doise, W., Clémence, A. and Lorenzi-Cioldi, F. (1992) *Representations sociales et analyses de données*. Grenoble: Presses Universitaires de Grenoble.

Donald, M. (1991) *Origins of the Modern Mind*. Cambridge, MA: Harvard University Press.

Doosje, B., Branscombe, N. R., Spears, R. and Manstead, A. S. R. (1998) 'Guilty by association: When one's group has a negative history', *Journal of Personality and Social Psychology* 75, 4: 872-886.

Dufty, D. F., McNamara, D., Louwerse, M., Cai, Z. and Graesser, A. C. (2004) 'Automatic evaluation of aspects of document quality'. Available at http://portal.acm.org/citation.cfm? id＝1026539, accessed 17 January 2008.

Dunbar, R. I. M. (1996) *Grooming, Gossip, and the Evolution of Language*. Cambridge, MA: Harvard University Press.

——(2004) 'Social cognition as a constraint on social interaction', *Journal of Cultural and Evolutionary Psychology* 2, 3-4: 181-194.

Durkheim, E. (1947 [1893]) *The Division of Labour in Society*, 2nd edn. New York: Free Press.

Duveen，G. M. and Lloyd，B. B.（1993）'An ethnographic approach to social representations'，in G. M. Breakwell and D. Canter（eds）*Empirical Approaches to Social Representations*. Oxford：Clarendon Press.

Dyer，M. G.（1983）*In-depth Understanding*. Cambridge，MA：MIT Press.

Eco，U.（1994）*Six Walks in the Fictional Woods*. Cambridge，MA：Harvard University Press.

Ehmann，B.（2000）'A számítógépes pszichológiai tartalomelemzés alkalmazási lehetöségei'（Perspectives of computerized content analysis）. Unpublished PhD dissertation，ELTE（Eötvös Loránd University），Budapest.

Ehmann，B. and Erös F.（2002）'Jewish identity in Hungary：A narrative model'，in J. László and W. Stainton Rogers（eds）*Narrative Approaches in Social Psychology*. Budapest：New Mandate.

Ehmann，B.，Garami，V.，Naszódi，M.，Kis，B. and László，J.（2007）'Subjective time experience：Identifying psychological correlates by narrative psychological content analysis'，*Empirical Culture and Text Research* 3：14-25.

Elejabarrieta，F.（1994）'Social positioning：A way to link social identity and social representations'，*Social Science Information* 33：241-253.

El-Meligi，A. M.（1972）'A technique for exploring time experiences in mental disorders'，in H. Yaker，H. Osmond and F. Cheek（eds）*The Future of Time*. London：Hogarth Press.

Elsbree，L.（1982）*The Rituals of Life：Patterns in narratives*. Port Washington，NY：Kennikat Press.

Erikson，E. H.（1959）'Identity and the life cycle：Selected papers'，*Psychological Issues* 1，1：5-165.

Erikson，E. H.（1968）*Identity：Youth and Crisis*. New York：Norton.

Erös，F. and Ehmann，B.（1997）'Jewish identity in Hungary：A narrative model suggested'，in M. Hadas and M. Vörös（eds）'Ambiguous Identities in the New Europe'，*Replika* special issue：121-133.

Erös，F.，Ehmann，B. and László J.（1998）'The narrative organization of the social representation of democracy：A new approach to cross-cultural interview analysis'. Paper presented at Fourth International Conference on Social Representations，Mexico City，25-28 August.

Faragó，K.（2001）*Térirányok，távolságok：Térdinamizmus a regényben（Spatial Directions，Distances：Spatial Dynamics in Novels）*. Ú jvidék：Forum Könyvkiadó.

Farr，R. M.（1984）'Social representations：Their role in the design and execution of laboratory experiments'，in R. M. Farr and S. Moscovici（eds）*Social*

Representations. Cambridge: Cambridge University Press.

Feyerabend: (1997) *Against Method : An outline of an anarchistic theory of knowledge*. London: Verso.

Fink, K. (1993) 'The bi-logic perception of time', *International Journal of Psycho-Analysis* 74: 303-312.

Fitzgerald, J. M. (1988) 'Vivid memories and the reminiscence phenomenon: The role of a self narrative', *Human Development* 31: 261-273.

——(1996) 'Intersecting meanings of reminiscence in adult development and aging', in D. C. Rubin (ed.) *Remembering Our Past*. Cambridge: Cambridge University Press.

Flick, U. (1995) 'Social representation', in J. A. Smith, R. Harré and L. Van Langhove (eds) *Rethinking Psychology*. London: Sage.

——(2000) 'Episodic interviewing', in M. W. Bauer and G. Gaskell (eds) *Qualitative Researching with Text, Image and Sound*. London: Sage.

——(2005) *An Introduction to Qualitative Research*, 3rd edn. London: Sage.

Fodor, J. (1975) *The Language of Thought. Cambridge*, MA: Harvard University Press.

Fónagy, 1. (1989) *A kötoi nyelv hangtanából* (*Phonetics of poetic language*). Budapest: Akadémiai Kiadó.

——(1990) *Gondolatalakzatok, szövegszerkezet, gondolkodási formák* (*Thought Patterns and Text Structure*), *Linguistica Series Relationes* 3. Budapest: MTA Nyelvtudományi Intézete.

Fonagy, P. (1998) 'Prevention, the appropriate target of infant psychotherapy', *Infant Mental Health Journal* 19: 4-19.

Fonagy, P. and Target, M. (1997) 'Attachment and reflective function: Their role in selforganization', *Developmental Psychopathology* 9: 677-699.

Forgas, J. P. (ed.) (1981) *Social Psychology: Perspectives on everyday understanding*. London: Academic Press.

——(ed.) (1998) *Feeling and Thinking : The role of affect in social cognition and behaviour*. New York: Cambridge University Press.

Fraser, J. T. (1981) 'Temporal levels and reality testing', *International Journal of PsychoAnalysis* 62: 3-26.

Freeman, M. (1993) *Rewriting the Self : History, memory, narrative*. London: Routledge.

——(2006) 'Life "on holiday"? In defense of big stories', *Narrative Inquiry* 16, 1: 131-138.

Frenkel-Brunswick, E. (1936) 'Studies in biographical psychology', *Character and*

Personality 5：1-35.

Friedman，M. J. (1955) *Stream of Consciousness*：*A study of literary method*. New Haven，CT：Yale University Press.

Frye，N. (1957) *Anatomy of Criticism*：*Four Essays*. Princeton，NJ：Princeton University Press.

Galli，I. and Nigro，G. (1987) 'The social representation of radioactivity among Italian children'，*Social Science Information* 26，3：535-549.

Gardner，H. (1985) *The Mind's New Science*：*A history of the cognitive revolution*. New York：Basic Books.

Geertz，C. (1975) *The Interpretation of Cultures*. New York：Basic Books.

Genette，G. (1980) *Narrative Discourse*. Ithaca，NY：Cornell University Press.

Georgakopoulou，A. (2006) 'Thinking big with small stories in narrative and identity analysis'，*Narrative Inquiry* 16，1：122-130.

Gergely，G.，Nádasdi，Z.，Csibra，G. and Biró，S. (1995) 'Taking the international stance at 12 months of age'，*Cognition* 56：165-193.

Gergen，K. J. (1971) *The Concept of Self*. New York：Holt，Rinehart & Winston.

——(1973) 'Social psychology as history'，*Journal of Experimental Social Psychology* 2：278-287.

——(1985) 'The social constructionist movement in modern psychology'，*American Psychologist* 39：226-275.

Gergen，K. J. and Gergen，M. M. (1983) 'Narratives of the self'，in T. R. Sarbin and K. E. Scheibe (eds) *Studies in Social Identity*. New York：Praeger.

——(1988) 'Narrative and the self as relationship'，in L. Berkowitz (ed.) *Advances in Experimental Social Psychology*，vol. 21. San Diego，CA：Academic Press.

Gerrig，R. J. (1993) *Experiencing Narrative Worlds*. New Haven，CT：Yale University Press.

Giles，H. and Coupland，J. (1991) *Language*：*Context and consequences*，Pacific Grove，CA：Brooks/Cole.

Gilman，S. (1985) *Difference and Pathology*：*Stereotypes of sexuality，race and madness*. Ithaca，NY：Cornell University Press.

Goffman，E. (1959) *The Presentation of Self in Everyday Life*. Garden City，NY：Doubleday.

Goodman，N. (1981) 'Twisted tales：or，story，study，and symphony'，in W. J. T. Mitchell (ed.) *On Narrative*. Chicago，IL：University of Chicago Press.

Goody, J. and Watt, I. (1963) 'The consequences of literacy', *Comparative Studies in Society and History* 5: 304-326.

Gottschalk, L. A. and Gleser, G. C. (1969) *The Measurement of Psychological States through the Content Analysis of Verbal Behavior*. Berkeley, CA: University of Califonia Press.

Gottschalk, L. A. and Hambidge, G., Jr. (1955) 'Verbal behavior analysis: A systematic approach to the problem of quantifying psychological processes', *Journal of Projective Techniques* 19: 387-409.

Gottschalk, L. A., Gleser, G. C., Daniels, R. S. and Block, S. L. (1958) 'The speech patterns of schizophrenic patients: A method of assessing relative degree of personal disorganization and social alienation', *Journal of Nervous and Mental Disease* 127: 153-166.

Graesser, A. C. and Bower, G. H. (eds) (1990) *Inferences and Text Comprehension*. San Diego, CA: Academic Press.

Graesser, A. C. and Nakamura, G. V. (1982) 'The impact of schemas on comprehension and memory', in G. H. Bower (ed.) *The Psychology of Learning and Motivation*, vol. 16. New York: Academic Press.

Graesser, A. C., Golding, J. M. and Long, D. J. (1991) 'Narrative representation and comprehension', in R. Barr, M. L. Kamil, P. Mosenthal and P. D. Pearson (eds) *Handbook of Reading Research*. White Plains, NY: Longman.

Graesser, A. C., Pomeroy, V. J. and Craig, S. D. (2002) 'Psychological and computational research on theme comprehension', in M. Louwerse and W. van Peer (eds) *Thematics: Interdisciplinary, Studies*. Amsterdam: John Benjamins.

Greenberg, J. H. (1974) *Language Typology: A historical and analytic overview*. The Hague: Mouton.

Greenwald, A. G (1980) 'The totalitarian ego: Fabrication and revision of personal history', *American Psychologist* 35: 603-618.

Grize, J. B. (1989) 'Logique naturelle et representations sociales', in D. Jodelet, (ed.) *Les Reprédsentations socials*. Paris: Presses Universitaires de France.

Gurin, P. and Markus, H. (1988) 'Group identity: The psychological mechanisms of durable salience', *Revue Internationale de Psychologie Sociale* 1, 2: 257-274.

Gyáni. G. (2003) *Posztmodern kánon (Postmodem Canon)*. Budapest: Nemzeti Tankönyv Kiadó.

Gősi, M., Lukács, Á. and Pléh, C. (2004) 'Towards the understanding of the neurogenesis of social cognition: Evidence from impaired populations', *Journal of Cultural and Evolutionary Psychology* 2, 3-4: 261-282.

Halász, L. (ed.) (1987) *Literary Discourse: Aspects of cognitive and social psychological approaches*. Berlin: de Gruyter.

Halbwachs, M. (1925) *Les Cadres sociaux de la mémoire*. Paris: Alcan.

——(1941) *La Topographie légendaire des évangiles en Terre Sainte*. Paris: Presses Universitaires de France.

——(1980) *Collective Memory*. New York: Harper.

Hamilton, D. L. (1981) *Cognitive processes in stereotyping and intergroup behaviour*. Hillsdale, NJ: Lawrence Erlbaum.

——(2007) 'Agenda 2007: Understanding the complexities of group perception: Broadening the domain'. *European Journal of Social Psychology*, 37: 1077-1101.

Haraway, D. J. (1984) 'Primatology is politics by other means', in R. Bleier (ed.) *Feminist Approaches to Science*. London: Pergamon.

——(1989) *Primate Visions: Gender, race, and nature in the world of modern science*. London: Routledge.

Hardy, B. (1968) 'Towards a poetics of fiction: An approach through narrative', *Novel* 2: 5-14.

Hargitai, R., Naszódi, M., Kis, B., Nagy, L., Bóna, A. and László, J. (2007) 'Linguistic markers of depressive dynamics in self-narratives: Negation and self-reference', *Empirical Culture and Text Research* 3: 26-38.

Harré, R. (1983a) 'Identity projects', in G. Breakwell (ed.) *Threatened Identities*. Chichester: Wiley.

——(1983b) *Personal Being*. Oxford: Blackwell.

——(1994) 'Emotion and memory: The second cognitive revolution'. Paper presented at the Collegium Budapest, 30 May.

——(2002) *Cognitive Science: A philosophical introduction*. London: Sage.

Harré, R. and Gillett, G. (1994) *The Discursive Mind*. London: Sage.

Hartocollis, P. (1978) 'Time and affects in borderline disorders', *International Journal of Psycho-Analysis* 59: 157-163.

Harvey, J. H. and Martin, R. (1995) 'Celebrating the story in social perception, communication, and behavior', in J. Wyer, Jr. (ed.) *Knowledge and Memory: The real story-Advances in social cognition*, vol. 8. Hillsdale, NJ: Lawrence Erlbaum.

Hayek, F. A. (1967) *Studies in Philosophy, Politics and Economics*. London: Routledge & Kegan Paul.

——(1969) *The Political Order of a Free People*. London: Routledge & Kegan

Paul.

Heatherton, T. F. and Polivy, J. (1991) 'Development and validation of a scale for measuring state self-esteem', *Journal of Personality and Social Psychology* 60, 6: 234-239.

Heidegger, M. (1971) *Poetry, Language, Thought.* New York: Harper & Row.

Heider, F. (1958) *The Psychology of Interpersonal Relations.* New York: Wiley.

Heider, F. and Simmel, M. (1944) 'An experimental study of apparent behaviour', *American Journal of Psychology* 57: 243-259.

Hempel, G. (1942) 'The functions of general laws in history', *Journal of Philosophy* 39: 35-48.

Hermans, H. J. M. (1996) 'Voicing the self: From information processing to dialogical interchange', *Psychological Bulletin* 119: 31-50.

Herzlich, C. (1973) *Health and Illness: A social psychological analysis.* London: Academic Press.

Hewstone, M. (1986) *Understanding Attitudes to the European Community: A social psychological study in four member states.* Cambridge: Cambridge University Press.

Higgins, E. T. and Rholes, W. S. (1978) 'Saying is believing: Effects of message modification on memory and liking for the person perceived', *Journal of Experimental Social Psychology* 14: 363-378.

Hilton, D. J., Erb, H. -P., Dermot, M. and Molian, D. J. (1996) 'Social representations of history and attitudes to European unification in Britain, France and Germany', in G. M. Breakwell and E. Lyons (eds) *Changing European Identities.* Oxford: Butterworth Heinemann.

Hobsbawm, E. (1992) *Nations and Nationalism since 1780: Programme, myth, reality,* 2nd edn. Cambridge: Cambridge University Press.

Holmes, J. (2004) 'Disorganized attachment and borderline personality disorder: A clinical perspective', *Attachment and Human Development* 6, 2: 181-190.

Holsti, O. R. (1968) 'Content analysis', in G. Lindzey and E. Aronson (eds) *Handbook of Social Psychology.* Reading, MA: Addison-Wesley.

Hoshmand, L. T. (2000) 'Narrative psychology', in A. E. Kazdin, (ed.) *Encyclopedia of Psychology.* Washington, DC: American Psychological Association.

——(2005) 'Narratology, cultural psychology, and counselling research', *Journal of Counseling Psychology* 52, 2: 178-186.

Hunt. M. and Hunt, B. (1977) *The Divorce Experience*. New York: New American Library.

Hunyady, G. (1998) *Stereotypes during the Decline and Fall of Communism*. London: Routledge.

Iser, W. (1978) *The Act of Reading*. Baltimore, MD: Johns Hopkins University Press.

Israel, J. and Tajfel, H. (eds) (1972) *The Context of Social Psychology: A Critical Assessment*. London: Academic Press.

Jahoda, G. (1963) 'The development of children's ideas about country and nationality: I. The conceptual framework', *British Journal of Educational Psychology* 33: 47-60.

Janet, P. (1928) *L'Evolution de la mémoire et de la notion du temp*. Paris: Alcan.

Jaspars, J. M. F. and Fraser, C. (1984) 'Attitudes and social representations', in R. M. Farr and S. Moscovici (eds) *Social Representations*. Paris: Presses Universitaires de France.

Jodelet, D. (1984) 'Représentations socials: Phénoménes, concepts et théorie', in S. Moscovici (ed.) *Psychologic sociale*. Paris: Presses Universitaires de France.

——(1991) *Madness and Social Representations*. Hemel Hempstead: Harvester/ Wheatsheaf. Joffe, H. (1995) 'Social representations of AIDS: Towards encompassing issues of power', Papers on Social Representations 4, 1: 29-40.

Joffe, H. (1996) 'The shock of the new: A psycho-dynamic extension of social representational theory', *Journal for the Theory of Social Behaviour* 26, 2: 197-220.

Jones, E. E. and Davis, K. E. (1965) 'From acts to dispositions: The attribution process in person perception', in L. Berkowitz (ed.) *Advances in Experimental Social Psychology*, vol. 2. New York: Academic Press.

Jordan, N. (1953) 'Behavioral forces that are a function of cognitive organization', *Human Relations* 6: 273-287.

Jovchelovitch, S. (1995) 'Social representations and narrative: Stories of public life in Brazil'. Paper presented at the Small Meeting of the EAESP on The Narrative Organization of Social Representations, Budapest, 6-10 September.

——(1996) 'Defence of representations', *Journal for the Theory of Social Behaviour* 26, 2: 121-135.

——(2001) 'Social representations, public life and social construction', in K. Deaux and G. Philogene (eds) *Representations of the Social: Bridging theoretical traditions*. Oxford: Blackwell.

——(2006) *Knowledge in Context: Representations. community and culture*. London: Routledge.

Just, M. A. and Carpenter, P. A. (1992) 'A capacity theory of comprehension: Individual differences in working memory', *Psychological Review* 99: 122-149.

Kaposi, D. (2003) '"Narrativeless"—Cultural concepts and the fateless', *SPIEL* 21, 1: 89-105.

Karácsony, S. (1976) *A magyar észjárás* (*Hungarian Mentality*). Budapest: Magveto.

Kelley, H. H. (1967) 'Attribution theory in social psychology', in D. Levine (ed.) *Nebraska Symposium on Motivation*, vol. 15. Lincoln, NE: University of Nebraska Press.

Kelly, G. A. (1955) *The Psychology of Personal Constructs*, vol. 1. New York: Norton.

Kenesei, I. (2004) *A nyelv és a nyelvek* (*Languages and the Language*). Budapest: Akadémiai Kiadó.

Kernberg, O. F. (1975) *Borderline Conditions and Pathological Narcissism*. New York: Jason Aronson.

Kertész, I. (2006 [1975])*Fateless*, trans. T. Wilkinson. London: Vintage.

Kézdi, B. (1995) *A negatív kód* (*The Negative Code*). Pécs: Pannon Kiadó.

Kintsch, W. (1974) *The Representation of Meaning in Memory*. Hillsdale, NJ: Lawrence Erlbaum.

Kintsch, W. and van Dijk, T. A. (1978) 'Toward a model of test comprehension and production', *Psychological Review* 85: 363-394.

Klar, P., Roccas, R. and Liviatan, S. (2004) 'The pains of national identification: Looking at the ingroup's past and the present moral transgressions'. Paper presented at the conference Collective Remembering, Collective Emotions and Shared Representations of History: Functions and Dynamics, Aix-en-Provence, France, 16-19 June.

Klein, M. (1946) 'Notes on some schizoid mechanisms', *International Journal of Psycho-Analysis* 27: 99-110.

Kohut, H. M. D. (1971) *The Analysis of the Self*. Madison, WI: International Universities Press.

Kruglanski, A. W. (1975) 'The endogenous-exogenous partition in attribution theory', *Psychological Review* 82: 387-406.

Kutschera, F. von (1982) *Grundfragen der Erkentnistheorie*. Berlin: de Gruyter.

Labov, W. (1972) 'The transformation of experience in narrative syntax', in *Language in the Inner City*. Oxford: Blackwell.

Labov, W. and Waletzky, J. (1967) 'Narrative analysis: oral version of personal experience', in J. Hehn (ed.) *Essays on the Verbal and Visual Arts*. Seattle, WA: American Ethnological Society. Reprinted in *Journal of Narrative and Life History* 7, 1-4: 3-38.

——(1997)'Oral versions of personal experience', *Journal of Narrative and Life History* 7: 3-38.

Larsen, S. F. and László, J. (1990) 'Cultural-historical knowledge and personal experience in appreciation of literature', *European Journal of Social Psychology* 20, 5: 425-440.

László, J. (1986) 'Scripts for interpersonal situations', *Studia Psychologica* 28, 2: 125-136.

——(1987) 'Understanding and enjoying', in L. Halasz (ed.) *Literary, Discourse: Aspects of cognitive and social psychological approaches*. Berlin: de Gruyter.

——(1990)'Images of social categories vs. images of literary and nonliterary objects', Poetics 6: 1-15.

——(1997)'Narrative organisation of social representations', *Papers on Social Representations* 6, 2: 155-172.

——(1999) *Cognition and Representation in Literature: The psychology of literary narratives*. Budapest: Akadémiai Kiadó.

——(2003) 'History, identity and narratives', in J. László and W. Wagner (eds) *Theories and Controversies in Societal Psychology*. Budapest: New Mandate.

László, J. and Cupchik, G. C. (1995) 'The role of affective processes in understanding literary narratives', *Empirical Studies of the Arts* 13: 25-37.

László, J. and Farkas, A. (1997) 'Central-Eastern European collective experiences', *Journal of Community and Applied Social Psychology* 7: 77-87.

László, J. and Larsen, S. F. (1991) 'Cultural and text variables in processing personal experiences while reading literature', *Empirical Studies of the Arts* 9: 23-34.

László, J. and Pólya, T. (2002) 'The role of the narrative perspective in the cognitivecultural context', in C. Graumann and W. Kallmeyer (eds) *Perspective and Perspectivation in Discourse*. Amsterdam: John Benjamins.

László, J. and Pólya, T. (2007) 'Level of abstraction versus objectivity-subjectivity in Linguistic Inter-group Bias: Victim/perpetrator relations in a changing Europe-Prejudice escalation and prejudice reduction'. Paper presented at Second Warsaw-Jena Conference, Warsaw, 13-15 April.

László. J. and Thomka, B. (eds) (2001) *Narratív pszichológia* (*Narrative Psychology*). Budapest: Kijárat.

László, J. and Viehoff, R. (1993) 'Literarische Gattungen als kognitive Schemata', *SPIEL*, 12, 1: 230-251.

László, J., Kiss, G., Kovács, A., Sallay, H. and Ehmann, B. (1998) *A családi szocializáció szerepe a fiatalkori munkanélküliség helyzetéhez való alkalmazkodásban* (The Role of Family Socialization in Coping with Juvenile Unemployment), Budapest: Scientia Humana.

László, J., Ehmann, B. and lmre, O. (1999) 'Social representations of history and national identity'. Paper presented at the Twelfth General Meeting of the EAESP, Oxford, July.

László, J., Ehmann, B. and Imre, O. (2002a) 'Les représentations sociales de l'histoire: La narration populaire historique et l'identité nationale', in S. Laurens and N. Roussiau (eds) *La Mémoire sociale, Identités et représentations sociales*. Rennes, France: Université de Rennes.

László, J., Ehmann, B., Péley, B. and Pólya, T. (2002b) 'Narrative psychology and narrative psychological content analysis', in J. László and W. Stainton Rogers (eds) *Narrative Approaches in Social Psychology*. Budapest: New Mandate.

László, J., Ehmann, B., Pólya, T. and Péley, B. (2007) 'Narrative psychology as science', *Empirical Culture and Text Research* 3: 1-13.

Iatour, B. (1988) *The Pasteurization of France*. Cambridge, MA: Harvard University Press.

Lawson, D. E. (1963) 'The development of patriotism in children: A second look', *Journal of Psychology* 55: 279-286.

Leach, E. (1976) *Culture and Communication: The Logic by Which Symbols Are Connected*. Cambridge: Cambridge University Press.

Lee, B. (1997) *Talking Heads: Language, metalanguage and the semiotics of subjectivity*. Durham, NC: Duke University Press.

Lehnert, W. G., Dyer, M. G., Johnson, P. N., Yang, C. J. and Harley, S. (1983) 'BORIS-An in-depth understander of narratives', *Artificial Intelligence* 20, 1.

Leslie, A. M. (1987) 'Pretense and representation: The origins of "theory of mind"', *Psychological Review* 94: 412-426.

——(1991) 'The theory of mind impairment in autism: Evidence for a modular mechanism of development', in A. Whiten (ed.) *Natural Theories of Mind: Evolution, development, and simulation of everyday mindreading*. Oxford:

Blackwell.

Lévi-Strauss, C. (1992) *Tristes Tropiques*. New York: Penguin.

Levy-Brühl, L. (1910) *Les fonctions mentales dans les sociétés inférieures*. Paris: Alcan.

——(1926) *How natives think*. London: Allen & Unwin.

Lewin, K. (1948) 'Some social-psychological differences between the United States and Germany (1936)', in *Resolving Social Conflicts: Selected papers in group dynamies*. New York: Harper & Row.

——(1951) *Field Theory in Social Sciences*. New York: Harper.

Linde, C. (1993) *Life Stories: The creation of coherence*. New York: Oxford University Press.

Liu, J. H. and Hilton, D. J. (2005) 'How the past weighs on the present: Social representations of history and their impact on identity politics', *British Journal of Social Psychology* 44: 537-556.

Liu, J. H. and László, J. (2007) 'A narrative theory of history and identity: Social identity, social representations, society and the individual', in G. Moloney and I. Walker (eds) *Social Representations and Identity: Content, process, and power*. Basingstoke: Palgrave-Macmillan.

Liu, J. H. and Liu, S. H. (2003) 'The role of the social psychologist in the "Benevolent Authority" and "Plurality of Powers" systems of historical affiordance for authority', in K. S. Yang, K. K. Hwang, P. B. Pedersen and I. Daibo (eds) *Progress in Asian Social Psychology: Conceptual and Empirical Contributions*. Westport, CT: Praeger.

Liu, J. H, Wilson. M. W. , McClure, J. and Higgins, T. R. (1999) 'Social identity and the perception of history: Cultural representations of Aotearoa/New Zealand', *European Journal of Social Psychology* 29: 1021-1047.

Liu. J. H. , Goldstein-Hawes, R. , Hilton, D. J. , Huang, L. L. , Gastardo-Conaco, C. , DreslerHawke, E. , et al. (2005) 'Social representations of events and people in world history across twelve cultures', *Journal of Cross-Cultural Psychology* 36, 2: 171-191.

Lucius-Hoene, G. and Deppermann, A. (2002) *Rekonstruktion narrativer Identität*. Opladen. Germany: Leske & Budrich.

Lyons, E. and Sotirakopoulou, K. (1991) 'Images of European Countries'. Paper presented at British Psychological Society Social Psychology Section Annual Conference, University of Surrey. September.

Lyons, J. (1995) *Linguistic Semantics*. New York: Cambridge University Press.

Lyotard, J. F. (1984) *The postmodern condition: A report on knowledge*, trans.

G. Bennington and B. Massumi. Minneapolis, MN: University of Minnesota Press.

Maas, A. , Salvi, D. , Arcuri, L. , and Semin, G. R. (1989) 'Language use in intergroup context: The linguistic intergroup bias', *Journal of Personality and Social Psychology* 57: 981-993.

Maas, A. , Milesi, A. , Zabbini, S. and Stahlberg, D. (1995) 'The linguistic intergroup bias: Differential expectancies or in-group protection?', *Journal of Personality and Social Psychology* 68: 116-126.

Maas, A. , Ceccarelli, R. and Rudin, S. (1996) 'Linguistic intergroup bias: Evidence for ingroup-protective motivation', *Journal of Personality and Social Psychology* 71: 512-526.

McAdams, D. P. (1985) *Power, Intimacy, and the Life Story: Personological inquiries into identity*. New York: Guilford Press.

——(1993) *The Stories We Live by: Personal myths and the making of the self*. New York: William Morrow.

——(2001) 'The psychology of life stories', *Review of General Psychology* 5, 2: 100-122.

McAdams, D. P. , Hoffman, B. J. , Mansfield, E. D. and Day, R. (1996) 'Themes of agency and communion on significant autobiographical scenes', *Journal of Personality* 64: 339-377.

McClellan, D. C. . Atkinson, J. W. , Clark, R. A. and Lowell, E. L (1953) *The Achievement Motive*. New York: Appleton-Century-Crofts.

McGuire, W. J. (1993) 'The poly-psy relationship: Three phases of a long affair', in S. Iyengar and W. J. McGuire (eds) *Explorations in Political Psychology*. Durham, NC: Duke University Press.

McGuire, W. J. and McGuire, C. V. (1988) 'Content and process in the experience of the self', in L. Berkowitz, (ed.) *Advances in Experimental Soeial Psychology: Social psychological studies of the self-Perspectives and programs*, Vol. 21. San Diego, CA: Academic Press.

MacIntyre, A. (1981) *After Virtue: A study in moral theory*. Notre Dame, IN: University of Notre Dame Press.

McLean, K. C. and Pasupathi, M. (2006) 'Collaborative narration of the past and extraversion', *Journal of Research in Personnality* 40, 6: 1219-1231.

McLean, K. C. and Pratt, M. W. (2006) 'Life's little (and big) lessons: Identity statuses and meaning-making in the turning point narratives of emerging adults', *Developmental Psychology* 42, 4: 714-722.

MacLuhan, M. (1968) *The Gutenberg Galaxy: The making of typographic man*.

Toronto: University of Toronto Press.

McNair, D. M. , Lorr, M. and Droppleman, L. F. (1981) *Manual: Profile of mood states*. San Diego, CA: Education and Industrial Testing Service.

Mahler. M. , Pine, B. and Bergman, A. (1975) *The Psychological Birth of the Human Infant*. New York: Basic Books.

Main, M. and Hesse, E. (1990) 'Parents' unresolved traumatic experiences are related to infant disorganized attachment status: Is frightened and/or frightening parental behavior the linking mechanism?', in M. T. Greenberg, D. Cicchetti and E. M. Cummings (eds) *Attachment during the Preschool Years: Theory, research and intervention*. Chicago, IL: University of Chicago Press.

Mancuso, J. C. and Sarbin, T. R. (1983) 'The self-narrative in the enactment of roles', in T. R. Sarbin and K. E. Scheibe (eds) *Studies in Social Identity*. New York: Praeger.

Mandl, H. , Stein, N. L. and Trabasso, T. (eds) (1984) *Learning and Comprehension of Text*. Hillsdale, NJ: Lawrence Erlbaum.

Mandler, J. M. and Johnson, N. S. (1977) 'Remembrance of things parsed: Story structure and recall', *Cognitive Psychology* 9: 111-151.

Marková, I. (2003) *Dialogicality and Social Representations*. Cambridge: Cambridge University Press.

Markus, H. and Kitayama, S. (1991) 'Culture and the self: Implications for cognition, emotion, and motivation', *Psychological Review* 98: 224-253.

Marshack, A. (1972) *Roots of Civilization: The cognitive beginnings of man's first art. symbol, and notation*. New York: McGraw-Hill.

Martindale, C. (1975) *Romantic Progression: The psychology of literaty history*. New York: Wiley.

——(1990) *The Clockwork Muse: The predictability of artistic change*. New York: Basic Books.

Martindale, C. and West, A. N. (2002) 'Quantitative hermeneutics', in M. Louwers and W. van Peer (eds) *Thematics: Interdisciplinary studies*. Amsterdam: John Benjamins.

Mátrai, L. (1973) *Élmény és mu (Art and Experience)*, Budapest: Gondolat.

Mattc-Blanco, I. (1988) *Thinking, Feeling and Being*. London: Routledge and the Institute of Psycho-Analysis.

——(1989) 'Comments on "From symmetry to asymmetry" by Klaus Fink', *International Journal of Psycho-Analysis* 70: 491-498.

Mead, G. H. (1934) *Mind, Self, and Society*. Chicago, IL: University of Chicago Press.

Mérei, F. (1949) 'Group leadership and institutionalisation', *Human Relations 2*: 23-39.

——(1984) *Lélektani Napló I: Azutalás lélektana* (*Psychological Diary I: The psychology of allusion*). Budapest: Muvelodéskutató Intézet.

——(1989) *Társ és csoport* (*The Other and the Group*). Budapest: Akadémiai Kiadó.

Mészáros, Á. and Papp, O. (2006) 'A kauzális kohésió vizsgálata az Intex számítógépes eszközzel'(A study of causal cohesion by Intex algorithms). Paper presented at Fourth Magyar Számítógépes Nyelvészeti Konferencia, Szeged, Hungary, 7-8 December.

Michotte, A. E. (1963) *The Perception of Causality*. London: Methuen.

Middleton, D. and Brown, S. D. (2005) *The Social Psychology of Experience: Studies in remembering and forgetting*. London: Sage.

Miles, M. B. and Huberman, A. M. (1994) *Qualitative Data Analysis: An expanded sourcebook*, 2nd edn. Thousand Oaks, CA: Sage.

Miller, J. (1984) 'Culture and the development of everyday social explanation', *Journal of Personality 46*: 961-978.

Mink, L. O. (1978) 'Narrative form as cognitive instrument', in R. H. Canary and H. Kozicki (eds) *The Writing of History: Literary form and historical understanding*. Madison, Wl: University of Wisconsin Press.

Mintz, I. (1971)'The anniversary reaction: a response to the unconscious sense of time', *Journal of the American Psychoanalytic Association 19*: 720-735.

Moliner, P. (1995) 'A two-dimensional model of social representations', *European Journal of Social Psychology 25*: 27-40.

Moscovici, S. (1973) 'Foreword', in C. Herzlich (ed.) *Health and Illness: A social psychological analysis*. London: Academic Press.

——(1976 [1961]) *La Psychoanalyse, son image et son public*, 2nd edn. Paris: Presses Universitaires de France.

——(1984) 'The phenomenon of social representations', in R. M. Farr and S. Moscovici (eds) *Social Representations*. Cambridge: Cambridge University Press.

——(1986) 'The Dreyfus Affair, Proust and social psychology', *Social Research 53*, 1: 23-56.

——(1988) 'Notes towards a description of social representations', *European Journal of Social Psychology 18*: 211-250.

——(1994) 'Social representations and pragmatic communication', *Social Science Information 33*, 2: 163-177.

Moscovici, S. and Hewstone, M. (1983) 'Social representations and social explanations: From the "Naive" to the "Amateur" scientist', in M. Hewstone (ed.) *Attribution Theory: Social and functional extensions*. Oxford: Blackwell.

Moscovici, S. and Vignaux, G. (2000) 'Le concept de thémata', in C. Guimelli (ed.) *Structures et transformations des representations socials*. Neuchâtel, Switzerland: Delachaux & Niestlé.

Muhr, T. (1991) 'ATLAS. ti: A prototype for the support of text interpretation', *Qualitative Sociology* 14: 349-371.

Mulkay, M. (1985) *The Word and the World: Explorations in the form of sociological analysis*. London: Allen & Unwin.

Murray, H. A. (1938) *Explorations in Personality*. New York: Oxford University Press.

Neisser, U. (1976) *Cognition and Reality*. San Francisco, CA: Freeman.

Nelson, K. (1993) 'The psychological and social origins of autobiographical memory', *Psychological Science* 4: 7-14.

Newel, A. and Simon, H. H. (1972) *Human Problem Solving*. Englewood Cliffs, NJ: Prentice-Hall.

Nora, P. (1989) 'Between memory and history: Les Lieux de mémoire', *Representations* 26: 7-25.

Oatley, K. (1992) *Best Laid Schemes: The psychology of emotions*. New York: Cambridge University Press.

Ochs, E. and Capps, L. (2001) *Living Narrative*. Cambridge, MA: Harvard University Press.

Olson, D. R. (1977) 'From utterance to text: The bias of language in speech and writing'. *Harvard Educational Review* 47: 257-258.

Páez, D., Valencia, J., Marques, J. and Vincze, O. (2004) 'Collective memory and social identity: social sharing of the past and social identity in Spain'. Paper presented at the conference Collective Remembering, Collective Emotions and Shared Representations of History: Functions and Dynamics, Aix-en-Provence, France, 16-19 June.

Pasupathi, M. (2001) 'The social construction of the personal past and its implications for adult development', *Psychological Bulletin* 127: 651-672.

Pataki, F. (2001) *Élettörténet és identitás (Life Story and Identity)*. Budapest: Osiris.

Péley, B. (2002) 'Narrative psychological study of self and object representations with young deviant people', in J. László and W. Stainton Rogers (eds) *Narrative*

Approaches to Social Psychology. Budapest: New Mandate.

Pennebaker, J. W. (1993) 'Putting stress into words: Health, linguistic and therapeutic implications', *Behavior Research and Therapy* 31, 6: 539-548.

Pennebaker, J. W. and Banasik, B. (1997) 'On the creation and maintenance of collective memories: History as social psychology', in J. W. Pennebaker, D. Paez, and B. Rimé (eds) *Collective Memory of Political Events: Social psychological perspectives*. Mahwah, NJ: Lawrence Erlbaum.

Pennebaker, J. W. and Francis, M. E. (1996) 'Cognitive, emotional, and language processes in disclosure', *Cognition and Emotion* 10: 601-626.

Pennebaker, J. W. and King, L. A. (1999) 'Linguistic styles: Language use as an individual difference', *Journal of Personality and Social Psychology* 77: 1296-1312.

Pennebaker. J. W., Mayne. T. J. and Francis, M. E. (1997a) 'Linguistic predictors of adaptive bereavement', *Journal of Personality and Social Psychology* 72, 4: 863-871.

Pennebaker, J. W., Páez, D. and Rimé, B. (eds) (1997b) *Collective Memory of Political Events: Social psychological perspectives*. Mahwah, NJ: Lawrence Erlbaum.

Pennebaker. J. W., Francis, M. E. and Booth. R. J. (2001) *Linguistic Inquiry and Word Count (LIWC) LIWC*. Mahwah, NJ: Lawrence Erlbaum.

Pennebaker, J. W., Mehl, M. R. and Niederhoffer, K. G. (2003) 'Psychological aspects of natural language use: Our words, our selves', *Annual Review of Psychology* 54: 547-577.

Pennebaker, J. W., Páez, D. and Deschamps, J. C. (2006) 'The social psychology of history: Defining the most important events in the last 10, 100, and 1000 years', *Psicología Política* 32: 15-32.

Pennington, N. and Hastie, R. (1992) 'Explaining the evidence: Testing the story model for juror decision making', *Journal of Personality and Social Psychology* 62: 189-206.

Piaget, J. and Weil, A. M. (1951) 'The development in children of the idea of homeland, and of relations with other countries', *International Social Science Bulletin* 3: 561-578.

Pinker, S. (1997) *How the Mind Works?* New York: Norton.

Pléh, C. (2003a) 'Thoughts on the distribution of thoughts: Memes or epidemies', *Journal of Cultural and Evolutionary Psychology* 1, 1: 21-51.

——(2003b) 'Decomposition and reassembling of the self: Possibilities of meeting cognitive and social constructions', in J. László and W. Wagner (eds) *Theories and Controversies in Societal Psychology*. Budapest: New Mandate.

Pléh, C. , László J. , Silaki, I. and Terestyéni, T. (1983) 'What is the point in points without a grammar (A comment on Wilensk's paper)', *Behavioral and Brain Sciences* 4: 607-608.

Pohárnok, M. , Naszódi. M. , Kis, B. , Nagy, L. , Bóna, A. and László, J. (2007) 'Exploring the spatial organization of interpersonal relations by means of computational linguistic analysis', *Empirical Culture and Text Research* 3: 39-49.

Polkinghorne, D. E. (1988) *Narrative Knowing and the Human Sciences*. Albany, NY: State University of New York Press.

——(1997) 'Reporting qualitative research as practice', in W. G. Tierney and Y. S. Lincoln (eds) *Representation and the Text: Re-framing the Narrative Voice*. Albany, NY: State University of New York Press.

Pólya, T. (2007) *Identitás az élettörténetben (Identity in Life Story)*. Budapest: New Mandate.

Pólya, T. , László, J. and Forgas, J. P. (2005) 'Making sense of life stories: The role of narrative perspective in communicating hidden information about social identity and personality', *European Journal of Social Psychology* 35: 785-796.

Pólya, T. , Kis, B. , Naszódi, M. and László, J. (2007) 'Narrative perspective and the emotion regulation of a narrating person', *Empirical Culture and Text Research* 3: 50-61.

Popper, K. (1957) *The Poverty of Historicism*, London: Routledge.

Potter, J. and Wetherell, M. (1987) *Discourse and Social Psychology: Beyond attitudes and behaviour*. London: Sage.

Prince, G. (1973) 'A grammar of stories: An introduction', *Poetics* 14: 177-196.

——(1990) 'On narrative studies and narrative genres', *Poetics Today* 11, 2: 271-282.

Progoff, I. (1975) *At a Journal Workshop*. New York: Dialogue House.

Prohászka, L. (1936) *A vándor és a bújdosó (The Wanderer and the Refugee)*. Budapest: Egyetemi Nyomda.

Propp, V. (1968) *The Morphology of Folk Tales*. Austin, TX: University of Texas Press.

Prószéky, G. and Kis, B. (1999) *Számítógéppel-emberi nyelven. Intelligens szövegkezelés számítógéppel (Computer and Human Language: Intelligent text processing with computer)*. Budapest: Szak Kiadó.

Prószéky, G. , Tihanyi, L. and Ugray, G. (2004) 'Moose: A robust high-performance parser and generator', in *Proceedings of the Ninth Workshop of the*

European Association for Machine Translation. Valletta, Malta: Foundation of International Studies.

Purkhardt, S. C. (1993) *Transforming Social Representations: A social psychology of common sense and science*. London: Routledge.

Rainer, T. (1978) *The New Diary*. Los Angeles, CA: J. R Tarcher.

Ricoeur: (1965) *De l'interpretation: Essai sur Freud*. Paris: Fayard.

——(1981) *Hermeneutics and the Human Sciences*. Cambridge: Cambridge University Press.

——(1984—1989) *Time and Narrative*, vols 1-4. Chicago, IL: University of Chicago Press.

——(1991) 'L'identité narrative', *Revues de Sciences Humaines* 221: 35-47.

Rorty, R. (2004) 'Analytic philosophy and narrative philosophy'. Lecture Ⅱ, Pécs, 4 May.

Rose, D. (1997) ' Television madness and community care ', *Journal of Community and Applied Social Psychology* 8: 213-228.

Rosenberg, S. and Jones, R. (1972) 'A method for investigating and representing a person's implicit theory of personality: Theodor Dreiser's view of people ', *Journal of Personality and Social Psychology* 22, 3: 372-386.

Ross, L. and Nisbett, R. E. (1991) *The Person and the Situation*. New York: McGraw-Hill.

Ross, L. , Bierbauer, G. and Hoffman, S. (1976) ' The role of attribution processes in conformity and dissent: Revisiting the Asch situation', *American Psychologist* 31: 148-157.

Rowett, C. and Breakwell, G. M. (1992)*Managing Violence at Work: Workbook*. Slough: NFER-Nelson.

Rubin, D. C. (1995) *Memory in Oral Traditions*. Oxlord: Oxford University Press.

——(ed.) (1996) *Remembering Our Past*. Cambridge: Cambridge University Press.

Rumelhart, D. E. (1975) 'Notes on a schema for stories', in D. G. Bobrow and A. Collins (eds) *Representation and Understanding: Studies in cognitive science*. New York: Academic Press.

Ryan, M. L. (1981) ' Introduction: On the why, what and how of generic taxonomy', *Poetics* 10: 109-126.

Salovey, P. , Mayer, J. D. , Goldman, S. L. , Turvey, C. and Palfai, T. P. (1995) ' Emotional, attention, clarity, and repair: Exploring emotional intelligence using the Trait-MetaMood Scale ', in J. W. Pennebaker (ed.)

Emotion, Disclosure, and Health. Washington, DC: American Psychological Association.

Sarbin, T. R. (1986a) 'The narrative as a root metaphor for psychology', in T. R. Sarbin(ed.) *Narrative Psychology: The storied nature of human conduct*. New York: Praeger.

——(ed.) (1986b) *Narrative Psychology: The storied nature of human existence*. New York: Praeger.

Schafer, R. (1980) 'Narration in the psychoanalytic dialogue', *Critical Inquiry* 7: 29-53.

Schaller, M. and Conway, L. G. (1999) 'Influence of impression-management goals on the emerging contents of group stereotypes: Support for a social-evolutionary process', *Personality and Social Psychology Bulletin* 25: 819-833.

Schank, R. C. (1975) 'The structure of episodes in memory', in D. G. Bobrow and A. N. Collins (eds) *Representation and Understanding*. New York: Academic Press.

Schank, R. C. (1986) *Explanation Patterns*. Hillsdale, NJ: Lawrence Erlbaum.

Schank, R. C. and Abelson. R. P. (1977) *Scripts, Plans, Goals, and Understanding*. Hillsdale, NJ: Lawrence Erlbaum.

——(1995) 'Knowledge and memory: The real story', in R. S. Wyer, Jr. (ed.) *Knowledge and Memory: The real story*. Hillsdale, NJ: Lawrence Erlbaum.

Schiffrin, D. (1994) *Approaches to Discourse*. Cambridge, MA: Blackwell.

Scholes, R. (1980) 'Language, narrative and anti-narrative', in W. J. T. Mitchell (ed.) *On Narrative*. Chicago, IL: University of Chicago Press.

Schütze, F. (1977) 'Die Technik des narrativen interviews in lnteraktionsfeldstudien'. Unpublished manuscript, University of Bielefeld, Germany.

Searle, J. R. (1998) *Mind, Language and Society*. New York: Basic Books.

Seifert, C. M., Dyer, M. G. and Black, J. B. (1986) 'Thematic knowledge in story understanding', *Text* 6: 393-425.

Semin, G. R. (2000) 'Agenda 2000-Communication: Language as an implementational device for cognition', *European Journal of Social Psychology* 30: 595-612.

Semin, G. R. and Fiedler, K. (1988) 'The cognitive functions of linguistic categories in describing persons: Social cognition and language', *Journal of Personality and Social Psychology* 54: 558-568.

——(1991) 'The linguistic category model, its bases, applications and range', in W. Stroebe and M. Hewstone (eds) *European Review of Social Psychology*, vol. 2. Chichester: Wiley.

Shils, E. (1981) *Tradition*. Chicago, IL: University of Chicago Press.

Shklovsky, V. (1965 [1917]) 'Art as technique', in L. T. Lemon and M. J. Reis (eds) *Russian Formalist Criticism*. Lincoln, NE: University of Nebraska Press.

Silberztein, M. (2006) Nooj, http://www. nooj4nlp. net, accessed 17 January 2008.

Silvennann, I. and Eales, M. (1992) 'Sex differences in spatial abilities: Evolutionary theory and data', in J. H. Barkow, L. Cosmides and J. Tooby (eds) *The Adapted Mind: Evolutionary psychology and the generation of culture*. New York: Oxford University Press.

Stager, J. A. and Salovey: (1993) *The Remembered Self: Emotion and memory in personality*. New York: Free Press.

Snow, C. P. (1993) *The Two Cultures*. New York: Cambridge University Press.

Spence, D. P. (1982) *Narrative Truth and Historical Truth. Meaning and interpretation in psychoanalysis*. New York: Norton.

Sperber, D. (1985) 'Anthropology and psychology: Towards an epidemiology of representations', *Man* 20: 73-89.

——(1990) 'The epidemiology of beliefs', in C. Fraser and G. Gaskell (eds) *The Social Psychological Study of Widespread Beliefs*. Oxford: Clarendon Press.

——(1996) *Explaining Culture: A naturalistic approach*. Oxford: Blackwell.

Sperber, D. and Wilson, D. (1986) *Relevance: Communication and cognition*. Oxford: Blackwell.

Stainton Rogers, W. (1991) *Explaining Health and Illness*. Hemel Hempstead: Harvester-Wheatsheaf.

——(1996) 'Critical approaches to health psychology', *Journal of Health Psychology* 1, 1: 556-559.

Stein, N. L. and Glenn, C. G. (1979) 'An analysis of story comprehension in elementaryschool children', in R. O. Freedle (ed.) *New Directions in Discourse Processing: Advances in discourse processes*, vol. 2. Norwood, NJ: Ablex.

Stein, N. L. and Policastro, M. (1984) 'The concept of a story: A comparison between children's and teacher's viewpoints', in H. Mandl, N. L. Stein, and T. Trabasso (eds) *Learning and Comprehension of Text*, Hillsdale, NJ: Lawrence Erlbaum.

Stephenson. N. , Breakwell, G. M. and Fife-Schaw, C. R. (1993) 'Anchoring social presentations of HIV protection: The significance of individual biographies', in P. Aggleton, P. Davies and G. Hart (eds) *AIDS: Facing the second decade*. London: Falmer.

Stephenson, G. M., László, J., Ehmann, B., Lefever, R. M. H. and Lefever, R. (1997) 'Diaries of significant events: Socio-linguistic correlates of therapeutic outcomes in patients with addiction problems'. *Journal of Community and Applied Social Psychology* 7: 389-411.

Stern, D. N. (1989) 'Crib monologues from a psychoanalytic perspective', in K. Nelson (ed.) *Narratives from the Cirb*. Cambridge, MA: Harvard University Press.

——(1995) *The Motherhood Constellation: A unified view of parent-infant psychotherapy*. New York: Basic Books.

Sternberg, M. (1978) *Expositional Modes and Ordering in Fiction*. Baltimore, MD: Johns Hopkins University Press.

Stich, S. P. (1983) *From Folk Psychology to Cognitive Science*. Cambridge, MA: MIT Press.

Stone, P. J., Dunphy, D. C., Smith, M. S. and Ogilvie, D. M. (1966) *The General Inquirer: A computer approach to content analysis*. Cambridge, MA: MIT Press.

Sutton-Smith, B. (1976) 'The importance of the storytaker: An investigation of the imaginative life', *The Urban Review* 8: 82-95.

Szondi, L. (1956) *Lehrbuch der Experimentellen Triebdiagnostik*, vol. 1. Bern: Hans.

Tajfel, H. (1970) 'Experiments in intergroup discrimination', *Scientific American* 223, 5: 96-102.

——(1972) 'Experiments in a vacuum', in J. Israel and H. Tajfel (eds) *The Context of Social Psychology: A critical assessment*. London: Academic Press.

——(ed.) (1978) *Differentiation between Social Groups*. London: Academic Press.

——(1981) *Human Groups and Social Categories: Studies in social psychology*. Cambridge: Cambridge University Press.

Tajfel, H., Nemeth, C., Jahoda, G., Campbell, J. D. and Johnson, N. B. (1970) 'The development of children's preference for their own country: A cross-national study', *International Journal of Psychology* 5: 245-253.

Tajfel, H., Billig, M. G., Bundy, R. P. and Flament, C. (1971) 'Social categorization and intergroup behaviour', *European Journal of Social Psychology* 1, 2: 149-178.

Tarde, G. (1895) *Les Lois de l'imitation*. Paris: Alcan.

Taylor, C. (1979) 'Interpretation and the science of man', in P. Rabinow and

W. A. Sullivan (eds) *Interpretive Social Sciences*. Berkeley, CA: University of California Press.

Terr, L. (1984) 'Time and trauma', *Psychoanalytic Study of the Child* 39: 633-665.

Thomas, W. I. and Znaniecki, F. (1918—1920) *The Polish Peasant in Europe and America*. Chicago, IL: University of Chicago Press.

Thorndyke, P. W. (1977) 'Text and context: Explorations in the semantics and pragmatics of discourse', *Journal of Pragmatics* 1: 211-232.

Tocqueville, A. (1969 [1935]) *Democracy in America*, edited by J. P. Mayer, trans. G. Lawrence. Garden City, NY: Anchor.

Tomasello, M. (1999) *The Cultural Origins of Human Cognition*. Cambridge, MA: Harvard University Press.

Tomasello, M., Carpenter, M., Call, J., Behne, T. and Moll, H. (2005) 'Understanding and sharing intentions: The origins of cultural cognition', *Behavioral and Brian Sciences* 28: 675-735.

Trabasso, T., Secco, T. and Van Den Broek, P. (1984) 'Causal cohesion and story coherence', in H. Mandl, N. L. Stein and T. Trabasso (eds) *Learning and Comprehension of Text*. Hillsdale, NJ: Lawrence Erlbaum.

Tulving, E. (1972) 'Episodic and schematic memory', in E. Tulving and W. Donaldson (eds) *Organization of Memory*. New York: Academic Press.

Turner, J. C. (1975) 'Social comparison and social identity: Some prospects for intergroup behaviour', *European Journal of Social Psychology* 5: 5-34.

Turner, J. C., Hogg, M. A., Oakes, P. J., Reicher, S. D. and Wetherell, M. (1987) *Rediscovering the Social Group: A self-categorization theory*. Oxford: Blackwell.

Turner, R. (1968) 'The self-conception in social interaction', in C. Gordon and K. J. Gergen (eds) *The Self in Social Interaction: Classic and contemporary perspectives*, vol. 1. New York: Wiley.

Uspensky, B. A. (1974) *The Poetics of Composition: Structure of the artistic text and the typology of compositional form*. Berkeley, CA: University of California Press.

Vala, J. (1992) 'Towards an articulation of social identity and social representations'. Paper presented at First International Conference on Social Representations, Ravello, Italy, 3-5 October.

Van Peer, W. and Chatman, S. (eds) (2001) *New Perspectives on Narrative Perspective*. Albany, NY: State University of New York Press.

Vaughan, G. M. (1964) 'The development of ethnic attitudes in New Zealand schoolchildren', *Genetic Psychology Monographs* 7: 135-175.

Vincze, O., Tóth, J. and László J. (2007) 'Representations of the Austro-Hungarian Monarchy in the history books of the two nations', *Empirical Text and Culture Research* 3: 62-71.

Vygotsky, L. S. (1971) *The Psychology of Arts*. Cambridge, MA: MIT Press.

——(1978) *Mind in Society: The development of the higher psychological processes*. Cambridge, MA: Harvard University Press.

——(1981) 'The genesis of higher mental functions', in J. V. Wertsch (ed.) *The Concept of Activity in Soviet Psychology*. Armonk, NY: M. E. Sharpe.

Wagenaar, W. A., van Koppen, P. J. and Crombag, H. F. M. (1993) *Anchored Narratives: The psychology of criminal evidence*. Hemel Hempstead: Harvester-Wheatsheaf.

Wagner, W. (1993) 'Can representations explain social behavior? A discussion of social representations as rational systems', *Papers on Social Representations* 2: 236-249.

——(1995) 'Description, explanation and method in social representation research'. *Papers on Social Representations* 4: 156-176.

——(1998) 'Social representations and beyond: Brute facts, symbolic coping and domesticated worlds', *Culture and Psychology* 4, 3: 297-329.

Wagner, W. and Hayes, N. (2005) *Everyday Discourse and Common Sense*. Basingstoke: Palgrave Macmillan.

Wagner, W., Elejabarrieta, F. and Lahnsteiner, I. (1995) 'How the sperm dominates the ovum: Objectification by metaphor in the social representation of conception', *European Journal of Social Psychology* 25, 6: 671-688.

Wagner, W., Duveen, G., Fart, R., Jovchelovitch, S., Lorenzo-Chioldi, F., Markova, I. and Rose, D. (1999) 'Theory and method of social representation', *Asian Journal of Social Psychology* 2: 95-125.

Webber, B. (2004) D-LTAG: Extending lexicalized TAG to discourse', *Cognitive Science* 28: 751-779.

Weintraub, W. (1981) *Verbal Behavior: Adaptation and psychopathology*. New York: Springer.

——(1989) *Verbal Behaviour in Everyday Life*. New York: Springer.

Wertsch, J. V. (2002) *Voices of Collective Remembering*. Cambridge: Cambridge University Press.

White, H. (1981) 'The value of narrativity in the representation of reality', in W. J. T. Mitchell (ed.) *On Narrative*. Chicago, IL: University of Chicago Press.

Whorf, B. L. (1956) *Language, Thought, and Reality*. Cambridge, MA: MIT Press.

Wilensky, R. (1978) 'Why John married Mary: Understanding stories involving recurring goals', *Cognitive Science* 2, 3: 235-266.

——(1983) 'Story grammars vs. story points', *Behavioral and Brain Sciences* 6: 579-623.

Wilkins, D. P. (1995) 'Expanding the traditional category of deictic elements: Interjections as deictics', in J. F. Duchan, G. A. Bruder and L. E. Hewitt (eds) *Deixis in Narrative: A cognitive science perspective*. Hillsdale, NJ: Lawrence Erlbaum.

Wilkinson, B. (1997) 'Feminist psychology', in D. Fox and I. Prilleltensky (eds) *Critical Psychology: An introduction*. London: Sage.

Wimmer, H. and Perner, J. (1983) 'Beliefs about beliefs: Repres-entations and constraining functions of wrong beliefs in young children's understanding of deception', *Cognition* 13: 103-128.

Winograd, T. and Flores, F. (1987) *Understanding Computers and Cognition: A new foundation for design*. New York: Addison-Wesley.

Wittgenstein, L. (1961) *Philosophical Investigations*. Oxford: Blackwell.

Worth, S. (1972) *Through Navajo Eyes: An exploration in film communication and anthropology*. Bloomington, IN: Indiana University Press.

Wundt, W. (1916) *Elements of Folk Psychology: Outlines of a psychological history of the development of mankind*, trans. E. L. Schaub. London: Allen & Unwin.

Wyer, R. S., Adaval, R. and Colcombe, S. J. (2002) 'Narrative-based representations of social knowledge: Their construction and use in comprehension, memory, and judgment', in M. P. Zanna (ed.) *Experimental Social Psychology*, Amsterdam: Academic Press.

Zajonc, R. B. (1969) 'Cognitive theories in social psychology', in G. Lindzey and E. Aronson (eds) *Handbook of Social Psychology*, vol. 1. Reading, MA: Addison-Wesley.

Zerubavel, Y. (1994) 'The historic, the legendary, and the incredible: Invented tradition and collective memory', in J. R. Gillis (ed.) *Commemorations: The politics of national identity*. Princeton, NJ: Princeton University Press.

Zhang, H. and Hoosain, R. (2005) 'Action of themes during narrative reading', *Diseourse Processes* 40, 1: 57-82.

关键术语表

achievement motivation 成就动机

adult attachment 成人依恋

agency 动因

allusion 暗指

analytic philosophy 分析哲学

anchoring 锚定

annals 编年史

archaeology 考古学

ATLAS. ti（一款质性研究软件）

atomist and holist 原子论和整体论

attitude 态度

attribution of responsibility 责任归因

Austro-Hungarian Monarchy 奥匈帝国

autism 自闭症

Beck's depression questionnaire 贝克抑
郁量表

borderline 边缘型（人格）

bororo 波洛洛

Cartesian psychology 笛卡儿心理学

causal chain 因果链

causal explanation 因果解释

central nervous system 中枢神经系统

character's functions 角色的功能

cognitive：psychology 认知心理学

revolution 认知革命；science 认知科
学；structure 认知结构

coherence 连贯性

collective experience 集体经验

collective memory 集体记忆

comedy 喜剧

communicative memory 社交记忆

computational metaphor 计算隐喻

conformity 从众

consciousness 意识

constructionist psychology 建构主义心
理学

content analysis 内容分析

qualitative 质性的

quantitative 量化的

content 内容

corruption 腐败

credibility 信度

crisis 危机

cultural evolution 文化演变

cultural memory 文化记忆

de-automation 去自动化

declaration of independence 独立宣言

developmental psychology 发展心理学

diffusion 扩散

discourse analysis 话语分析

discourse genres 话语类型

drug abuse 药物滥用

dualism 二元论

time experience scale 时间体验量表

emotional experience 情绪经验

epidemiology 流行病学

essentialist conception 本质主义概念

evolutionary psychology 进化心理学

narrative perspective 叙事视角

feeling 情感

fictionality 虚构性

field study 田野研究

figurative core 比喻核心

form 形式

free clauses 自由子句

gestalt psychology 格式塔心理学

globalization 全球化

Gola 戈拉

Gonja 贡扎

griot 格里奥（一种职业名称）

group boundaries 群体边界；identity 群体认同；narrative 群体叙事

Hegelian philosophy 黑格尔哲学

history books 历史课本

holocaust 大屠杀

homosexual identity 同性恋认同

word analyser 单词分析程序

Idem（拉丁语）

identity process theory 认同加工理论

imago 无意识的意象

individualization 个体化

integrity 完整性

interpersonal script 人际脚本

invented traditions 虚构的传统

ipse（拉丁语）

irony 讽刺

landscape of action 行动的图景

landscape of consciousness 意识的图景

language 语言

living space 生活场

linguistic category model 语言类别模型

Lin-Tag（一款软件）

LIWC（一款软件）

Maori 毛利人

meaning construction 意义建构

memory：collective 集体记忆；cover-up 掩饰记忆；cultural 文化记忆 schemes 图式；social frames 社会框架

mental illness 精神疾病

mentalization 心理化

message modulation model 信息调节模型

message structure 信息结构

meta-narrative perspective 元叙事视角

moon calendar 农历

multiple perspectives 多重视角

naïve psychology 朴素心理学

naïve theories 朴素理论

narrative：causation 叙事因果；coherence 叙事连贯性；construction；evaluation 叙事评价；forms 叙事形式；interview 叙事访谈；language 叙事语言；nodes 叙事节点；psychological content analysis 心理内容分析；sequences 续发事件；spreading 叙事传播

译后记

　　本书的翻译经历 3 年时间，期间面临诸多波折和困难。一是该书虽是心理学著作，但涉及语言学、哲学、文学、叙事学等其他诸多学科的术语、概念和知识，翻译起来困难重重，在翻译的过程中需要查阅相关文献，进展十分缓慢。二是本书作者为匈牙利人，书中许多内容涉及匈牙利的语言、历史和文化，译者虽多次试图和作者联系，但一直未能成功，因此，有些理解上的难题无法直接向作者请教。虽然最终坚持了下来，译稿得以出版，但译者心中并无轻松之感，反倒是诚惶诚恐。我们的努力与认真并不能保证译稿的质量，书中的翻译肯定存在错误之处，只得以战战兢兢的心情待读者批评指正。

　　这本译著是集体协作的产物，各章译者如下：序言和绪论由郑剑虹翻译；第一章由王友利和陈建文翻译；第二章由许蕊和陈建文翻译；第三、第四章由徐晓彤和陈建文翻译；第五章由王赛楠和陈建文翻译；第六、第九、第十章由何吴明翻译；第七、第十一章和附录由何承林翻译；第八章由李秋月和陈建文翻译。陈建文对部分章节进行了校对，何吴明协助郑剑虹对全书译稿进行统校。本书翻译的完成，要感谢各位译者的坚持，特别要感谢北京师范大学出版社的编辑何琳女士，没有她的督促、鼓励和时间上的宽容，很难想象本书能够出版。

郑剑虹

2017 年 12 月